MAKING
CHOCOLATE

ダンデライオンの
チョコレート

カカオ豆からレシピまで ビーントゥバーの本

トッド・マソニス, グレッグ・ダレサンドレ,
リサ・ヴェガ & モリー・ゴア

DANDELION
SMALL-BATCH
CHOCOLATE

SHINSENSHA

CONTENTS

11

CHAPTER

1

A BRIEF and OPINIONATED HISTORY of AMERICAN CRAFT CHOCOLATE

アメリカン・クラフトチョコレート

33

CHAPTER

2

the PROCESS

チョコレートができるまで

113

CHAPTER

3

the
INGREDIENTS

カカオ豆と砂糖

197

CHAPTER

4

SCALING UP
(AND DIVING DEEP)

たくさん作る

231

CHAPTER

5

the
RECIPES

チョコレートを使ったレシピ

GLOSSARY — 352
RESOURCES — 354
ACKNOWLEDGMENTS — 358
INDEX — 360

CHAPTER

1

A BRIEF *and*
OPINIONATED HISTORY
of AMERICAN CRAFT
CHOCOLATE

アメリカン・クラフトチョコレート

by TODD MASONIS

COFOUNDER AND CEO OF
DANDELION CHOCOLATE

それはビターな紫の種からはじまる

カカオの果実は、木の幹や枝に直接実をつける硬くて厚みのあるカカオポッドの中に入っています。たぶん子どものころに百科事典か教科書でカカオの木の写真を見たことがあったはずですが、ブラウニーなどのチョコレート菓子を夢中で食べていた10歳の私は、そんなことは気にも留めていませんでした。

サンフランシスコのバレンシア・ストリートにある私たちのファクトリーには、遠い故郷からやってきた、ひょろっと背の高いカカオの苗木たちが立っています。ファクトリーには場違いな印象かもしれませんが、カウンターでブラウニーを食べながらチョコレート作りを眺めている人たちに、カカオの木に気づいてほしかったのです。加工されたチョコレートしか知らずに育った人たちにとって、遠くのカカオの木や農園とのつながりは不思議なことです。でも、それが私たちがこの仕事をやっている理由です。

世界中のチョコレートの大半を消費しているのは、ヨーロッパと北アメリカです。一方、原材料となるカカオを育てているのは、はるか数千マイル離れたインドネシアやエクアドル、ガーナなどの赤道直下の国々です。これほど多くのチョコレートを食べているのに、私たちはカカオポッドが木から収穫される様子を見たことがありません。木箱に入ったカカオ豆が発酵する匂いを嗅いだことも、カカオ豆を乾燥させる台や網、コンクリート製のデッキ、そして麻袋に入った豆を積んだコンテナを目にすることもありません。カカオ豆がチョコレートに加工される大きな工場の中で何がおこなわれているのかも知りません。私たちが知っているのは、きれいに包装され、お店の棚に並ぶチョコレートだけです。そこにはビターな紫の種や、それが育った土地の面影はどこにも見当たりません。

何十年もの間、お店に並ぶミルクチョコレートバーやセミスイート・チョコレートチップの味はどれも同じでした。ミルク、ホワイト、ダークのような色合いや、シーソルト、アーモンド、キャラメルといった内容物の違いはあるものの、ベースと

1. 発酵過程のカカオ豆。ベリーズのマヤ・マウンテン・カカオにて
2. チャールズ・キルヒナー博士がカカオ豆の水分量を確認する。ドミニカ共和国のソルサル・カカオにて

　なる風味はいつも同じで変わらないものでした。それが、私たちが親しんできたチョコレートの味です。私たちはずっとチョコレートのフレーバーの多様性を知らずに食べ続けていたのです。

　カカオ豆にはとても多くの種類があり、そのフレーバーは季節ごとに異なります。それなのに、なぜチョコレートチップの味はいつも同じで、カカオ35％のミルクチョコレートバーは、ほかの商品と似たような味をしているのでしょうか。大手のチョコレート・メーカーでは数千トンのカカオの実を一度に扱います。寄せ集めの豆からどうやって変わらない味を作るのか。つまり、それこそが産業革命がもたらした奇跡であると同時に、悲劇でもあるのです。

　産業革命が起こるはるか昔、4,000年前の話から始めましょう。そのころ中米エリアで文明を築いた古代メソアメリカ人たちは、アマゾン川流域でカカオの栽培をしていました。メソアメリカにおいて、カカオ豆は生活に欠かせないもので、宗教儀式の捧げもの、貨幣、飲みもの、香料など、幅広い用途で使われていました。そして興味深いことに、メソアメリカ人たちは、マヤ文字で残された記録やレシピをもとに、成熟度やフレーバーに合わせてカカオを使い分けていたのです。

　ジャガイモ、ぶどう、リンゴなど多くの農作物と同様、カカオにもさまざまな種類があり、季節や栽培された場所、遺伝子、風土などによって異なった味わいがあります。カカオが本来持っているこの多様性が、ヨーロッパや北アメリカに住む私たちの元に届くときには失われているのです。それこそが、産業化がもたらした驚くべき功罪です。

　4,000年の時の流れのなかで、それが失われたのはごく最近のことです。スペインの征服者たちはアマゾン川流域からカカオと一緒に、土地の伝統とチョコレート・ドリンクのレシピも持ち帰りました。彼らはカカオが本来持っている多様性を認識していたのです。やがて、彼らは持ち帰ったレシピを、ミルク、カルダモン、クローブの量を増やし、チリ、アナトーの量を減らしてヨーロッパ人の好みに合うように改良しました。ただ、豆だけは依然としてメソアメリカ人たちのように、荒く挽いて使っていました。

　19世紀に入ると、石炭を利用した蒸気エンジンが導入され、テクノロジーが発達し、カカオ豆を細かく砕いたり、なめらかなペースト状にできるようになり、その結果、チョコレートが

A BRIEF AND OPINIONATED HISTORY OF AMERICAN CRAFT CHOCOLATE　15

安く大量生産され、より多くの人たちに届けられるようになったのです（その裏では、奴隷となった強制労働者や、アフリカや東南アジアの無給の家族労働者に依存していたという事実もあります）。

これを境にカカオのフレーバーの個性は損なわれていきました。大きな工場でチョコレートの大量生産が開始されると、味の均一性と生産性が追求されるようになり、多様な品種の豆のブレンドと過度なローストによって、個性が取り去られていきました。約半世紀の間にチョコレートはどれも同じ味わいの甘くて茶色いお菓子になりましたが、その大いなる可能性や豊かなフレーバー、そして、チョコレートはどこから来るのかというストーリーも失われました。

ところが、20年ほど前から、新しいチョコレートのムーブメントがゆっくりと起こりはじめました。このころ、アメリカにロバート・スタインバーグとジョン・シャーフェン・バーガーが登場します。ヨーロッパのチョコレートに魅了された元医師のスタインバーグ。カカオのテロワール、季節性、そして複雑なフレーバーに興味を持った元ワイナリー経営者のシャーフェン・バーガー。この2人によって、新たなチョコレート・ファクトリーのシャーフェン・バーガー（Scharffen Berger）がカリフォルニアのバークレーに誕生しました。月並みな表現ですが、このファクトリーがすべてを変えたのです。

シャーフェン・バーガーはファクトリーを一般に公開しました。まだIT業界で働いていた私も彼のファクトリーの見学ツアーに参加し、多くの人がそうであったように、チョコレートの製造プロセスを生まれて初めて目にしました。

設備は大きく頑丈そうで、古めかしいものでした。幅の広い花こう岩のローラーがニブを砕くと、カカオリカーができあがります。ポンプからなめらかになったチョコレートが押し出され、テンパリング作業に進んでいくというプロセスが目の前で繰り広げられました。シャーフェン・バーガーのチョコレートは、私がこれまで食べてきた大量のチョコレートとはまったく別物で、カカオ本来が持つ華やかなラズベリー、香ばしいナッツ、クリーミーなキャラメル、コーヒーの風味が感じられました。このファクトリーで何か新しいことが起きていると私は確信しました。そして、チョコレートを食べることしかできなくても、自分もその世界に加わりたいと思ったのです。

大きな意味でシャーフェン・バーガーはチョコレートのフレーバーを再生しました。人びとの記憶を揺さぶり、チョコレートがブラウニーのようにすべて同じ味の食べものではないと気づかせました。チョコレートには複雑で微妙なニュアンスやフレーバーがあるのです。

2005年にシャーフェン・バーガーは、ハーシー（Hershey）に買収され、バークレーのファクトリーを閉鎖し、製造拠点をイリノイ州に移しました。しかし、新たなムーブメントを生み出す種はしっかり育ち、これまでにないチョコレートが誕生する舞台は整っていたのです。伝統的な方法で地道に実験を繰り返していた一握りのメーカーがそれに続きました。それから数年間で数十ものメーカーがクラフトチョコレートの世界に参入しました。

その多くはシャーフェン・バーガーのような製造設備を持っていませんでしたが、大量生産によって失われたカカオ豆の可能性やフレーバーを取り戻し、独自のチョコレートを作りたいと考えていました。彼らはガレージでかき集めた資材に粘着テープや溶接トーチを使って家庭用の掃除機と塩化ビニールパイプを取りつけ、チョコレート・ファクトリーを作り上げました。試行錯誤しながらも、新しいチョコレートの歴史を刻みはじめたのです。

2007年までにチョコレートの製造、販売をおこなっていたのは、アラン・マクルアーのパトリック・チョコレート（Patric Chocolate）、コリン・ガスコのローグ・ショコラティエ（Rogue Chocolatier）、ショーン・アスキノジーのアスキノジー・チョコレート（Askinosie Chocolate）、スティーブ・デヴリエスのデヴリエス・チョコレート（DeVries Chocolate）、アート・ポラードのアマノ・アルチザン・チョコレート（Amano Artisan Chocolate）、そしてテオ・チョコレート（Theo Chocolate）、タザ・チョコレート（Taza Chocolate）などです。わずか10社程度だったクラフトチョコレート・メーカーも、2016年には全米で150社を数えるまでになっていました。チョコレート作りの工程はそれぞれ異なりますが、原材料と生産者をリスペクトするという精神は共通しています。

当時、チョコレート業界で起業するのは簡単ではありませんでした。シャーフェン・バーガーでさえ、小ロットのチョコレートを生産するのは難しく、不可能に近いことだったのです。というのは、カカオ豆はほとんどの場合、900kg以上の量で取引されます。ですから、少なくともそれだけの量を処理できる規模の設備を備える必要がありました。

とても幸運なことに、ジョン・ナンシーという有能な人物が長年かけて小規模で生産できる方法を築き上げていました。彼はコーヒー愛好家で、アメリカのオークランドにあるスイー

ト・マリアズ（Sweet Maria's）に影響されて自宅で豆を焙煎していましたが、やがてチョコレート・アルケミー（Chocolate Alchemy）というウェブサイトを立ち上げました。彼は良質な豆を手に入れて豆を小売りしたり、製造業者と提携して機器を改良し、豆の粉砕機をチョコレート用に作り替えたりしました。さらに、オンラインフォーラムを開き、自宅でチョコレートを作る人たちが情報交換し、ジョン本人に何でも質問することができるようにしました（現在も質問できます）。彼のおかげで、多くの人が自宅でチョコレートを作れるようになりました。ここ数十年の間にチョコレート作りを始めた大半の人は、彼の力を借りているといっても過言ではないでしょう。そして、この流れが新しいアメリカン・チョコレートのムーブメントへとつながっていくのです。

　チョコレート作りに真剣に取り組む人が増えると、カカオ豆の産地（私たちは“オリジン”と呼んでいます）を訪ねる人も出てきました。カカオ生産者と会い、ワインのようにチョコレートを分析することを学びます（実は、ワインやコーヒーよりもフレーバーが複雑なのです）。 なかには、料理史研究家マリセル・プレシラの著書"The New Taste of Chocolate"（Ten Speed Press、2000年）を熱心に読んだ人もいるでしょう。彼女は、チョコレート・メーカーたちが求めている豆や、その産地について伝授しました。スティーブ・デヴリエスは、チョコレートの研究者で、私たちがチョコレート作りを始めたころのメンターでもあります。どの機械を使うべきか、誰の豆を買うべきか、さまざまな相談にのってくれました。彼は古い機械に造詣が深く、今でもチョコレートの聖人として敬われています。そして、『チョコレート・バイブル〜人生を変える「一枚」を求めて〜』（青志社、2009年）の著者で、チョコレート鑑定家のクロエ・ドゥートレ・ルーセルは、私たちを初めてカカオ豆やオリジンの生産者と引き合わせ、紹介してくれました。彼女の優れた味覚は、チョコレートの持つ深みやニュアンスを理解するうえで大変参考になりました。また、多くの人が家族経営で産業化をしのいだヨーロッパのチョコレート・メーカーを訪ね、フレーバーやテクスチャーの微調整の技術を習得しまし

た。チョコレート・アルケミーから独学で学んだ人もいます。そのほかの情報源や貢献者も次々と現れました。たとえば、チョコレート愛好家のクレイ・ゴードンが立ち上げたザ・チョコレート・ライフ（The Chocolate Life）は、チョコレート・メーカーたちの情報交換の場です。また、パム・ウィリアムズはオンラインチョコレートスクールのエコール・ショコラ（Ecole Chocolat）を創設し、チョコレートに興味を持つ人たちに学ぶ機会を提供しました。彼らのような貢献者の存在がクラフトチョコレート・ムーブメントの始まりを形成したのです。彼らの親身で、寛大で、オープンな精神がなければ、私たちは今ごろ、どこに良質の豆があるのか途方に暮れながら、自家製のウィノワワーと格闘していたことでしょう。

　チョコレート・メーカーたちは、それぞれ異なる方法や材料を使っていましたが、彼らが共通して魅了されていたのは、カカオ豆の自然なフレーバーでした。今日でさえクラフトチョコレートを定義することは困難です。ダンデライオンのように、たったふたつの原材料（カカオ豆と砂糖）を使ってバーを作るミニマリストもいれば、ココナッツミルク・パウダー、ヘーゼルナッツ、クミンシード、なかにはパンの耳まで混ぜて作る人もいます。しっかり豆をローストする人、軽めにする人、まったくローストしない人もいます。しかし、クラフトチョコレートとはプロセスや美学やフレーバーの好みを問うことではなく、カカオ豆本来のフレーバーや多様性を尊重し、原産地への敬意を示すことです。

　豆からチョコレートを作る方法はたくさんありますが、それらの多くはすでに誰かによって試されているでしょう。だからこそ、私たちは豆本来の魅力に興味があるのです。私たちが求めているのは高品質の豆と、私たちと価値を共有し、信頼できる人たち、農家や土地を搾取しない生産者やブローカーです。それが実際に意味することは、チョコレート・メーカーによって異なりますが、私たちのムーブメントの根幹にあるのは、原材料である豆と、その土地の生産者へのリスペクトだということです。

THE DANDELION
CHOCOLATE STORY

ダンデライオン・チョコレート・ストーリー

　新しい時代のチョコレート・メーカーが登場しはじめたころ、私はまだシリコンバレーで働いていました。友人のキャメロン・リングと一緒にソーシャル・ネットワーキングの会社、プラクソ（Plaxo）を立ち上げていたのです。歯を連想させるような社名以外は悪くない会社でした。数々の浮き沈みを経験したあと、2008年に会社を売却して経営から身を引きました。長期休暇を取って荷物をまとめ、秘めた情熱を抱えてチョコレートを探す旅に出ました。世界中のあらゆる場所へ行き、最高の味を探し求めたのです。振り返ってみると、私の人生はいつもこの方向に向かって進んでいたようです。子どものころは本当にたくさんのチョコレートを食べていました。私の母は、デザートは最初に楽しむものと考えていて、戸棚にはいつもクッキーやケーキがあふれていました。私は野菜が苦手で、これまで一度もブロッコリーを食べたことはありませんが、最高においしいブラウニーはたくさん知っています。

　その年、妻のエレインと食の旅に出ました。シカゴでチョコレートのテンパリングのクラスを受け、サンフランシスコでは製パンのクラスを受講しました。パリでは、パティシエで作家のデヴィッド・レボヴィッツのチョコレート・ツアーに参加して、フレンチ・ホットチョコレートを片っ端から試飲しました。リヨンではビーントゥバーの老舗、ベルナシオン（Bernachon）を訪れ、カカオ豆の焙煎機について質問攻めにしました。シャーフェン・バーガー・チョコレートには行きそびれましたが、アメリカの、まさにここで大きなことが起こりつつあることを知る由もありませんでした。

　ある日、エレインと私は自宅のキッチンでチョコレート作りに挑戦してみました。チョコレート・アルケミーで買った小袋のカカオ豆を平鍋に入れてオーブンで焙煎してみました。そして、豆の殻をひとつずつ手で取り除きましたが、爪の間に殻の破片が詰まってしまうほどでした。チャンピオン・ジューサー（Champion juicer）に、カカオニブをおたまでひとすくいごとに入れて砕き、粒の粗いピーナッツバター状のカカオペーストにしました。何度か失敗を繰り返したあと、ようやくハーシーのキスチョコくらいのダークチョコレートのかたまりがひとつできあがりました。それはきめが粗く、風味が強すぎましたが、チョ

コレートの可能性を感じる出来映えでした。

　1800年代、ヨーロッパのチョコレート・ハウスは、チョコレートを飲みながら政治を論じる場だったといいます。カカオの学名は「テオブロマ」、ギリシャ語で"神様の食べもの"という意味です。メソアメリカの文化において、カカオ豆は神聖な儀式の捧げものであると同時に、貨幣としての役割もありました。私は産業化で失われたものの大きさと、キッチンカウンターの上にある、粒が粗くて不恰好だけれどおいしい小さなかたまりのことを思いくらべました。チョコレートのかつての姿を知り、その将来性に開眼した私は、キャメロンを誘って再び行動を起こしました。シリコンバレーのマウンテンビューにある友人のガレージを借りて、小型のコーヒー焙煎機を購入しました。それはトースターと回転式オーブンの中間のようなものでした。ひと握りのカカオ豆を次から次へと焙煎して、特定の時間と温度ごとに仕上がるさまざまなフレーバーを探求したのです。扇風機に塩化ビニールパイプをひもで固定してウィノウワーを作り、クレープ生地を作る小型ウェット・グラインダーを手に入れ、カカオニブをペースト状にすり潰しました。

　1年以上の間、作ったチョコレートは販売したり配ったりせず、何度も何度もカカオ豆の焙煎を繰り返しました。私はエンジニアとして、収穫ごとに異なるカカオ豆の最高のフレーバーを引き出す方法を見つけようと、暗号を解読するように徹底的に努力しました。

　私たちは毎日試作を繰り返しました。変更する項目をひとつに決めてそれ以外の条件はすべて固定し、小さな変化も見逃さないようにしました。焙煎、粉砕、テンパリングを繰り返し、チョコレートの持つ複雑さの解明にのめり込みました。下処理が豆にどのような影響を与えるのか、同じ種類の豆でも焙煎の時間や温度から異なるニュアンスになるのか。豆の持つ力強さに驚嘆しながら、深煎りにして糖蜜のような濃さを、浅煎りでパンチの効いた甘酸っぱさを追求しました。割れた豆の選り分け方や、焙煎時間を30秒追加した場合にチョコレートのフレーバーに与える影響についても知りました。そして、ブレード・グラインダー、バー・グラインダーなど異なるグラインダーで豆をすり潰すことで質感をコントロールする方法も覚

A BRIEF AND OPINIONATED HISTORY OF AMERICAN CRAFT CHOCOLATE　　19

えました。利益の追求が目的ではなく、ただ、パズルを解きたかったのです。

　収穫されたそのままの味を引き立たせることに意識を傾け、純粋でシンプルなアプローチを試みました。そこで原材料をカカオ豆と砂糖、このふたつに絞りました。なぜなら、チョコレートの複雑な味わいの中でキリリと際立つカカオ豆の風味が好きだったからです。私たちは豆本来の味を最良に、そしてもっともダイレクトに表現する方法を追求しました。それは産業化によって失われたものでもありました。キャメロンと私が作ろうとしたのは、万人受けするチョコレートではなく、賛否両論あるチョコレートでした。現在もダンデライオンにはスタッフ全員が好むチョコレートはありません。でも、強い思い入れが詰まったものばかりです。お客様のなかにはカカオ含有率100％のチョコレートバーをケースごと購入する方もいれば、「甘くないチョコレートを買う気がしれない」という方もいます。

　ついにキャメロンと私は、これだと思うチョコレートを作り上げ、友人や家族にシェアしました。自分たちのチョコレートが完成したことに興奮し、私たちの（ややクセのある）味覚を満足させる焙煎法が見つかったことを喜びました。ところで、一瞬言葉を失うほど驚いたのは、友人たちの反応でした。「こんなチョコレート、初めて食べた」、「あれ？　ハーシーのチョコレートとは違うね」などと言ってくれたのです。もっと欲しいという彼らの声で、私たちのチョコレート愛は、何か大きなものになり得るのではないかとすぐに気がつきました。友人たちの感想はきっと氷山の一角で、多くのチョコレート・メーカーはこのような需要に気づいていないのではないかと思いました。事実、彼らの多くはまだそのことを知らなかったのです。

　当時、私たちは正式な製造許可を受けておらず、人知れず郊外のガレージで、チョコレートを趣味で作っているにすぎませんでした。作業場はまるで怪しげな隠れ家です。裏口に積んである大きな荷物や、中から聞こえるガタガタという物音に、私たちの作業場を違法薬物の製造所だと勘違いした人もいたかもしれません。そんなある日、訝しく思った隣人が7歳の息子を偵察に送ってきました。その男の子にチョコレートをいくつか持たせて帰したところ、それがきっかけで近所に友人ができたのです。初めてチョコレートを売ったのは、サンフランシスコでかつて開かれていたザ・アンダーグラウンド・マーケットでした。そこは無認可の食品メーカーでも一般の人に試作用の食品を販売できる場でした。何回かマーケットに

出店するうちに、いくつかの賞を受賞し、卸売業者から大口の注文を受けるようになりました。そのときもまだ私たちは粘着テープで留めた機械を使って、ガレージの中でひっそりとチョコレートを作っていました。

　それからほどなく、私たちは初めてのファクトリーを建てました。建物を改築し、より頑丈な機械を導入しました。そこではチョコレートの製造工程が見えるようにしました。ファクトリー特有の分厚い壁や不透明性、サプライチェーンの不明瞭さといった慣習を排除して、できる限りオープンなファクトリーにしたかったのです。また、私たちはマダガスカルやコスタリカ、ベリーズといった国を訪れ、サプライヤーとしてだけではなく、大事なパートナーとしてお互いに信頼し合い、長く付き合える生産者を探しはじめました。私たちが求めたのは、生物多様性に配慮しサステナブルな土地利用を実践する農園、良好な労働環境、そしてすばらしいカカオ豆でした。私たちはカカオの栽培方法から発酵、乾燥までを学び、さまざまなフレーバーを持つ豆を買い付けることができるようにしました。

　ダンデライオンのチョコレート・ファクトリー第1号店には、製造フロアーと併設のカフェの間に壁が一切ありません。店の入り口からファクトリーの中がすべて見えるようになっています。向かって左の壁に沿って6台のメランジャーが整然と並んで回転しています。その上の棚に積まれているのは、テンパリングを待つチョコレート・ブロックです。ステンレス製の長テーブルでは、製造スタッフが型枠を磨いたり、チョコレートバーを型枠から外したり、ホイルで包装したりしています。テンパリング・マシンとタンクがある場所では、液状のチョコレートがバーの型枠に流し込まれます。興味のある方はテンパリング・マシンのモニターに表示されている温度や速度も確認してみてください。ダンデライオンには企業秘密といったものはありません。その日どのチョコレートがテンパリングされているかによって、微妙に数値が変わっています。

　そのうち、私たちは仲間の存在に気がつきました。2010年にはアメリカ国内に10社以上のチョコレート・メーカーが参加するコミュニティーが誕生し、私たちもそこに属しています。コミュニティーは年々成長し、絆も強くなっています。定期的に

1. バレンシア・ストリートのダンデライオン・ファクトリーで販売されているチョコレートバー　2. ダンデライオン・ファクトリーのチョコレート・メーキング担当カイヤ・ボスケット　3. メランジャーですり潰されるカカオニブ　4. メランジングを終えて注がれるチョコレート

互いのファクトリーを訪問し、機械を貸したり、問題を共有したり、1社では扱えない量のカカオ豆を共同購入したりしています。自由市場主義に反するかもしれませんが、クラフトビール・ムーブメントの成功例でもわかるように、私たちのコミュニティーは業界全体の成長のために透明性を大切にしてきました。

その頃、クラフトチョコレートは急成長を遂げ、コーヒーやクラフトビールと同じ道を進んでいくかのように見えました。しかし、この先はどこへ向かっていくのかわかりません。カカオ豆を焙煎するローカルな店が、コーヒーショップのように街角にできたり、クラフトビールのように高級スーパーの売り場の1列をクラフトチョコレートが独占するようになるでしょうか。ハワイなどいくつかのメーカーは、ワインにおけるナパ・バレーのようにチョコレートが発展することを望んでいます。チョコレートの原点であるカカオ農園を臨む部屋でテイスティングしながら、チョコレートバーを買えるようなところです。

現在のチョコレートを巡る状況は、独特といっていいでしょう。過去何百年もヨーロッパのものだったチョコレート文化が、今世紀アメリカで栄えています。世界中に広がりを見せる新しいアメリカン・チョコレートのムーブメントですが、私たちはその始まりに立ち会い、その一員でいられたことを誇りに思っています。

この本は、みなさんとつながり、ムーブメントを共有するために誕生しました。ダンデライオンでチョコレートを作りはじめたとき、そして妻のエレインとすり潰したカカオニブから初めてチョコレートの小さなかたまりを作ったとき、こんな本があったらいいな、と思った内容を形にしています。チョコレートを作る人向けに工程と技術を紹介し、カカオ豆について、原材料の調達、製造拡大のコツ、もちろんチョコレートを使ったおいしいレシピも盛り込みました。この本はダンデライオンと私たちのチョコレート作りのお話です。でも、何より大切なのは、この本がみなさんのオリジナル・チョコレートを作る手引きとなることです。趣味で作る人もプロの人も大歓迎です。そういう意味で、この本が今のチョコレート・ムーブメントを、そしてアメリカのチョコレートの未来を語るものになるよう願っています。

WHAT YOU'LL FIND
IN THIS BOOK
この本について

自宅のキッチンで豆からチョコレートを作る方法を学びたい人や、生産を拡大し、売り上げを伸ばしたいチョコレート・メーカーに向けた情報は多くありません。そこで、私たちはこの本を書くことにしたのです。ビーントゥバーはまだまだ新しく、私たちも日々学び続けています。私たちはこれまで多くの失敗を繰り返してきました。みなさんがそのような失敗をすることなくチョコレートを学んでいけるようにお手伝いができればと思っています。

この本は5章から構成されています。第1、2章はダンデライオンが誕生するきっかけとなったトッドのキッチンからお届けします。ジューサー、石製の機械式グラインダー、めん棒と天板を使い、低コストで豆からチョコレートを作る方法が学べます。ヘアドライヤーでウィノウイングしたり、自宅のオーブンで焙煎できます。

第3章ではチョコレート・ソーシング担当のグレッグが、私たちが使用しているカカオ豆ときび砂糖の原材料について紹介します。カカオの種類とそれを育てている農園、そしてその豆が加工されるプロセスについてお話しします。豆のクオリティーはチョコレート・メーカーに届くまでのプロセスで決まりま

す。サステナブルなソーシングになぜ信頼関係が重要なのか、土地や生産者がどのようにチョコレートの風味に影響するのかをお伝えします。

第4章の「たくさん作る」では、チョコレート・メーキングのプロセスや企業を育てる仕組み、私たちが成長する過程で使ってきた機械がチョコレートに与える影響を細部にわたって考察します。

最後に、ダンデライオンのエグゼクティブ・ペストリーシェフ、リサ・ヴェガが登場します。リサはミシュランの星付きレストランであるゲーリー・ダンコから約3.5m四方しかない（実際に計ってみました）私たちの小さなキッチンに移り、魔法をかけたのです。ふたつの原材料だけで作られたシングルオリジン・チョコレートで作るレシピは、従来の作り方とかなり違う点があります。リサは趣向を凝らし独自の手法を作り上げました。この章ではリサの取り組みの成果、彼女のお気に入りレシピや、収穫時期や産地によって違いの出るカカオ豆から作られたチョコレートでスイーツを作るコツを紹介します。

どこから読んでもかまいません、この本で私たちのチョコレートについて、すべてのことがわかるでしょう。

THE MANY SHADES
OF CRAFT CHOCOLATE
いろいろなクラフトチョコレート

チョコレートを作るなら、まずは公開されている方法をお手本にするといいでしょう。そこからインスピレーションが得られるかもしれません。

私たちクラフトチョコレート・メーカーはそれぞれ異なった方法でチョコレートを作っていますが、共通して、自然なフレーバーとカカオ豆の持つ可能性に魅了されています。シトラスや焙煎されたナッツ、コーヒー、微かな革のような風味、タイム、キャラメリゼされたベリーなど、フレーバーの可能性は無限にあるでしょう。大切なことは、私たちはチョコレートを作っているということで、チョコレートからトリュフやボンボン（私たちからすると、これらのお菓子はチョコレートとは別物で、ショコラティエによる見事なアート）を作ろうとしているのではありません。私たちはチョコレート・メーカーであり、チョコレートを作るあらゆる方法を模索しているのです。

クラフトチョコレートの世界は、信じられないほど多様な変化を遂げています。カカオ豆が自然に持つ個性に注目しているチョコレート・メーカーの多くは、おもに単一の産地で収穫されたカカオ豆を使用した"シングルオリジン"チョコレートを扱っています。一方で、一部のメーカーは目新しくておいしいフレーバー・プロファイルを生み出すために、異なるオリジンのカカオ豆をブレンドしています。それは、バランスのとれたエスプレッソを抽出するためにコーヒー豆をブレンドしたり、特別なボトルを作るために種類の違うワインを合わせたりするのと同じイメージです。

カカオ豆が本来持っている力を引き出すにはさまざまな方法があります。口当たりをよくするためにカカオバターを追加し、テンパリングしやすくするメーカーもありますが、私たちはシンプルにカカオ豆に砂糖だけを加え、ふたつの原材料だけでできたチョコレートを作っています。カカオ豆の持つ自然なフレーバーを引き立たせるために、シーソルトやヘーゼルナッ

ツ、コーヒーなどの副材料を入れたり、ブート・ジョロキア（唐辛子の一種）やカレー粉、フェンネルの花粉などを加えているところもあります。カリフォルニア州のユーレカにあるディックテイラー・クラフト・チョコレート（Dick Taylor Craft Chocolate）はシングルオリジン・チョコレートバーに大粒の塩と黒イチジクを加えています。ノースカロライナ州のフレンチブロード・チョコレート（French Broad Chocolates）とビデリチョコレート・ファクトリー（Videri Chocolate Factory）は、独自のシングル・オリジンとミックス・オリジンのチョコレートバーを製造しています。フレンチブロードのモルテッド・ミルクチョコレートや、ビデリのエクアドル・ダークチョコレートバー90％は、副材料を最小限に加えている商品です。

製造のプロセスについてもさまざまな方法が試されています。ニューヨーク州のハドソンバレーに拠点を持つフルイション・チョコレート（Fruition Chocolate）は、ミルクチョコレートをキャラメリゼしたり、シングルオリジンのカカオ豆をバーボンの木桶で熟成させたりしています。ニューヨーク生まれのラーカ・チョコレート（Raaka Chocolate）はフレーバーを加えることを試みていて、カカオバターにオレンジピールを合わせたり、沸騰させたカベルネ・ソーヴィニヨンでカカオ豆を蒸したりしています。しかも、ラーカ・チョコレートは、カカオ豆が持つ自然なフレーバーが焙煎によって変化しないようにカカオ豆をまったく焙煎せず、それを"バージン"チョコレートと呼んでいます。

クラフトチョコレートのコミュニティーは、ミルクチョコレートにも新しさを追求しています。ヤギ乳がカカオ豆に独特なバランスをもたらすミルクチョコレートや、チャーム・スクール・チョコレート（Charm School Chocolate）のように乳製品を一切使用せずにココナッツ・ミルクでヴィーガン向けのクリーミーなミルクチョコレートを製造しているメーカーもあります。

いくつかのメーカーはチョコレートがアメリカに伝わる以前の時代を彷彿させるような方法をとっています。かつてムーブメントの一翼を担っていたタザ・チョコレートは、メキシコ南部オアハカに伝わる石臼にヒントを得て、シングルオリジンの素朴なチョコレートを作っています。オアハカでは何世紀もの間、メターテと呼ばれる挽き石を使い、手作業でカカオ豆を粉砕

1. チョコレート・メーキング担当のエルマン・カブレラが完成したバーを検査し、テンパリングのクオリティーを確認している　2. すべてのバーは1955年に作られたのドイツ製ラッピングマシンで包装される　3. 焙煎され、一部が砕けたカカオ豆　4. 手作業でホイルに包まれたチョコレートバー

A BRIEF AND OPINIONATED HISTORY OF AMERICAN CRAFT CHOCOLATE

していました。彼らの作ったチョコレートバーは素朴できめが粗いと感じるでしょう。またタザは、サプライチェーンの透明化に早くから取り組み、クラフトチョコレート・ムーブメントが起こりはじめて間もないころから農家とダイレクトに協働してきました。オアフのマノア・チョコレート・ハワイ（Manoa Chocolate Hawaii）は、アメリカのある特定の州で育ったカカオ豆しか使用しません。

　技術を生かして社会貢献しているメーカーもあります。アスキノジー・チョコレートは、ミズーリ州の小さなファクトリーでシングルオリジンバーを製造しているメーカーです。彼らはカカオ豆の栽培コミュニティーの食料安全保障や、恵まれない若者たちの支援プログラムなどに投資しています。カカオバターも自らのファクトリーで圧搾していて、シングルオリジンのホワイトチョコレートにはヤギ乳が使われています。

　"ビーントゥバー"を標榜するメーカーは数多く存在しますが、私たちにとって"ビーントゥバー"とは原材料であるカカオ豆からチョコレートバーを作ることを意味します。対照的に、すでに挽いてあるニブ（カカオリカー）をほかから調達したり、加工済みの材料を混ぜ合わせてチョコレートバーを作ったりするメーカーもあります。カカオバターやバニラ、乳化剤などを加えているビーントゥバー・メーカーもあるかもしれませんが、もっとも大切なのはカカオ豆そのものであり、チョコレート作りをすべてひとつのファクトリーで作業することです。

　ダンデライオン・チョコレートでは、カカオ豆ときび砂糖からシングルオリジンのチョコレートバーを作っています。焙煎していない生の豆を選別、焙煎、粉砕し、ウィノウイング、リファイニング、コンチング、テンパリングを経てラッピングします。このすべての工程を私たちのファクトリーでおこなっているのです。

カカオバターやレシチンを加えているヨーロッパ風のチョコレートバーと違い、乾いたクリスピーな食感です。ダンデライオンのチョコレートバーはほとんどがカカオ70％ですが、カカオ豆の品種や産地によって、その味わいにはっきりと違いが出ます。私たちはその違いを大切にしています。私たちの作るチョコレートバーのテイストは土壌、地理、気候、そして発酵や乾燥の方法、焙煎の加減によって変化します。私たちはできるかぎりはっきりとフレーバーの違いを出し、食べた人の心を揺さぶるようなチョコレートバーを目指しています。

　私たちの製造方法は、無限にある選択肢のひとつにすぎません。みなさんには、私たちとは別の方法を探してほしいと思っています。オリジナルのチョコレートを作りたいと思ったら、まずはほかの人の作ったものを味わってみることです。それが、自分だけのチョコレートを探求する最良の方法なのです。

チョコレート・メーカーと
ショコラティエ

私たちはチョコレートでトリュフなどのお菓子を作る
ショコラティエではありません。
ダンデライオンは、チョコレートを作るのが
チョコレート・メーカーで、チョコレート菓子を作るのが
ショコラティエだと考えています。
私個人は、チョコレートは生の材料から作るもの、
チョコレート菓子はチョコレートに
ほかの材料を加えたものだと思っています。

チョコレートの
テイスティング

おいしいチョコレートを作るには、まず、おいしいチョコレートの味を知ることです。方法はいたってシンプルで、ただ口に入れておいしいと感じればそれでいいのです。ワインのテイスティングをするとき、微妙なニュアンスを感じ取ろうと身構え、結局、何も味わえなかったという経験があるでしょう。何のテイスティングをするにせよ、力んでいては楽しめません。私たちのチョコレートは、独自のフレーバーをはっきりと際立せたいので、それらの特徴が強調されるように作っています。どのような味を求めているかにかかわらず、チョコレートを味わうためのいくつかの手順を踏めば、目の前にあるチョコレートを存分に、じっくり落ち着いて味わい楽しむことができます。ここで、いくつか手軽にできるチョコレート・テイスティングのコツをご紹介しましょう。

たくさんのチョコレートを用意しましょう。

熟練したテイスターでも、ひとかけらのチョコレートではそのフレーバーを識別することは難しいでしょう。違う種類のチョコレートバーを同時にテイスティングすれば簡単に比較できるので、微妙なフレーバーを感じやすくなります。ただし、一度に試すのはひと握りの量にしておきましょう。あまり多いと、味覚が麻痺して味がわからなくなります。

水を飲みましょう。

常温の水を用意し、テイスティングの合間に少し飲みましょう。また、チョコレートが冷えている場合は、必ず常温に戻しておきます。

チョコレートを準備しましょう。

食べたことのあるチョコレートの場合は、まろやかなものから先にテイスティングを始めて、力強く、酸味のあるものは後にしましょう。食べたことがないものなら、あなたの好きな順番でかまいません。商品名をお皿の下に貼って隠し、それを見ないでテイスティングするのも楽しいでしょう。私たちのファクトリーでは"おしゃべり禁止"のルールを決めて、大声を出したり、他の人の意見に影響されないようにしていますが、会話をするのも楽しいものです。ただし、一般的に感覚を刺激するものが少ない環境のほうが、テイスティングに集中しやすくなります。

味覚をリセットしましょう。

ハラペーニョなどのスパイシーなチップスを食べた直後は、微妙な味がわかりにくいかもしれません。友人のクロエ・ドゥートレ・ルーセルのように、チョコレートのテイスティングは何も口にしていない朝一番におこなうことをすすめている専門家もいます。チョコレートを朝食にする必要はありませんが、テイスティングのまえや合間に少し水を飲んだり、味覚が敏感な時間帯を選んだりすればいいのです。おなかいっぱい食べたあとや、味の濃いスナックを食べたあとは、味覚が鈍感になっています。

香りを嗅いでみましょう。

すぐに食べたいという衝動を我慢しましょう。まずチョコレートを鼻に近づけ、アロマを感じてみてください。手にせっけんやタコスの匂いがついていたら、ピンセットでチョコレートをつまむといいでしょう。

ひとくち食べましょう。

私はひとくちかふたくち食べて舌の周りに広げるのが好きです。すぐに噛んだり、潰したりしてはいけません。チョコレートが溶けるときのフレーバーやテクスチャーを感じましょう。溶けたときに、口の中や歯で感じる感触によって、カカオ豆がどの程度粉砕されたかが判断できます。一般的になめらかに感じるほど細かく、ザラザラするほど粗いということです。カカオバターやレシチンが加えられている場合は、ねっとりとした脂っこい感覚で、ザラザラした感触が感じにくいかもしれません。

待って、そして味わいましょう。

チョコレートを舌の上で溶かしてください。急いで飲み込んでしまうと、時とともに変わる個性的なフレーバーを味わうことはできません。10〜20秒ほど舌の上で遊ばせてみましょう。次第に変わっていくフレーバーを感じてください。時間が経つにつれて異なるフレーバーが現れます。あなたは何を感じますか。ナッティーで芳醇な香りでしょうか、それともフルーティーなトーンですか。香りは強いですか、それとも弱いですか。酸味はレモンのようにクリアでシャープですか、それともイチゴジャムのように優しい甘酸っぱさですか。熟した桃のようにジューシーでしょうか。ドゥルセ・デ・レチェのようなキャラメルのフレーバーかもしれませんね。目を閉じて。何か思い出しますか。映画館で売っているヨーグルト風味のレーズン菓子。子どものころ、おばあちゃんの家の戸棚からこっそり食べた茶色い角砂糖でしょうか。糖蜜やタバコのように華やかではっきりした香りの酸味が際立っていると、微かで温かい香りには気づきにくいかもしれません。目を閉じるとより感じやすくなりますよ。弱いトーンと強いトーンの香りを両方とも感じるなら、それらは分離していますか、それとも調和していますか。また、土や木などのように、食べもの以外のフレーバーも感じるでしょう。何かのフレーバーを感じたら、舌先に感じたものの名前を言ってください（心の中でもいいし、声に出してもいいですよ）。間違った答えはありません。記憶を呼び覚ますために、テイスティング・ノートが役に立つでしょう。飲み込んでチョコレートが消えたら、後味を確かめてみましょう。強く残るフレーバーもあれば、すぐに消えるものもあります。最初のひとくちは、きっとあなたの味覚に衝撃を与えることでしょう。ですから、ほかのサンプルをテイスティングしたあとに、最初に食べたチョコレートをもう一度味わうことをすすめます。

テイスティング・ノート

　カカオ豆には驚くほど奥深いフレーバーがあります。それらをすべて挙げる代わりに、私たちが長年にわたるチョコレート作りのなかで出会ってきたフレーバーをご紹介します。フレーバーを表現するうえで、ある程度参考になるはずですが、感じ方は一人ひとり違うので、これらと違う感覚を持ったとしても、決して間違っているわけではありません。

フレッシュ・フルーツ

バナナ、鮮やかでジューシーな赤いフルーツ、
チェリー、ココナッツ、クリーミーフルーツ、
ダークチェリー、グレープフルーツ、
レモン、ライチ、マンゴー、
熟したチェリー、パイナップル、プラム、
ラズベリー、レッド・ベリー、酸っぱいレモン、
核果、イチゴ

ドライフルーツ

ドライアプリコット、ドライイチジク、プルーン、
レーズン、レッド・カラント、デーツ

ナッティー

アーモンド、カシュー、グリーン・アーモンド、
ヘーゼルナッツ、マジパン、ヌテラ、ナッツの皮、
ピーナッツ、タヒニ、焼いたクルミ、クルミ

チョコレート

ベークド・ブラウニー、ベーキング・チョコレート、
ブラウニー生地、キャラメル・ブラウニー、
チョコレート・クッキー、ココアパウダー、ファッジ、
ミルクチョコレート

土

草、干し草、芝、コケ、キノコ、土、
樹皮、樹木

キャラメル

ブラウン・シュガー、焦がしキャラメル、
バタースコッチ、
ドゥルセ・デ・レチェ、糖蜜、プラリネ、
スイート・キャラメル、トフィー

乳製品

バター、バターミルク、クリーム、
クリーミーキャラメル、甘いミルク、
酸っぱいヨーグルト、ヨーグルト

フローラル

ブラックティー、ジャスミン、オレンジブロッサム、
ルイボス、ローズウォーター

スパイス

オールスパイス、アニス、ブラックペッパー、
チコリ、シナモン、混合スパイス、ナツメグ、
スモーク・バニラ、バニラ

その他

酸っぱい、渋い、苦い、クセのある、
ジューシー、コクのある、豊潤な、
香ばしい、スモーキー、
ピリッとした、ワインのような

CHAPTER

the
PROCESS
チョコレートができるまで

by **TODD MASONIS**

COFOUNDER AND CEO OF
DANDELION CHOCOLATE

HOW TO MAKE CHOCOLATE
チョコレートの作り方

ここから数ページにわたって、自宅でビーントゥバー・チョコレートを作る方法を説明します。それぞれのステップについてはのちほど詳しく説明していきますが、まずは簡単に概要を紹介します。

◆ 豆　おいしいチョコレートを作るには良質のカカオ豆が欠かせません。高品質の豆を小ロットで購入する方法や、ロースティングの準備の仕方を説明します。

◆ ロースティング（焙煎）　おすすめのロースターや、カカオ豆を焙煎するベストな時間や温度の見つけ方を紹介します。

◆ クラッキングとウィノウイング　焙煎したカカオ豆のハスク（外皮）を取り除く方法を説明します。手でもできるし、ヘアドライヤーなどのシンプルな道具も使えるでしょう。さらに、ウィノウワーを自作する方法も伝授します。

◆ リファイニングとコンチング　カカオニブがどのようにしてチョコレートへと姿を変えていくのかを説明します。手作業、または小型のウェット・グラインダーも使用できます。

◆ テンパリング　常温保存が可能で、光沢がありパキッとしたチョコレートを作るためのテクニックを紹介します。

この続きのページを飛ばして、すぐに作業を始めたい方は、クイック・スタートガイド（⇒38頁）を参照してください。

1. 焙煎されたカカオ豆　2&3. メランジャーでリファイニングされているチョコレート

THE TOOLS
道具

こだわりのチョコレートバーを作りたいなら、小型のメランジャーがあるといいでしょう。ダンデライオンで使っている大型の石製グラインダーを小さくした、プレミア・チョコレート・リファイナー（Premier Chocolate Refiner）がおすすめです。花こう岩でできたホイール状のふたつのローターが、ドラムの中にある基盤の上を回転します。シンプルで粗い食感のチョコレートなら、ピーナッツ・グラインダーやメターテ、またはチャンピオン・ジューサー（Champion juicer）でカカオニブを砕いてペースト状にすることもできますが、メランジャーのような仕上がりにはなりません。初めてのチョコレート作りに最低限必要な道具のリストは以下のとおりです。

選別
- 手と天板
- Upgrade：ソーティング・トレイを作る（⇒50頁）

ロースティング（焙煎）
- オーブン
- Upgrade：ビーモア1600（Behmor 1600）プラス・ホームコーヒー・ロースターを購入する

クラッキング
- 丈夫で大きいサイズのフリーザーバッグ、めん棒、ゴムハンマー、またはブーツのヒール
- Upgrade：チャンピオン・ジューサーまたはクランクアンドステイン（Crankandstein）のココアミルを使用（⇒65頁）

ウィノウイング
- スチール製のボウルとヘアドライヤー、または卓上ファン
- Upgrade：ウィノウワーを購入するか自作する（⇒72頁）

プレ・リファイニング（オプション）
- ピーナッツ・グラインダーやバイタミックス（Vitamix）のような高速ブレンダー、フードプロセッサー、チャンピオン・ジューサーなど

リファイニングとコンチング
- プレミア・チョコレート・リファイナー
- Upgrade：ヒートガンかヘアドライヤーを併用する
- Downgrade：ピーナッツ・グラインダー、チャンピオン・ジューサー、メターテのいずれか（⇒78頁）

テンパリング
- コンロ、スチール製のボウルと片手鍋または湯せん鍋、パレットナイフかベンチ・スクレーパー、温度計（赤外線、またはデジタルのもの）
- Upgrade：大理石板か冷えている台、パレットナイフかベンチ・スクレーパー、温度計

成型
- 製氷皿かシリコンの型
- Upgrade：50gのチョコレートバーやタブレットなどが20個作れるポリカーボネートの型

クイック・スタートガイド
チョコレートを作ろう

私のとりとめのない話を飛ばしてすぐチョコレート作りに入りたい人は、ここからのクイックガイドをご覧ください。すべてのプロセスは、この本の後半でもっと詳しく説明しています（ときには詳細すぎることもありますが）。きっと、あなたのテクニックに磨きをかけ、チョコレート作りのスタイルを確立できるでしょう。

1．豆を手に入れる

地元のチョコレート・メーカーやチョコレート・アルケミー（Chocolate Alchemy）のウェブサイト（chocolatealchemy.com）を訪れ購入してください。チョコレートは一度に1kg程度できあがるので、最初は少なくとも豆を3〜4kg購入するとよいでしょう。

2．日程を確保する

特に初めての場合、チョコレートを作る作業は数日がかりになるので、根気強く取り組みましょう。

3．材料と道具を集める

37頁を参照してください。

4．下準備

広いテーブルかトレイの上に豆を広げ、カビが生えているもの、くっついているもの、割れているもの、平たくて中身のないもの、混入してしまった異物などを取り除きましょう。私たちは"疑わしきものは捨てる"というスタンスですが、ご自分の判断で選別してください。

See: 粗悪な豆の図（⇒49頁）

Upgrade: ソーティング・トレイを自作する（⇒50頁）

未焙煎の豆は汚染されている可能性があり、サルモネラ菌やそのほかの病原菌が付着していることもあります。そのため、焙煎するまえの豆は食べないほうがよいでしょう。調理台は殺菌して清潔にすることをおすすめします。

5．ロースティング（焙煎）

オーブンを使用する場合：オーブンを約163℃に予熱します。オーブンの自動温度設定は変化しやすいので、庫内にオーブン温度計を設置するといいでしょう。1枚か2枚の天板に1kgの豆を重ならないように広げます。豆をオーブンに入れ、焙煎時間を30分にセットします。状況によって途中で止めることもありますが、経過時間を確認するため、終了時間をセットしておきましょう。焙煎時間の長さは、条件によって大きく異なります。これは出発点にすぎませんので、ご自身で豆の様子や香りを確認してください。10分経過したら一度オーブンを開けて、天板の位置を入れ替えます。そして、均一に焙煎するために全体をかき混ぜ、焙煎を続けます。豆がパチパチと弾けたり割れたりする音が聞こえるか、ブラウニーのような香りがしたら、オーブンから取り出します。

ビーモア1600 コーヒー・ロースターを使用する場合：ロースターに1kgの豆を入れます。量を1ポンド（453g）、ロースト・プロファイルをP1、時間を19分に設定します。この設定は1ポンドの豆用ですが、カカオはコーヒーよりも低温で焙煎するので1kg（2.2ポンド）の豆でも問題なく使用できます。ブラウニーのような香りがしたり、豆がパチパチと弾けたり、砕けたりする音がしたら、冷却ボタンを押して冷却します。ビーモアの最新機種は、安全のため10分間ボタンを操作しないと電源が切れてしまうので、使用中は離れないようにしてください。

NOTE：メモを用意して焙煎時間やオーブンの設定温度、ロースト・プロファイルを記録しておきましょう。それが次回以降焙煎するときの焙煎時間の目安であり出発点です。豆の見た目や、どんな香りがしたかなど、あなたが感じたことを書きとめてください。焙煎時間やロースト・プロファイルを変える実験をして、結果を比較してみるとよいでしょう。

どちらの方法で焙煎しても、できあがったチョコレートが焼けすぎたり、焦げくさい炭のような風味がしたら、次に作るときは焙煎時間を2、3分短くしてみましょう（ひどく焦がした場

合はもっと短くします）。味が強すぎる、苦すぎる、または野菜のような味（私たちは"豆のような"と表現します）がする場合は、時間を伸ばして、再度焙煎しましょう。どうしてもうまくいかないときは、ほかの豆を試してみましょう。好みに近い状態まで焙煎できている場合は、焙煎時間を少しずつ調整します。逆に、焦げくさい、あるいは豆のような味がする場合は大幅に時間を調整しましょう。

6．冷却

　ビーモアのコーヒー・ロースターは自動的に豆の冷却を開始します。オーブンを使用する場合は豆をのせた天板をラックなどの上に置き、少なくとも1時間は粗熱を取ります。そうすると、火傷の心配もなくなり、豆が割れやすくなるでしょう。待ちきれないなら、扇風機を使って早く冷ますこともできます。

7．クラッキング

　ここで豆のハスク（外殻）を取り除きます。チャンピオン・ジューサーがあれば、スクリーンを外してすべての豆を入れ粉砕します。なければ、しっかりしたフリーザーバッグを使用してください。

　フリーザーバッグにできるだけ多くの豆を入れ、豆が重ならないように広げます。さらにそれを別の袋の中に入れ、どちらも封をします。鉄製のハンマー、ゴムハンマー、めん棒、ワインボトル、またはブーツのヒールを使って、豆を叩いたりすり潰したりして細かくします。袋に入れないで砕くこともできますが、豆を無駄にしたり、ハスクが床に飛び散ったりするので覚悟が必要です。すり鉢とすりこぎがあれば、少量ずつですがそれで豆を砕くこともできます。必要な量の豆を砕いてください。最終的には砕けて細かくなった豆（ニブ）と、割れたハスクがすべて混ざった状態になります。

Upgrade: クランクアンドステインのカカオミルを使う（⇒65頁）

8．ウィノウイング

　ニブとハスクが混ざったものを大きなボウルに全部入れ、ヘアドライヤーを持って外に出ましょう。この作業はとても散らかるからです。ボウルを揺すったり、上下に揺らして豆をジャンプさせながら、そこにヘアドライヤーを当てます。ハスクはニブよりも軽いので、風で吹き飛ばされ、庭や道路、屋根の上など、あなたが作業している場所に飛び散っていきます。もし可能なら、庭か畑でやるとよいでしょう（犬を飼っている場合は気をつけてください）。

　ハスクを100％取り除くことはできませんが、ほとんどなくな

るまでウィノウイングを続けてください。ウィノウイングの仕上げとして、まだ残っている大きなハスクのかけらを手で取り除いてください。ダンデライオンには"10分間ルール"があります。手作業でのウィノウイングには、10分以上かけないという決まりです。それ以上続けると、永遠にやり続けてしまうからです。ごく少量のニブを扱う場合は例外ですが、ハスクを完璧に取り除くことは不可能です。

　　See: ハスクは粘度にどう影響するか（⇒71頁）
　　Upgrade: ウィノウワーを自作する（⇒72頁）またはチョコレート・アルケミーでウィノウワーを購入する（⇒76頁）
　　Downgrade: 手作業でウィノウイング（⇒63頁）

9-1．ニブの重さを量る

　どのくらいの量の砂糖を加えるかを計算するには、まずニブの重さを量りましょう。まだ焙煎していない状態の豆1kgから約700gのニブがとれます。

9-2．プレ・リファイニング（オプション）

　ピーナッツ・グラインダー、ブレンダー、フードプロセッサー、もしくはバー・グラインダーを使ってニブを微粒化すると、このあとのプロセスをスピードアップできます。コーヒー・グラインダーは、刃のスペースが狭く、製品の故障につながるので、おすすめしません（中を掃除するのは不可能に近いです）。

　どの機器も持っていない場合でも心配はいりません。時間は多少かかりますが、次のステップでニブをメランジャーにそのまま入れてください。

　ニブを粉砕するには、お手持ちのグラインダーを使ってニブがピーナッツバターに近いやわらかさになるまで潰していきます。

　　Upgrade: ほかのプレ・リファイニングの方法を探る（⇒78頁）

10．リファイニング

　次のステップでは、ヒートガンやヘアドライヤーを使って時間を短縮します。

　小型のメランジャーを動かし、ニブ（またはペースト状になったもの）を少しずつ加えます。この段階ではカカオバターの遊離を促します。ニブを早く細かくするには熱を加えるとよいでしょう（プラスチックの部分を避けて、ドラムの外側と内側からヒートガンやヘアドライヤーを当てます）。ニブが飛び散るのを防ぐのと、ニブの微粒化を早めるために、最初の30分間は、熱を外に逃がさないようフタを閉めたままにします。油脂の遊離が始まり、ニブの粉砕に抵抗を感じなくなってきたら、ニブを追加してください。あまり急いで作業を進めるとメラ

ンジャーはストップしてしまうので、その場合はドラムを手動で回してさらに熱を加えます。すべてのニブが十分に混ざり合って、メランジャーの中でスムーズに動くようになるまで繰り返しましょう。

　メランジャーを最低30分運転させ、ドラムの側面とローラーについて詰まってしまったニブをこそげ取ります。摩擦で石が温まり豆から油脂が溶け出すので、ニブはなめらかなペースト状へと変化し、チョコレートに近づきます。とても苦くてざらついていますが、ここで味見をしてみましょう。工程の途中で味見をするのはチョコレートがどのようにできあがっていくかを知るために大切です。

Upgrade: トラブルシューティング（⇒93頁）
Downgrade: 小型のメランジャーが最適。78頁にピーナッツ・グラインダー、チャンピオン・ジューサー、メターテなどほかのリファイニング方法を掲載

11. 砂糖の添加

　100％のチョコレートバーを作る場合を除いて、この段階で砂糖を加えます。ダンデライオンで作っているような70％のバーを作る場合、砂糖の量の計算には以下の計算式を使ってください。

砂糖の必要量＝ニブの重さ÷カカオの割合－ニブの重さ

たとえば、650gのニブで70％のチョコレートを作る場合：
砂糖の必要量＝650÷0.70－650＝929－650＝279g

　砂糖を入れるときは、小型のメランジャーの容量を超えないよう、大さじ2、3杯ずつ足していきます。メランジャーの動きが遅くなったり詰まったりした場合は、いったん砂糖を加えるのをやめ、その次からは一度に入れる量を減らします。フレーバーを熟成させるためにも、メランジャーのフタは外しておきましょう。

12. 待つ

　数時間後には、チョコレートに近いものができますが、少なくとも8時間はメランジャーを回したまま待ってください。さらに味が整うまでには18〜24時間かかります。次の2点を確認してください。

　質感：硬い粒が混ざったようなザラザラした食感が残っていてはいけません（あえてそのような素朴なチョコレートを求めているなら別ですが）。食べてみて、なめらかだと感じればいいでしょう。

　フレーバー：チョコレートは微粒化していくにつれて特定の

フレーバーが抜け、丸みを帯びてきます。鼻にツンとくる、デリケートで尖った酸っぱいフレーバーは先に消え、そのあとにあたたかなトーンを感じるようになります。強いフレーバーが消えて、やわらかさが前面に感じられるようになるには少し時間がかかります。たびたび試食して、フレーバーがどのように変化するか確かめてください。チョコレートが好みの質感になっても、好みのフレーバーになるにはさらに時間がかかるかもしれません。その場合、ローラーの支柱のネジを緩めて高さを調整し、ローラーとドラムの底との距離を拡げます。フレーバーを維持したまま、より質感をなめらかにしたいときは、メランジャーにフタをしながら作動させてください。

　安全のために：メランジャーを一晩中作動させたり、作動中にそばを離れる場合は、常に誤作動が起こるリスクがあることを心に留めておいてください。私たちはこれまでトラブルを経験したことはありませんが、もしメランジャーの電源を切って一晩置いた場合は、翌日もっとも低い温度に設定し温めておいたオーブンにドラムを入れ、余熱でしばらく置くとチョコレートを再び溶かすことができます。ドラム内の温度は65℃以下に保ってください。

13-1. 食べる、焼く、成型

　メランジャーを止めたら、上部のネジを緩めてローラーを取り出してください。メランジャーの上でローラーを持ったまま、チョコレートをできるだけローラーからこすり取ってボウルに入れてください。ローラーはペーパータオルの上か、シンクに置いてあとで洗いましょう。

　このあとどうするかはあなた次第です。この段階でそのまま食べることも、チョコレートを使ってお菓子を焼くことも、型に流し入れて冷やすこともできます。常温での保存性を高めたり、ツヤのあるチョコレートバーを作るのでなければテンパリングは不要です。必要な場合はステップ13-2をご覧ください。

　成型：チョコレートをできるだけたくさんボウルからこすり取ってプラスチックやシリコンの型、製氷皿、フリーザーバッグ、またはクッキングシートかシリコンマットを敷いた天板2～3枚に分けて流し入れます。どんなものを使っても結構ですが、シリコン製の型がチョコレートを取り出しやすいので最適でしょう。これらがなければ、チョコレートを天板に薄く均一に広げて、テンパリングをしていない大きなチョコレートバーを作り、あとで砕いてください（おやつとしてつまんでもいいですよ）。チョコレートを使った焼き菓子を作る場合は、容器は問いません。いずれにせよ、チョコレートをしっかりとメランジャーからこすり取ってください。そうすれば洗いものが減りますからね（食べる分は増えます！）。

　冷やして固める：型、製氷皿、または天板を冷蔵庫に入

れ、少なくとも30分は冷やしてください。チョコレートが固まったら、取り出して食べることができます。この段階のチョコレートはテンパリングしていないためやわらかく、おいしいけれどすぐ溶けてしまいます。テンパリングをしていないチョコレートは常温保存がきかず、冷やして保存しないと数日以内に白く乾燥しザラザラとした質感になってきます。テンパリングの手順は以下をご覧ください。テンパリングをしないときは、食べるまで冷蔵庫または涼しく乾燥した場所で保存してください。また、ほかの匂いが移らないようしっかりとラップをしてください。

13-2. 簡単な手作業のテンパリング

これはダンデライオンのエグゼクティブ・パティスリーシェフ、リサ・ヴェガが使うテンパリングの手法です。早くて簡単ですし、たいていの場合これで十分です。

チョコレートをピーナッツくらいの大きさに切り刻みます。全体の3分の2の量のチョコレートをボウルに入れ、沸騰したお湯の入った湯せん鍋にあてて溶かし、49℃まで温めます。

ボウルをお湯から外し、溶けたチョコレートをよくかき混ぜながら、残しておいた3分の1のチョコレートを3回に分けて加え、32℃まで温度を下げます。その際、加えたチョコレートが十分に溶けるのを待ってから次の分を入れてください。使用するカカオ豆の産地によって差はありますが、チョコレートが30℃から32℃になったらおおよそテンパリングは完了です。

チョコレートが32℃になったらスプーンテストでテンパリングの仕上がりを確認しましょう。チョコレートをスプーンでひとさじすくって3分間置いて固めます。3分後に触ったとき、硬くなって、うっすらとツヤがあり、白い筋が出ていなければテンパリング完了です。もし白い筋が出ていたり、まだ固まっていなかったり、ベタついていたりしたら、さらに数分間置いてください。5分間経過しても状態が変わらなければ、テンパリングが足りない証拠です。触ったときにチョコレートが硬かったとしても、見た目が少しくすんでいたり灰色だったり、色あせた渦が見られる場合はチョコレートの温度が高すぎるか低すぎる、もしくは混ぜ方が足りないといえます。その場合はチョコレートを

49℃まで温め直し、同じ手順を繰り返してください。室温が21℃を超えるような暖かい日には、最長で2分間スプーンを冷蔵庫に入れると、スプーンテストの時間を早めることができます。チョコレートの最適温度がわかったら、記録しておきます。適切なスプーンテストの写真は102頁に掲載しています。

あなたのチョコレートにとって最適な温度を見つけ、そこに達するまで混ぜ続けてください。適切な温度に達したらチョコレートを型に流し込み、チョコレートが完全に固まって収縮し、型の表面より下がるまで冷蔵庫で冷やします。

トラブルシューティング：チョコレートが最適な温度に達しても、まだチョコレートのかたまりが残っている場合は、お湯を張った容器の上で30秒温め、そのあと2分間しっかりかき混ぜます。この手順をかたまりが溶けるまで続けてください。このときチョコレートの温度は33℃を超えないように注意してください。

See: カカオバターと多形現象（⇒95頁）
Upgrade: 大理石板でのテンパリング（⇒101頁）、あらゆる技法を使ったテンパリングを身につける（⇒103頁）、または電子レンジで温度調節しながらチョコレートを溶かす（⇒103頁）。

14. 片づけ

さあ、片づけましょう。小型メランジャーのボウルとローラーを洗ったあとは、完全に乾かしてください（ヘアドライヤーがここでも役に立ちます）。温水で洗うとよく落ちますが、しつこいこびりつきを落とす場合は少量の洗剤を使ってください。水はチョコレートにとって大敵です。次に使うまでにできる限り取り除いてください。

これであなたもチョコレート・メーカーです！

THE PROCESS, UNABRIDGED
チョコレートを作ろう（完全版）

―――――――

カカオ豆を手に入れる

チョコレート作りの第一歩は豆を手に入れること――それはご存知でしょう。しかし、豆の重要性についてはどうでしょうか。良質な豆から良質なチョコレートが生まれます。良質な豆から不良なチョコレートが生まれることはあっても、不良な豆から良質なチョコレートが生まれることは決してありません。

カカオ豆の調達は新しいチョコレートメーカーが直面する最大の壁のひとつです。ほとんどのカカオ農家は商品市場に豆を販売します（直接バイヤーと接触することが難しいからです）。そのため、カカオ農家は小口の注文に対応できる体制をとっていません（たとえあるとしても、その農家を見つけるのは困難です）。さらに、流通しているコモディティ・カカオの多くは、極上のフレーバーを目指した栽培や処理がされていません。それらは通常カカオバターを採るために圧搾されるか、大手メーカーが購入してほかの材料と混ぜてしまうからです。一般にコモディティ・カカオを購入する企業は、品質よりも低価格を求めます。つまり、不安定で低収入にさらされている農家は、カカオ豆の味を改良するためのサポートやモチベーション、または設備投資のための資金をほとんど得られないのです。カカオの発酵の科学や遺伝的な特徴など、より踏み込んだトピックは第3章の『カカオ豆と砂糖』で紹介します。ここでは、粘着テープやヘアドライヤーを使用してチョコレート作りをしている（または始めようとしている）小規模なチョコレート・メーカーが入手可能なリソースを紹介したいと思います。

カカオ豆とは？

テオブロマ・カカオの木の幹に直接実をつける、明るいルビー色や緑、黄色、そして紫色のカカオポッド。想像しにくいことですが、ここからチョコレートが生まれるのです。カカオの木は、おもに赤道の南北緯20度以内の熱帯地域で育ちます。このうち90%のカカオ豆は、農園の面積が2〜5ヘクタールほどの小規模な家族経営の生産者によって栽培されています。アメリカン・フットボールのコートに換算すると5〜13面分に相当する面積です。大手チョコレート・メーカーが購入す

るカカオ豆のほとんどは、アフリカもしくはインドネシア産です。しかし、私たちは多くの場合、中央アメリカおよび南アメリカ産の、豆の遺伝的特徴やフレーバーもよく、また生産に関わる労働状況や土地の使用方法がサステナブルで責任感があり、信頼できる生産者や農家から豆を購入しています。

カカオの木は成長すると、小さな花を咲かせます。その花は虫たちの受粉によってフットボールより少し小さくて硬い、カボチャのようなカカオポッドに成長します。カカオポッドが熟すと、生産者は新たにカカオポッドが実をつけるパッドを傷つけないよう注意深くなたで切り落とし、収穫します。

次に、カカオポッドを割り、胎座と呼ばれる繊維でつながったトウモロコシのような種子を取り出します。種子は、現地ではババと呼ばれる薄くツヤのある果肉（パルプ）に包まれています。ライチのような酸味があり、クリーミーでとてもおいしいものです（ネバネバしているともいわれますが）。ババはカカオ豆の発酵に重要な役割を果たしますが、カカオ農園以外の場所で採れたてのババを目にすることはないでしょう。いずれにせよ赤道付近のうだるような暑さのもとで採れたババは、格別のおいしさです。

胎座から種子を取り出したら、乾燥のまえに大きな箱（通常はバナナの葉かプラスチックで覆われている）の中にまとめて積み重ねるか、またはバナナの葉で包み、発酵工程に進みます。手法や気候にもよりますが、発酵には3日から3週間ほどかかります。発酵と乾燥の工程によってチョコレートの風味の元が生成され、カカオ豆のフレーバーが変わってきます。この工程がフレーバーに影響するのです。ですから、私たちがカカオ豆について話すのは発酵と乾燥のことがほとんどです。一般に、未発酵のカカオ豆からはおいしいチョコレートはできないと考えられていますが、あらゆる工程や手法を試している人たちもいます。

1. カカオ豆（左から）グアテマラ・カアボン産、マダガスカル・アンバンジャ産、ベネズエラ・マンチャーノ産　2. ドミニカ共和国の鳥類保護区でありカカオ農園でもあるレゼルバ・ソルサルで収穫されたばかりのカカオポッド　3. 熟成するカカオポッド

カカオ豆の構造

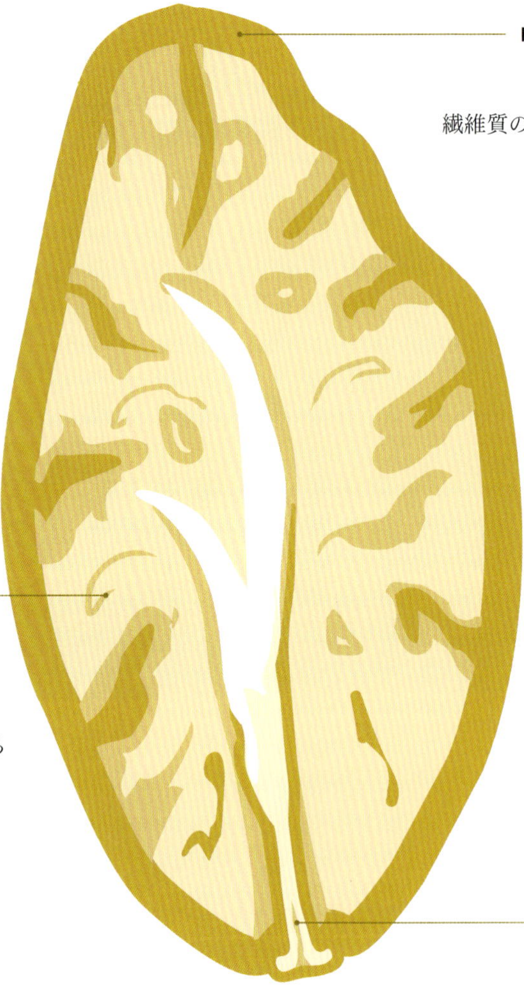

HUSK

ハスク
繊維質のカカオ豆の外皮

NIB

ニブ
ハスクを取り除いた
カカオ豆の内側の部分で
粉砕されてチョコレートが作られる

RADICLE

幼根
種子の胚にある茎状の部分で
発芽すると成長して
カカオの木の主根となる

　カカオ豆は、ハスク、ニブ、幼根の3つの部分から構成されています。繊維質の外皮部分のハスクとカカオ豆の果肉であるニブは、無脂肪のカカオの固形分とカカオバターがそれぞれ50%ずつで構成されています。幼根は発芽すると木の主根となる部分です。チョコレートを作るとき、私たちはハスクを取り除き、ニブを砕きます。ニブを砕くことで細胞の構造が壊れると、内部にあるカカオバターが浸出します。カカオバターが放出されるとニブは"リッカー"と呼ばれるペースト状になり、これに砂糖を加えます。その結果できあがるのがチョコレート、つまり、カカオバターの中に分散した無脂肪のカカオ固形物の懸濁液です。

初めてのカカオ豆をどこで手に入れるか

　カカオ豆を小ロットから購入できる方法はいくつかあります。354頁で紹介しているのでご覧ください。もっとも手軽でおすすめなのは、以下のふたつの方法です。

　チョコレート・アルケミー：チョコレート・アルケミーはウェブサイトと小規模メーカー向けのフォーラムを提供しています。主宰者のジョン・ナンシーは、クラフトチョコレート・ムーブメントの創始者の一人として知られており、小規模のチョコレート作りに必要な設備やリソースを築き上げてきたパイオニアです。チョコレート作りを始める際、ほとんどの人がこのサイトを訪れます。また、高品質かつ豊富な種類のカカオ豆を小ロットから販売しており、フォーラムでは役立つヒントや技術を紹介したり、メーカー同士の交流の場にもなっています。

　地元のチョコレート・メーカー：現在、アメリカには150以上の小さなメーカーが存在するといわれています。そのほとんどが、豆を小売りしてくれるはずです。もちろん私たちもそうです。サンフランシスコのファクトリーを訪ねてもらうか、あるいはウェブサイト（dandelionchocolate.com）から購入できます。

　はじめは、オリジンの異なる豆を何種類か購入するといいでしょう。その場合、運はつきものです。たとえば、私たちが何度テストしても汗臭い靴下のような味だった豆を使って、ほかのメーカーがコンテストで入賞したというケースもあります。ですから、ひとつのオリジンを試しておいしくないからといって落胆してはいけません。別のオリジンを試してみることです。

下準備と豆の選別

　豆を入手したら、まず異物を取り除くために選別をします。最高級の豆でもときには石が混ざっていることもあります。それどころか、ビー玉、ネジ、おもちゃ、コーヒー豆、トウモロコシなど、これまでありとあらゆるものを私たちはカカオ豆の麻袋から見つけてきました。カカオ豆の栽培から収穫、出荷までをおこなう農園は、生産者の生活の場でもあって、無菌の工場ではありません。そこに人びとの生活の温もりがわずかに残っていても、そのほとんどは害ではありません。

　異物はさておき、カビ臭い豆は処分します。豆の表面についたわずかな白いカビは害ではないので、心配いりません。とはいえ、黒カビや青カビがついた豆は取り除きます。豆を焙煎する段階でほとんどの病原体は死滅し、外皮も剥がれるた

"カカオ"か"ココア"か？

ほとんどの辞書に、"カカオ"と"ココア"という単語は、置き変えが可能と書いてあります。
通常、"ココア"という言葉はココアパウダー（ココア豆をすり潰して脱脂して作られる）を指し、
"カカオ"は農産物を指す言葉として使われます。ほとんどの人が、"カカオ豆"というと思いますが、
"ココア豆"という人もいます。これについては、私たち小さなチョコレート・メーカーのコミュニティでも、
人によって意見が分かれます。もっとも的確に区別できていると思うのが、
ウェスト・インディーズ大学カカオ・リサーチセンターによる以下の定義です。
"カカオは「生きた植物」で、ココアは「生命のない商品」である。"
つまり、カカオは子葉、または苗木の芽となる胚芽が枯れた段階で、ココアになります。
ですから、木は"カカオの木"、その豆は"カカオ豆"ですが、発酵のプロセスが終了し、
種子の組織が死滅すると、その段階で"カカオ豆"は"ココア豆"と呼ばれるようになるのです。

め、表面についたカビがチョコレートの中に混入する心配はありません。また、この段階で平べったい豆（これは子房が受精していない状態です）、シワのよった豆、乾燥して子房内の胎座がねじれてしまっている豆も取り除きます。

私たちは豆のひとつひとつにもこだわります。割れている、小さすぎる、ほかの豆にくっついているなどの理由で規格から外れる豆を取り除きます。カカオ豆の外皮にはニブを外部から保護する役割があり、外皮が割れていたら、豆の内部に何かが侵入してフレーバーに影響を与える可能性があります。また、蛾の吐いた糸が豆についていないかも調べます。豆の先端に穴があいている場合は、発酵以前に豆が発芽していたり、虫が開けた穴が豆の内部に広がっていることがあります。

私たちは、見学に訪れた大手チョコレート・メーカーの担当者たちから、「君たちはまともじゃない」といわれてきました。世界のなかでも最高級の豆をサンフランシスコまで運び、手で選別したうえ、そのうちの5％〜10％を捨ててしまうのはあまりに採算が悪いからです。誰もが私たちのようにきびしい基準を守る必要はありません。確かに多少欠点のある豆が混ざっていても、おいしいチョコレートは作れるでしょう。私たちがおこなっているテイスティング・テストでは、十分に選別したきれいな豆、不合格だった豆、麻袋からそのまま取り出した豆の3種類でチョコレートを作るのですが、それはいつも同じ

結果が出ます。不合格だった豆でも一定の味のチョコレートにはなります。ただし、ほぼ全員が3種類の豆を言い当てることができます。ほかのメーカーではその豆でおいしいチョコレートを作れるかもしれません。でも、私たちは基準に満たない豆は使いません。すべてはあなたがどうしたいかです。

私たちのチョコレートは比較的軽めの焙煎で、きび砂糖以外に余分な材料は加えていないので、カビや虫食いなど、どんなわずかな味の変化にも気づきます。豆をじっくり焙煎したり、フレーバーを加えるなら、私たちほど基準をきびしくする必要はありません。まずは、仮の基準を作り上げるために試作を重ねることです。もし、あなたがチョコレート作りを始めたばかりなら"迷ったら、その豆は捨てる"これが一番です。

麻袋の中には豆のかけらや粉末が多く入っている場合があるので、それらを取り除くにはふるいを使うと時間を節約できます。まず、麻袋に入った豆をふるいの上に開けて前後に揺すり、豆のかけらや粉末を取り除きます。それから網に残った豆を大きなテーブル全体に広げて、手で選別します。器用な人なら工業用製品を扱っているオンラインストアで金網を買ってオリジナルのふるいを作ったり、ホームセンターやキッチンにあるもので代用することもできます。『ソーティング・トレイの作り方と使い方』（⇒50頁）で、簡易なものからプロ仕様まで3つのオプションを紹介しているので参考にしてください。

ひび割れた豆、砕けた豆、平べったい豆、くっついた豆、穴の開いた豆、そして石や糸などの異物をすべて取り除く。"迷ったら捨てる"それが、私たちの鉄則

ソーティング・トレイの作り方と使い方

ソーティング・トレイはふたつの用途があります。ひとつは、袋の中の砕けた破片と豆とを選別すること、もうひとつはクラッキングのあとにニブをサイズによって分類することです。砕けていない大きなものや、一部が砕けたものはもう一度粉砕します。これらは同じトレイで作業できますが、未焙煎の豆に使ったトレイは必ず消毒するようにします。使用する金網の網目は、大きなニブや外皮がこぼれ落ちず、小さなかけらをふるい落とす細かさが必要です。トレイを2種類作る場合は、それぞれの用途に特化した網目を選びます。豆用は6.5 mm、ニブ用は4.8mmくらいがいいでしょう。豆を仕分けるには、麻袋から直接取り出した焙煎まえの豆をいずれかのサイズのトレイにのせると、小さなかけらや粉末が下に落ちます。豆をトレイ全体に広げて揺すると、多くの豆のかけらや粉末などを取り除くことができます。

すでに砕けているニブは、目の細かいほうのふるいを使用して仕分けます。砕けた豆をソーティング・トレイに移して全体に広げ、トレイを揺すって小さな破片をふるい落とします。残った大きなかけらはクラッキングの工程へ戻します。

ここでは簡単なソーティング・トレイから、手が込んでいて頑丈なものまで、3種類のソーティング・トレイの作り方を紹介します。

クーリング・ラックを使う

天板をクーリング・ラックにのせて手で押さえるか、あるいは粘着テープでとめれば、即席のソーティング・トレイが完成します。クーリング・ラックの網目はそれほど大きくないので、豆が下に落ちることはありません。ホールビーンを選別するのには使えますが、豆の量が多いとラックを押さえ続けるのにうんざりするかもしれません。

50 MAKING CHOCOLATE

プラスチック容器と粘着テープでつくる

もう少し頑丈なトレイにするなら、プラスチック容器と金網を使って簡単に作ることができます。まず、プラスチック容器の底をくり抜きます。金網のサイズは、ボルトカッターや工業用ハサミを使って容器の大きさに合うように調整してください。その上に金網をかぶせて、縁の部分をぐるっと粘着テープでとめます。

材料:

6リットルのプラスチック収納容器（あるいは同等品）
金網：ステンレス製、30cm×30cm、線径1.2mm、網目0.7mm

1. 容器を用意する

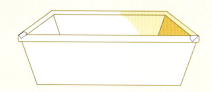

2. 容器の底をくり抜く

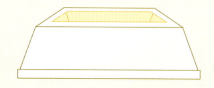

3. 金網をテープでとめる

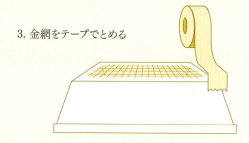

4. 完成

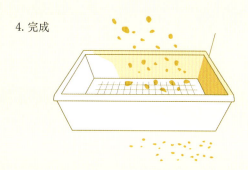

カスタム

上質で衛生基準を満たすものを作るには、高密度ポリエチレン（HDPE）と食品衛生上の基準を満たした接着剤を使用します。

それよりもシンプルなソーティング・トレイは、木製やプラスチック製の枠と、釘か接着剤で作ります。金網を枠の底にしっかり固定できれば、それを使って豆を選別することができます。枠の角に三角形の部品を取りつけて補強すればベストでしょう。

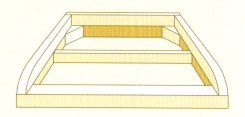

ここからはソーティング・トレイをグレードアップする方法を紹介します。一度の作業でニブをサイズごとに分けるには、異なるサイズの金網を取りつけたトレイをいくつか用意し、それらを重ね合わせます。この作業をオートメーション化するには粉砕機の底面にトレイを取りつけると、粉砕と選別を一回で効率的にできます。まず外枠を作り（私たちのは当初木製でした）、網目のスクリーンを取りつけます。次に土台部分を作り、そこに金具で外枠を取り付けます。わずかに角度をつけた状態で枠をはめ込み、ボルトで振動モーターを固定します。

ニブをスクリーンの一番高い部分に投入して振動を加えると、小さな破片は下の容器に落ち、大きな破片は上部の容器に落ちます。

予算があれば、スウィーコ（SWECO）などの工業機器メーカーが販売している専用の機械を購入するとよいでしょう。

ロースティング（焙煎）

豆の焙煎は、チョコレートのフレーバーにもっとも大きく影響する工程といえます。同じ豆でも焙煎が変わればチョコレートはまったく違う味わいになります。一般的に煎り方が浅いとフルーティーでジューシーな酸味が引き立ちます。一方、煎り方が深いと、ナッティーでリッチな、クラシックともいえるチョコレートの風味が前面に押し出されます。しかし、過度の焙煎は微妙なフレーバーを消してしまい、低温や短時間の焙煎では気になるフレーバーが残ってしまうことがあります。焙煎の最終目標は、豆の特徴をもっとも引き出すための加減を見つけることです。みなさんからよく焙煎する時間と温度に関する質問を受けますが、正直にいうとその答えはありません。なぜなら、カカオ豆はすべてが異なり、完璧な状態に仕上げる決まった時間や温度はないからです。焙煎は科学であり、アートでもあります。あなたがレシピ通りに作ることに慣れているなら、明確な答えがないのはストレスになるかもしれません。でも、試してみることが好きなら、焦げたポップコーンのような匂いがすることがあったとしても、きっとうまくいくでしょう。いずれにしても、カカオの焙煎に近道はありません。ビーントゥバー・チョコレートを作るすべての工程においても、近道はほんの少ししかないのです。時間をもてあましていて、空いている時間を（ときには睡眠時間までも）何かに使いたいと思っているなら、これはちょうどいい趣味になるでしょう。運がよければ、あなたの友人が付き合ってくれるかもしれません。

豆を焙煎するにはロースターが必要です。私たちは改造したコーヒー・ロースターを使用しています。とりあえず熱を発する機器なら、オーブンやフライパンでもいいでしょう。焙煎方法によって豆のフレーバーと引き出される個性は異なってきます。自分好みのフレーバーになるまで少量の豆でテストして記録しておくことが大切です。とにかく機器をそろえたいという方には、ビーモア1600 コーヒー・ロースターをおすすめします。なお、61頁にほかの焙煎方法とそれぞれの長所と短所を掲載してあるので、参考にしてください。

写真左頁／焙煎を待つ選別された豆　写真上／ビーモア1600コーヒー・ロースターを侮ってはいけない。私たちは数年間この小さなロースターで何トンものカカオ豆を1kgずつ焙煎してきた

食品衛生と生カカオ豆

焙煎まえの豆は熱による殺菌処理がされておらず、サルモネラ菌や大腸菌などの病原体に
汚染されている可能性があると考えるべきです。焙煎するときも、二次汚染を避けるため、
焙煎の前後で同じ器具を使用しないなどの対策が重要です。そこで、異なる工程で選別用トレイを使うときは、
トレイを複数用意してはっきり目印をつけておくか、使用のたびに消毒することをおすすめします。
ここまでお読みになると、生チョコレートについて疑問を持たれたかもしれませんね。
狭いチョコレートのコミュニティでもよく議論が交わされます。そもそもこの"生"という言葉に異論を唱える人もいます。
カカオ豆は、発酵、乾燥の工程で48.9℃以上になり、これは一般に生であると考えられる温度を超えているからです。
なかには、豆を焙煎すると自然のニュアンスが消えてしまうとか、
栄養的な理由から生の状態を保ちたい（発酵の段階で実は豆は死んでしまうのですが）と考えているメーカーもあります。
いろいろと書いてきましたが、私たちは生チョコレートを否定しているわけではありません。
実際、私たちの親友も作っています。とはいえ、生チョコレートを購入したり、未焙煎の豆を食べるときは、
十分に下調べをして、メーカーに殺菌と食品安全のテストに関する質問をし、安全性を確認してください。
私たちは、安全対策として、ファクトリーに届くまえに豆のサンプルを検査機関に送って検品しています。
これまでに大腸菌などの汚染が判明し入荷を拒否したこともあります。
汚染の可能性というリスクを十分に理解しないまま、
自作の生チョコレートをシェアしたり販売したりしないでくださいね。

チョコレートは驚くほど複雑なフレーバーを持っています。マイルドなナッツや苦い樹皮から、ローストされたアプリコットやサドルレザーの風味まで、これらが1枚のバーに全部入っています。また、焙煎のいろいろな段階でも独特の風味が出ることがあります。カカオ豆は遺伝子や生育環境、天候、発酵や乾燥のプロセスによってさまざまな特徴があらわれ、その特徴はロースターにかける時間や温度によっても変化します。それぞれのカカオの木には遺伝子が大きく異なる豆ができるうえ、出荷されるひとつの袋の中に複数の農場の豆が含まれていることもあります。高温で焙煎すると香ばしくナッティーなフレーバーになる豆が、焙煎時間を短くするとジューシーで凝縮したベリーの特徴が感じられるということもあります。繰り返しますが、"正しい"時間と温度というものはないのです。すべてはあなたのお好み次第なのです。

さらに複雑なことに、私たちは何度も焙煎するうちに焙煎時間が数分、ときには数秒違うだけで引き出されるフレーバーが劇的に変化することを知りました。焙煎にはわかりやすい科学はありません。だからこそ、多くのチョコレート・メーカーにとって、独自の焙煎方法がアートになるのです。フランスの老舗チョコレート・メーカーが新しいチョコレート・メーカーについて（古典的なフランスの言い方で）、「悪くない。が、あと30年経てば彼らもわかるだろう」と言及しています。

焙煎方法 Part 1　ベストな焙煎を見つける

どの新しいメーカーでもそうですが、私たちはおいしいチョコレートを完成させるのに30年も年月を費やすつもりはありませんでした。そこで豆の最適な焙煎方法を分析するシステムを考案したのです。この難問を解くために、コンピューター・サイエンスにおける問題解決法というまったく別の分野の方法論を使いました。私はアルゴリズムやコードを扱う世界から、チョコレートを作る世界へ入った人間です。焙煎はアートだといいましたが、前の世界で使っていた"道具"をそこに置いてくるようなことはしませんでした。元エンジニアの画家が、ガタついたイーゼルをレンチで直すのは容易に想像できますよね。それと同じです。私がスタンフォード大学の学生だったとき、好きだった科目のひとつが遺伝的プログラミングでした。その授業では、どんな問題ももっとも基本的な形式に分解して考えるという方法を学びました。まず自分の望む結果を設定し、次にそこへ到達するために最適な解を導き出すプログラムを作るのです。遺伝的プログラミングを発展させて、私たちが直面している焙煎の問題を解決するところまでは（少なくとも今のところ）たどり着いていませんが、ベストな焙煎方法を見つけるため、この"問題を分解する"という概念を応用したのです。

このプロセスでは、まず始めに、焙煎というものを"探索空間"だと捉えます。探索空間とは、あるひとつの焙煎を定義するあらゆる変数（数値が変化する要素）が集まった空間です。変数には時間や温度、一度に焙煎する量、使用機器、湿度、周囲の温度やそのほかの要素が含まれます。この問題を単純化するため、実験ではいつも同じ豆とロースター（電気回路にはロースターのみ）を使用し、同じ条件で選別や下準備した豆を一度に1kg焙煎します。また、周囲の温度と湿度は無視しますが、そのほかは極力、管理された同じ環境下で最高の焙煎を試みました。ここからは、時間と温度という大きなふたつの変数が関わってきます。実験の初期段階で、さらに単純化することに決め、温度は一定にして、時間だけを変えることにしました。

これで焙煎するための条件が固定されました。探索空間には、可能な限り多くの焙煎時間を設定しました。この焙煎工程に対する入力値を"時間"とし、出力値を"味"とします。焙煎にかける時間によって味が変わることを意味します。可能な限り異なる時間で豆を焙煎すれば、焙煎時間とチョコレートの味との関係は下のフレーバー曲線によって表されます。

これは理論上単純化したグラフです。焙煎温度やそのほかの条件をすべて一定にして、カカオ豆をある時間だけ焙煎したときに、チョコレートの味がどのように感じられるかを表します（ここでは0分から25分まで）。もちろん、何度も時間を変えて焙煎の実験をするのは現実的ではありません。たとえば、5秒間隔で焙煎実験をおこなったとすると、この例では、最高の焙煎を見つけ出すために300回も作業を繰り返すことになります。実際、そんなことはできるわけがありません。その代わり、この空間探索という手法を使い、焙煎時間を変えた場合に最高の焙煎がどのあたりにあるかを見つけ出すのです。私たちは実際に異なる焙煎時間で3回の実験をおこない、その結果を次の調査に反映しました。最高においしいという結果が出たときの焙煎時間がある特定の範囲内にあったら、次の実験はその時間に近い時間で何度か実験をおこなうのです。一番よい結果の数値が範囲の真ん中にあったら、その範囲内の最短時間と最長時間の間で、おいしいと思う焙煎時間を探します。通常はこのような工程を何度か繰り返し、最適だと思われる焙煎時間を見つけるのです。

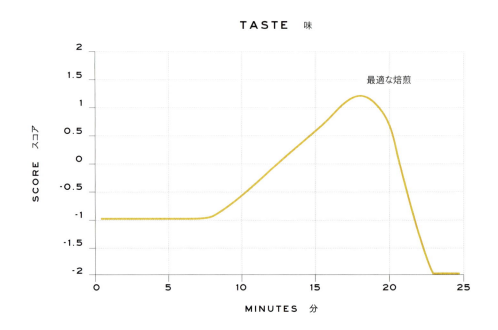

フレーバー曲線：豆の焙煎時間によるチョコレートの味の変化

味を評価する

さて、この探索空間の中で焙煎の良し悪しを評価する方法が必要になります。ほかのプロセスと同じく、何か納得がいく結論を出したいと思うときには主観が入り込んできます。遺伝的プログラミングは、"自分が何を探しているかを知っている"という事実に結果が左右されますが、ときにチョコレート作りにおいては、答えを見つけるまで自分が何を探したかったのかわからない、ということがあります（人生においてはよくあることですよね）。味覚というのは、かなり主観的な感覚で、人それぞれ違います。では、どうやって"最高においしい"を定義するのでしょうか。遺伝的プログラミングにおいて個体を評価する関数を"適合度関数"といいますが、私たちにはまだこの関数はありません。これを見つけるため、チョコレート以外の世界に目を向けたのです。

キャメロンと私は自分の味覚が最高だとか、自分こそが味の権威であるというほどの自信はありません。そこで、友人や一般の人たちを審査員としてブラインド・テイスティングをし、"最高"イコール"評価が一番上"と決めて、民主主義的にフィードバックしてもらうことにしました。審査員といえども、味覚はそれぞれ異なります。私たちは審査員にダンデライオンのスタイルは「大胆、特徴的、予想外」だということを心に留めてもらうようお願いしました。

チョコレートの評価は、それぞれのバッチをブラインド・テイスティングして−2から＋2までのスコアをつけます。ゼロを中心にしたスケールにすることで、審査員は正か負かどちらかを選ばなければならなくなります。＋2は今まで食べたなかで一番おいしいと思ったチョコレート、−2は吐き出すのをどうにか堪えられる程度を意味します。0は可もなく不可もなく"普通"のチョコレートです。スケールの幅は小さいですが、その方が反射的な回答を集めることができます。私たちが興味を持っているのは、世の中の人がそのチョコレートを好きか嫌いか、ということです。これを10点満点のスケールで評価してもらうと、回答が曖昧になる可能性があります。好きであるというレベルが7ではなくて6だというのはどうしてわかるのでしょうか。私たちが知りたいのは、このチョコレートが好きか嫌いかであり、0を中間点とした正と負のどちらかを選ぶようにすれば、その目的は達成できます。とはいえ、このスケールはあなたの好きなように作ればいいのです。また、審査員にはテイスティング対象のチョコレート同士を比較するのではなく、自分がそれまでに食べてきたチョコレートと比較するよう依頼しました。こうすると、評価はこのテイスティング以外の場合でも通用することになります。

十分なデータを入手したら、テイスティング審査員の総合的な判断から、どのチョコレートがベストなのかがわかります。このことから、そのチョコレートが持つ特徴が見えてくるので、私たちもその特徴を焙煎で引き出そうとします。焙煎方法によってはイチゴのフレーバーを感じ取り、そのローストを高く評価する人がいるかもしれません。評価の傾向がつかめれば、そのフレーバーに合わせ焙煎時間の範囲を狭めることができます。そして毎回のテストで最高のベリーのフレーバーを出せるよう努力します。いずれにせよ、"高得点"は貴重な情報源となり、それを導き出したフレーバーの最適な焙煎方法を追求することができます。私たちは何が最高かを定義づけることはしません。それよりも人びとが何を一番求めているのかを理解することが重要だからです。

焙煎方法Part 2：空間探索を使うか、実際に豆を焙煎するか

同じ焙煎方法で時間だけを変えた結果を調べる空間探索と、ブラインド・テイスティングのスコアが、私たちの求める適合関数の代わりとなります。では、どのようにこの空間を探索して最適な焙煎方法を見つけるのかという疑問が生まれてきます。複数のバッチを異なる焙煎時間でローストし、味見をします。特に注意を払うことは、"極大値"についてです。フレーバー曲線には小さなピークが複数回出現する場合がありますが、狭い範囲でのピーク値をベストなフレーバーだと思い込み、フレーバー曲線全体の"最大値"を見逃してしまう可能性があるのです。フレーバーがよくなるまえには逆に悪くなることがあるので、最大かつ極限値を探すには、細心の注意を払わなくてはいけません。

では、探索に取りかかりましょう。まず、同じオリジンの同じ袋の豆から1kgのバッチを3つ用意します。

自宅のオーブンを使う場合： 温度を約163℃に設定し、オーブン用温度計を庫内に設置します。こうすれば、オーブンの設定温度ではなく正確なオーブン内の温度がわかります。次に、1～3枚の天板の上に豆を広げます。豆が重ならないように並べ、どの豆にも均一に火が通るようにします。

ビーモア1600 コーヒー・ロースターの場合： 焙煎方法は初期設定の"P1"、1ポンド（453g）の設定で1kgの豆を焙煎します。ビーモアは 1ポンド（約453g）のコーヒー豆を焙煎す

るようにデザインされていますが、1kgのカカオ豆を入れると熱エネルギーが分散し、低い温度で焙煎することができます。

1回の量が1kg以下で、豆が少ないほど熱くなるので、焦がさないように数分短くしてください。1kgのバッチなら、タイマーを19分に設定しましょう。

別のコーヒー・ロースターを使う場合は機能や時間が異なりますが、大まかな方法は同じです。一番大切なのは、毎回同じ方法でテストすることです。そうすれば、変数をコントロールし、好みの味を引き出すための焙煎時間を絞り込むことができます。

私たちは音や香りを目安にして、ひとつ目のバッチをロースターからいつ取り出すかを決めます。具体的な目安は、豆がポンと弾けるか、ブラウニーのような強い香りがするかです。オーブンならタイマーを30分に設定すると豆を焙煎しすぎることもなく、ローストの香りや音が変わったときの時間を把握できます。豆が弾けると（弾けない豆もありますが）、ポップコーンが弾けるような音が聞こえます。それが合図です。最初のひとつが弾けると、次々と弾けていきます。不規則に弱々しく弾けるような音がする場合は、もっと強い音が聞こえるまで待ってください。強い音が聞こえたら、それを最初の合図と考えます。音がしない場合は、香りで判断します。豆や焙煎方法によりますが、早いときは数分後にブラウニーの香りがします。少なくとも12分間は（12分は非常に軽い焙煎です）取り出さないでください。どちらにしても、ロースターの近くにいて自分の目で見て確かめ、香りを参考にしてください。

最初の弾ける音が聞こえるかブラウニーの香りがしたら、その時間をメモし、すぐに豆を冷やしはじめます。これらのサインを目安にするのは残りのテストの参考にするためです。気になることがあれば自分の判断で焙煎時間を短縮せず、中止するほうがいいでしょう。ビーモア1600では、冷却ボタンを押すとローストが止まりますが、時間もリセットされてしまうのでボタンを押すまえに時間を記録しておきましょう。

オーブンを使用する場合は、豆を取り出したら、トレイの上で寝かせてください。ワイヤーの棚などが最適で、最低でも1時間ほど置いて熱を取ります。

ペンとノートを用意し、焙煎時間、温度、豆の見た目や香りの感想を記録し、テストの結果をデータとしてまとめ活用します。

時間を記録し豆を冷却したら、2度目は同じ1kgのバッチ

を初回より2分短縮して焙煎します。3度目は初回より2分長く焙煎します。これで、フレーバー曲線の中で3種類の焙煎した豆ができます。この時点で豆をテイスティングし、一番好きなロースト時間を選びます。しかし、私たちはチョコレートにしたほうが実際的だと考え、これらの焙煎した豆からまったく同じ方法でチョコレートを作り、それぞれのフレーバーを味わいます。こうすれば焙煎した豆に砂糖がどのように影響するかまでわかります。カカオポッドに入っている豆はすべて異なる味がするので（その理由は162頁を参照）、豆を数個テイスティングしたところでチョコレートの総合的な味わいはわかりません。チョコレートを作ってこそ、焙煎した豆の持つ風味がわかるのです。

　焙煎した豆をチョコレートにしたら、それらを評価します。小型のアイストレーに入れ、冷蔵庫で固めます（通常30分くらい）。冷えたら、ブラインド・テイスティングをおこないます。先入観を持たないよう（私は軽めの焙煎以外は受け付けないなど）、どのチョコレートがどの焙煎時間の豆で作られているかがわからない状態でおこないます。個人的な嗜好は、誰もが採点できるという方法を台無しにすることがあります。テイスティング中はほかの人とは話をせず、ひとりひとり評価を紙に記入します。他人の意見で集団的な思考が発生し、意見の強い人が結果を左右してしまう可能性があるからです。これはあくまで私たちのやり方ですので、みなさんの好きなようになさってください。

焙煎時間を絞り込む

　最初の3通りの焙煎方法で作ったチョコレートからどれがベストかを決めたら、次はその焙煎時間をさらに絞り込みます。選ばれたプロファイルがもっとも浅めのローストやもっとも深煎りだった場合は、それぞれ2分と4分縮めて焙煎し、同様に2分と4分長く焙煎することで、ローストの限界時間を調べます。中間の焙煎時間が選ばれた場合は、さらに焙煎時間を絞り込むため、当初の時間を基準として1分単位で時間を増やしたり減らしたりします。

　フレーバー曲線の全体図がクリアになるまで、このテストを繰り返します。運がいいと、最高得点が焙煎時間の限られた範囲内のものと一致し、やがてひとつの焙煎時間に集中するので、どのテイストが人気なのか大まかなアイデアを把握できます。しかし、最初から好みが一致することは少なく、スコアが平均的に散らばったりします。そのときは、そのあとの方針

を話し合います。軽めの焙煎で味わったような酸味や、みずみずしいベリーのフレーバーを残すのか、こっくりとしたナッツの風味をより引き出すように、もう数分長く焙煎するのか、など最適な焙煎時間を正確に特定できるまでフレーバー曲線の範囲を絞り込んでいきます。だいたい3回から4回テストをおこない、各テストで3〜4個のバッチを使います。私たちが開発するどんなロースト・プロファイルでも、通常9〜16個のバッチを使います。高得点のローストが広範囲に広がると、なかなか範囲が絞り込めず、数ヶ月かかることもあります。また、すばらしいフレーバーを引き出せそうなのに、完璧なバランスが見つからないときも時間がかかります。逆に運がいいときは2回のテストで完成することもあります。

　どの場合でも、すべてに適合する"最適な豆の焙煎方法"というものはありません。浅めに焙煎すると酸味やデリケートなニュアンスが残りやすく、深めに焙煎するとキャラメルのトーンや煮込んだフルーツの風味を引き出せるでしょう。どちらがよいということはなく、何を求めているかが重要になります。スコアをつけることで広範囲の焙煎時間からおいしさのピークを見つけやすくなりますが、どのピークを選ぶかはあなた次第です。

　これらをすべて終えれば、焙煎はとてもシンプルな工程になります。ひたすら同じ方法で焙煎し続ければいいのです。豆が同じ状態でないとこれらのデータは役に立たないため、私たちは定期的にロースト・プロファイルや豆の再チェックをおこなっていますが、通常はそれほど異なることはありません。私たちは自動的に焙煎を繰り返せるようにロースターを再プログラムしますが、ストップウォッチがあって素早く作業ができれば、オーブンやほかのロースターでも同じように焙煎できます。

　最後に：あなたが小さなロースターで理想のロースト・プロファイルを確立したものの、製造目的で大きなロースターを使おうとする場合は、より大きなバッチの豆の熱量を考慮し、焙煎時間を調整する必要があるかもしれません。詳細は204頁を参照してください。

ハスクを取り除く

カカオ豆を粉砕するまえに、まずハスク（外皮）を取り除かなければいけません。ハスクは繊維と少量の残留カカオバターからできていて、チョコレートに粘性やざらつきを与えます。小麦や米など繊維質の皮を持つほかの農産物でも、私たちは好んでその皮を食べることはありません。通常はウィノウイングで空気を送って皮を取り除きます。これはカカオ豆の場合も同様です。

米や小麦に比べたら、最初に豆を砕けば、カカオ豆からハスクを取り除くのは簡単です。豆を砕くとニブとハスクの破片に分かれます。ニブのほうが殻より重く密度が高いため、ファンを使ったり振るったりすれば分けることができます。私たちは通常ハスクを取り除く方法をクラッキングとウィノウイングのふたつのステップで説明しています。

クラッキングをせずにカカオ豆をウィノウイングするには、手作業で1粒ずつハスクをむくしかありません。簡単な作業ですが時間がかかります。あなたが禅の達人か、ドラマ6シーズン分を一気に見る間にやることを探しているのでない限り、この方法はおすすめしません。最終的に、上質できれいなカカオニブを取り出せるようにハスクを取り除ければよいのです。ここでは試してみたい人のために、そのプロセスをご紹介しましょう。そのあと私たちが好んで用いるクラッキングの方法と、ウィノウイングについても紹介します。

手作業でカカオ豆をむく
（粉砕せずにウィノウイングする方法）

手作業によるウィノウイング（つまりカカオ豆のハスクをむくこと）は恐ろしく時間がかかる作業ですが、もっともシンプルなやり方です。ポーチで日向ぼっこをする暇がある人や、細かい繰り返しの作業を楽しめる人にはうってつけです。

では、手作業でウィノウイングする方法を説明しましょう。まず親指と人差し指で豆をつまみます。指で転がし、つまんだり、ねじったりしてハスクを割ります。そして、ピーナッツの殻をむく要領でハスクをむきます。ただ、豆が十分にローストされていないとハスクがむきにくいかもしれません。ローストされていない豆やローストが不十分な豆は、ニブがハスクにくっついていることが多いからです。豆がよくローストされて膨らんでいるか、またはローストしすぎた場合もハスクはすぐにはがれます。やっているうちにむき方が上達するかもしれませんし、この方

法を採用しているチョコレート・メーカーもまれにありますが、彼らは極少量しか作りませんし、きっと超人的な忍耐力があるのだと思います。たった数kgの豆でも気が遠くなるほど長い時間がかかるからです。

手作業でおこなう利点としては、豆からすべての幼根を取り除くことです。これが何に役立つかを知りたい人は、77頁を参照してください。

手作業のウィノウイングなら、先に豆を砕かずにハスクを取り除くことができます。私が初めてチョコレートを作ったとき、そのほうが簡単だと思ってハスクをむくまえに砕いてしまいました。結局、小さなニブの破片から小さなハスクの破片を取り除くことになり、指からは出血し、手作業でハスクをむく場合よりも余計な時間がかかってしまいました。時間のムダでうんざりしました。私はもう二度とやりません。

1. 豆を砕くにはめん棒やブーツのヒール、なんでも使える　2. 部分的に砕けた豆　3. 豆が砕けたら、ハスクは簡単に取り除ける

クラッキング

カカオ豆のクラッキングは豆を小さな破片に粉砕することですが、極めて原始的な方法でおこなうことができます（たとえば硬いもので叩くなど）。

ウィノウイングの工程において、どの程度のクオリティやスピードを目指し、またどの程度手間をかけるかによって、あなたが選択する方法は変わってきます。チョコレートを作る量が増えれば方法を変えてもいいですが、はじめはシンプルな方法をおすすめします。1バッチのチョコレートをたまに作る程度なら、システムを最適化する必要はありませんが、毎日10バッチ作るとなると、粉砕機は動力化したほうがよいでしょう。

オプション1：めん棒、またはゴムハンマー

私たちがガレージから小さな製造スペースに拠点を移したばかりのころ、粉砕機が壊れてしまったことがありました。ウィノウワーは動いていたので、数日間私たちはめん棒でハスクを砕くことにしました。以前に自宅でめん棒を使ってうまくいったことがあったので、この方法でファクトリーを継続できると考

えたのです。ところが、生産ラインで試したところ、とても大変で効率的ではないと気づきました。それでもいざというときには役に立ちますし、あなたが忍耐強くて何かを叩きのめす口実を探しているなら、ある意味楽しめるかもしれません。

豆を頑丈なジッパーつきのフリーザーバッグに入れます。袋を横に寝かせたとき豆が重ならないように入れ、きっちり封をして袋を二重にします。めん棒を使って叩き潰し、豆の上を転がして6mm程度の大きさに砕いたら、外皮がニブと分離してきます。ゴムハンマーや肉叩き、本、硬いつぼの底、車のタイヤ、ブーツのヒールなどでも代用することができます。めん棒を使うなら、まずはじめにめん棒を豆の上で転がして軽く砕いてから叩いたほうが、いきなり叩くよりも効率よくできると思います。袋を使わなくてもできますが、豆やハスクが床に飛び散ってしまうのでそれを覚悟してくださいね。

オプション2：ジューサー

豆を砕くのにチャンピオン・ジューサーは最適な道具です。もっと早く出会えていたら、と残念に思うほどです。作業がとても速くなりますし、多少粉っぽくなりますが、クランクアンドステインより均一に砕くことができます。これを可能にするジューサーはチャンピオン・ジューサーだけです。カッター刃の間隔と構造が豆を割るのにちょうどいいからです。ほかのジューサーは豆を潰したり、削ってしまいます。ですから、古いジューサーでは試さないでください。

豆を砕くときは豆をカッター刃の上に押し上げてしまわないよう、ジューサーの底にある立体のスクリーンを外してください。電源を入れてマシンに豆をひとつかみずつ投入すると、出口から出てきます。付属品の棒で押してもいいですが、すぐに出てくるでしょう。

オプション3：クランクアンドステイン・カカオミル

クランクアンドステインは同名の会社によって作られた手回し式のグレイン・ミルです。一般的なグレイン・ミルは、レンズ豆ほどの大きさの穀粒を潰すために設計されています。もみがらを脱穀する機械なので、私たちの目的と似ていますが、大きさが10倍もあるカカオ豆に転用するのは難しいことです。クランクアンドステインをカカオ豆で使用できるようになったのは、チョコレート・アルケミーのジョン・ナンシーのおかげです。

彼はクランクアンドステイン社にローラー間のスペースを広げるように提案しました。デザインはシンプルで、ギザギザのついたローラーが上部にふたつ、底にひとつあります。ニブからハスクを取り除くには、底のローラーが上部のローラーより少し速く回転しなければならないため、上部と下部のローラーのギアのサイズが少し異なるように設定されています。

ダンデライオンでは、はじめの4年間クランクアンドステインを使っていました。まだガレージでチョコレートを作っていたころから、初めての大量注文で1万枚のバーを製造したときにも使ったものです。すばらしい機械でしたが、定期的なメンテナンスが必要でした。機械を酷使するため、2～3週間ごとにローラーの刃をつけ替え、ローラーが摩耗して豆が詰まると機械につきっきりでした。1年ほどは機械が詰まるとおたまで豆を押し出し、持ち手のカーブの部分を使ってローラーについたカスを取り除いていました（注意事項：ローラーから豆を押し出すときは必ず道具を使用して手を触れないようにしないと指を失うことがあります）。すべてDIYで改良を重ねた結果、よりスピーディーな殻割り器になりました。

クランクアンドステインのもっとも優れた点は、機械を簡単にカスタマイズできるところです。手動クランクを電動ドリルに変えて効率を上げたり、機械いじりの好きな人にとってはたまらないでしょう（⇒69頁）。

私たちが現在使用している粉砕機や、ほかの業務用ウィノウワーに関しては第4章の『たくさん作る』で詳しく説明します。でも、チョコレート・メーカーの方には、最初はクランクアンドステインかチャンピオン・ジューサーを試してから、次のステップに移ることをおすすめします。クランクアンドステイン・カカオミルは公式ウェブサイト（crankandstein.net）で購入できます。

クランクアンドステインを
カスタマイズする方法

クランクアンドステインはチョコレートを小ロット生産するには最適な道具です。しかし、使ううちに効率をよくするには少し改良したほうがいいと気づきます。そのヒントを紹介しましょう。

テーブルに固定する

通常はバケツの上にクランクアンドステインを置きますが、上部が重いため安定が悪く滑りやすいので扱いにくいと思います。ステンレスの作業台にドリルで穴を空け（ウォータージェット・カッターを使うといいでしょう）、ミルを台に直接取りつけると作業がスムーズになります。このような作業台は可動棚がついている場合が多く、粉砕機から出てくるニブを受け止める容器を取りつけることもできます。

じょうご

クランクアンドステインの付属品のじょうごは少し小さめの作りなので、溝に豆が詰まりやすいのが難点です。豆をスムーズに流すためには、もっとサイズが大きく、角度のついたじょうごがおすすめです。フランジつきで上部に取りつけ用の穴があるステンレス製がいいでしょう（厚紙と粘着テープで簡易版を作ることもできます）。

ドリル

手動ハンドルを特製のドライバービットを取り付けたコードレス・ドリルに取り換えれば、ミルを簡単に動力化できます。

モーター

何百バッチも製造するとコードレス・ドリルでも動きが鈍くなるため、モーターをミルに直接取りつけたくなると思います。私たちはボーディーン0650（Bodine 0650）を使用していましたが、ほかのものでも結構です。モーターをミルに取りつけるには、高トルクのクランプ・オン・シャフトの継手（マクマスター：McMaster #6408K11）を使いました。

選別

砕けていない豆が残っている場合は、もう一度粉砕機に通す必要があります。大きすぎる豆を選り分けるには、ミルの下にソーターを取りつけるとよいでしょう（⇒71頁"選別"）。

選別

粉砕したばかりの豆は、ニブが大きすぎたり、ハスクとくっついていたりバラバラでしょう。それらを手で取り出してもいいのですが、量が多いときはもう一度粉砕する豆を選別するためにスクリーンを使うと簡単です。

準備段階でふるいにかけたスクリーンと同じ大きさのものを使ってもいいでしょう。網目のサイズは小さく砕かれたニブだけ下に落ち、割れていない豆や部分的に割れている大きい豆はスクリーンの上に残るくらいのものです。スクリーンはホールビーンを選別するための大きい網目と、ニブを選別するための小さな網目のふたつを用意します。これは効率を上げるためだけでなく、焙煎されていない豆と焙煎済みの豆の相互汚染を避けるためにも効果的です（関連する病原菌のリスクを避けるのにも有効です）。ガイドラインは56頁をご覧ください。

選別自体は簡単な作業です。ニブをスクリーンでふるいにかけ、小さな破片が下に落ちるまで振り、スクリーンの上に残った豆をもう一度粉砕します。

ウィノウイング

これできれいに粉砕されたニブとハスクがバケツに入った状態になりました。ここでハスクを取り除きます。ハスクを100％完全に取り除くことは不可能に近いですが、以下の方法でそれに近づけることはできるでしょう。

完成した製品やこれからチョコレートになるニブの場合、米国食品医薬品局（FDA）は重量の1.75％までハスクが混入することを許容しています。ハスクの重さを考慮すればそれは相当な量です。ハスクをたくさん食べても死ぬことはありませんが、豆が殺虫剤や有害物質、鉛にさらされていれば、ハスクにもそれらの物質が付着しています。また、乾燥に時間がかかると、アフラトキシン（カビ毒の一種）が豆の中で増殖している可能性があります。とはいえ、今まで検査のために送った豆の中から有意レベルのアフラトキシンが検出されたことはありません。

ハスクは固形物です。加工する工程においては、どんな固形物でもチョコレートの中に残っていると粘度が高くなります。つまりチョコレートの濃度が増し、流動性が低くなるのです（粘度の詳細⇒207頁）。チョコレートは、カカオバターの中に浮遊する固形粒子から成る油脂混合物です。油脂は固形粒子間になめらかさを与える働きがあるため、ハスクなどの固形物を加える量が増えれば流動する油脂が少なくなり、チョコレートの濃度が高くなります。私たちは早い段階でハスクの影響量を見極めるため、いくつかの実験をおこないました。その結果、少量のハスクでは大きな影響がないことがわかったのです。チョコレートに油脂を追加すれば、その違いはさらに小さくなります。しかし、私たちのようにふたつの原材料しか使わない場合はハスクをきれいに取り除きたくなりますよね。

ただし、ハスクがまったくない状態にしようと思えば、おそらく豆とハスクの混合物を再び粉砕して、手作業でハスクを取り除く必要があります。ファクトリーでは、大きな破片は手作業で取り除きますが、10分間ルールを定めています。手でハスクを取り除くのは10分間だけ。さもなければ延々とやることになりかねません。完璧はあり得ないのです。

オプション1：昔ながらのボウル・テクニック

これは昔からある方法で簡単そうに見えて意外と難しいのですが、練習さえすれば誰でもできます。

ニブとハスクをトレイに広げるか大きなボウルに入れます。ボウルかトレイを使って、砕いた豆をそっと空中に斜めに放り上げ、落ちてくる豆を受け止めます。そのとき、ボウルを自分の方に引き寄せながら、落ちてくるハスクが入らないようにします。放り上げたときハスクが舞いますが、そよ風が吹く屋外でやれば特に効果的です。この方法はハスクがあちこちに散らばるので徹底的に掃除するには時間がかかるかもしれませんが、そのうち素早くできるようになります。

イメージしにくい場合は、YouTubeに動画がたくさんあるので、「カカオ豆のウィノウイング」で検索して、機械が映っていない動画を探してみてください。

ウィノウワーの作り方

　もっともシンプルなウィノウワーは、ヘアドライヤーもしくは、そよ風とボウルです。

　効率的でベーシックなウィノウワーは簡単に作れますし、改良を加えてハスクの破片を受け止めることもできます。材料は塩化ビニールパイプ数本とヘアドライヤーか送風機です。私たちが使用しているウィノウワーも紹介しましょう。供給装置を増設しているので、手作業でニブを投入する必要はありません（手作業で投入することをベビーシッターと呼んでいました）。

　ここで使うのは、長さ約60cmの食品安全基準を満たす塩化ビニールパイプです（私たちは直径76mmを選びましたが、もっと小さくても使えます）。パイプの両端にそれぞれY型の継手を取りつけ、片方の継手に送風機を取りつけます。どの送風機でもいいですが（粘着テープでヘアドライヤーを固定したようなものでも）できればデイトン1TDP3（Dayton 1TDP3）の送風機をおすすめします。資材通販サイトのグレンジャー（grainger.com）で購入できます。

　砕いたニブとハスクが混ざったものを、豆の取り込み口からゆっくり入れます。この作業はとんでもなく散らかるので、屋外でおこないましょう。でもこの方法なら、ハスクを吹き飛ばして、下にあるバケツにニブを集められます。ただし、送風機の威力が強すぎると、ハスクと一緒にニブも吹き飛んでしまうので微調整が必要です。その場合は、送風機の出力レベルを調整して手動で風量を制限しましょう。あるいは、調節スイッチを作って出力をコントロールできるようにします。ニブとハスクの混合物をゆっくり投入することを試してもいいでしょう。

　あっという間にハスクが散乱して大変なことになると思います。これは反対側に掃除機を取りつければ、簡単に解決できます。一番上に直接取りつけることもできますが、流れを妨げてしまうためホースが鋭角に折れ曲がったりねじれたりしないように気をつけましょう。私たちは上部をカーブさせパイプを延長し、反対側に掃除機のホースを取り付けてニブより軽いハスクを吸い出せるようにしました。

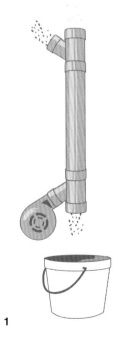

1

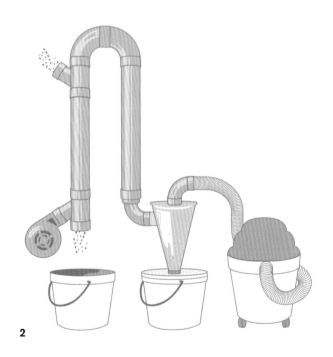

2

72 MAKING CHOCOLATE

掃除機は木材加工でよく使われるフェスツール（Festool）のものを使用しています。高価ですが、どんなに酷使しても頑丈なしっかりした製品です。とはいえ、何千枚ものチョコレートバーを作るつもりがなければ、ショップ・ヴァック（Shop-Vac）のシンプルな掃除機や、バケツにセットする掃除機で十分です。掃除機の寿命を延ばし、掃除機の紙パックが外れないように、中間段階として渦発生装置を追加することもできます。

渦発生装置を取りつけると、掃除機本体よりもバケツの中にハスクとほこりがたまります。基本的に掃除機は空気の流れを作り出すだけで、実際にはサイクロン集塵機がその下にあるバケツの中にハスクやほこりを集めます。これにはオネイダ・エアシステムズ（Oneida Air Systems）の集塵機がおすすめです。使っているうちに掃除機の吸引力を調整する機能も欲しくなり、システムを通る吸引量の増減を調整する空気弁の追加を検討するかもしれません。

最終的に何トンもの豆をウィノウイングすることになると、大きな問題が出てきます。そのひとつが装置を停滞させず、作業工程を損なわない速度でニブを供給するシステムです。豆を入れる速度が速すぎると、ウィノウイングがうまくいきません。でも、手作業で豆を入れるために1時間も機械に張りつきたくはありませんよね。だからこそ、自動で豆を供給できるシステムを追加したほうがいいのです。粉砕機をウィノウワーに取りつけて供給システムとして使用するメーカーもあります。

私たちの初期の試作品は、投入用のじょうごにごく小さな穴をあけ、外側にマッサージ器をテープでとめて定期的にニブの流れをシャッフルするものでした。この方法を試してもいいですが、私たちは生産量を増やしたときにニブの流れをスピードアップさせ、うまくコントロールする方法を見つけました。

私たちの現在の設定では、供給パイプを遮断するオーガーと呼ばれるらせん状の部品を取りつけ、選択したペースで豆を送り出します。市販のチョコレート・ファウンテンの装置（セフラ・クラシック：The Sephra Classic）についているオーガーを再利用しました。覆いを外した装置を送風機と供給機の間のどこかに取りつけ、周期的に振動するタイマーにつなぐだけです。オーガーをぴったり合わせるため、レデューサーと呼ばれる塩化ビニールパイプの継手を使う必要があるかもしれません。振動するたびに、ひと握り以上のニブとハスクがシャフトに落ちるのをオーガーがブロックします。うまくウィノウイングするため、適切なスピードにダイヤルを合わせてタイマーを調節することができます。

ウィノウワーに正解も誤りもありません。私たちは実験したり、さまざまな機械を作ったりするのがチョコレート作りの醍醐味だと気づきました。異なる設計を試して新しい技術を取り入れ、改良を重ね、ほかのメーカーとシェアすることをおすすめします。そうすれば、私たち全員がお互いに学び合うことができるからです。

食品安全についての注意：チョコレートを販売するつもりなら、あなたの機械が食品安全の規格基準を満たし、地域の衛生条例に適合しているかどうか確認しましょう。どの物質が食品と接触する材料に認可されているかについての詳細は、米国食品医薬品局（FDA）の連邦規則第21条で確認できます。もっとも確実なのは、FDA認証商品と明確に表示されているものを購入することです。証明書が添付されていないものは条例を確認しましょう。透明な塩化ビニールは、通常FDAによる認証済とみなされています。それを使えばウィノウイングの工程を可視化できます。

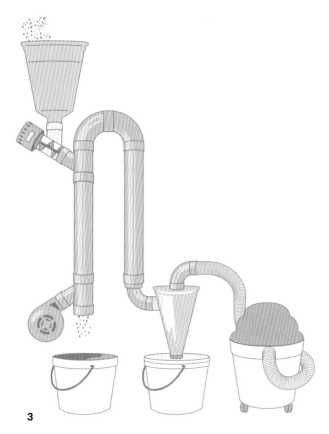

3

オプション2：ヘアドライヤーか卓上ファンを使う

これは、豆を放り上げる方法より早くできますが、かなり散らかるので、屋外で作業することを強くすすめます。ドッグランの近くなら、地面を覆う根囲いの資材としてハスクが使えるかもしれません。

砕いた豆をボウルに集め、一度にひと握りずつ持ち上げ、ボウルの中に振り入れます。このときヘアドライヤーで落下するニブからハスクを吹き飛ばすのです。ヘアドライヤーを使えば、ボウル・テクニック（⇒71頁：オプション1）でより多くのニブをウィノウイングできます。これは、細かい工夫と忍耐力を要しますが、10分ほどでうまくウィノウイングできます。高価な機材を購入するつもりでなければ、お財布にもやさしいでしょう。

あるいは、卓上ファンをテーブルなどに取りつける方法もあります。風の前でカップ1杯分の砕いた豆をバケツに注ぎながら、細かく揺すったりしてハスクを取り除きます。

オプション3：塩化ビニールの傑作（自作か購入）

使っているうちにヘアドライヤーが古くなったり、作業に閉口してもっと高機能なものが欲しくなるかもしれません。そこで次のステップは、簡易ウィノウワーを製作することです。食品安全基準を満たす塩化ビニールパイプとファンがあれば簡単に組み立てられます（⇒72、73頁）。ファンかヘアドライヤーをパイプの底に取りつけ、パイプの上からニブとハスクの混合物を入れるとニブは落下し、ファンがハスクを吹き戻します。ここからじょうごや供給スピードをコントロールするオーガー、ウィノウイングを補助する掃除機、殻を集める集塵機を追加すれば、さらに機能が向上します。チャンピオン・ジューサーや粉砕装置につないで、上から直接投入することも可能です。自作する時間の余裕がなければ、次に挙げるウィノウワーの購入もひとつの方法です。

シルフ（The Sylph）とエーテル（The Aether）はどちらも中級モデルのウィノウワーで、ヘアドライヤーよりは性能がいいですが厳密にいうと業務用ではありません。ラーカ・チョコレート（Raaka Chocolate）の友人はエーテルを使用して気に入っていたので、みなさんも試してみるといいでしょう。どちらもチョコレート・アルケミーで購入できます（⇒355頁）。

ホールビーン・チョコレート？

ウィノウイングせずにチョコレートを作ることはできるのでしょうか。 たずねる相手によって答えは異なります。
米国食品医薬品局（FDA）によれば、チョコレートに含まれる殻が多すぎると（正確には1.75％以上）、
法律上チョコレートとは呼べません。なかには豆をそのまま残し、
粉砕、選別、ウィノウイングの工程を省略して"チョコレート"を作るメーカーもあります。
これはチョコレート業界で物議をかもしている話題です。イノベーションだと考える人もいれば、
後退だとか危険なアプローチだと考える人もいます。私たちもこのタイプのチョコレートを作ってみましたが、
質感が粗くざらついていて、私たちの好みのフレーバーではありませんでした。
しかし何人かの友人は、これを試して非常に気に入っています。
もし豆を挽かずにチョコレートを作ってみたいなら、検査機関による豆のテストを強くすすめます。
殺虫剤や重金属、汚染物質、アフラトキシンなどのカビ毒が含まれていないことを確認するためです。
もしこのような商品が販売されていたら、的確な質問をして正しい予防措置が取られているかを確認しましょう。

ニブとハスクと幼根

　粉砕とウィノウイングが終わると、カカオ豆はニブとハスクに分けられます。この工程によってきれいに分けられたニブとハスクは、別々の容器に入れるのがいいでしょう。まず、これらのニブをチョコレートにリファイニングするまえに、ニブとハスクについて簡単に説明したいと思います。ここにチョコレートバーにする準備のできたニブがありますが、いったん手を止めて食べてみてください。ニブはおやつにぴったりで、チョコレートにつけて食べるとナッツのように土っぽさや食感が加わり、もっとおいしくなります。私たちは飲み物にブレンドするのが好きです。ニブを使ったレシピは、第5章の245頁を参照してください。

　一方、ハスクには別の問題があります。大量（またはゴミ箱いっぱい）のハスクは優れた根囲いの資材になるので、私たちは農場に寄付しています。ただし、この皮を庭で使用するときは犬を近づけないこと。ニブやハスクにはカフェインに似たテオブロミン化合物が含まれているので、犬が中毒症状を起こし獣医さんに駆け込む羽目になります。私と同じ間違いはしないでください。

　そのほか、ハスクで素朴なチョコレート風味のお茶を作ることができます。個人的に好みではありませんが、この味が好きな人もいます。沸騰したてのお湯にスプーン1杯のハスクを数分間浸します。殺虫剤や除草剤などの汚染物質が心配なら、購入した豆の情報を確認しましょう。お茶くらいの量なら害は

ありませんが、販売のために多く作る場合は材料に関する情報を調べる必要があります。

　最後に、カカオ豆の幼根について触れたいと思います。カカオの種子には発芽すると主根に成長する幼根があります。フレーバーがあまりないため、多くのチョコレート・メーカーがこれを取り除きますが、そうでないメーカーもあります。前者はすべてのチョコレート・メーカーは幼根を取り除くべきだと考えていますが、後者は幼根を取るか取らないかに固執しすぎだと考えています。いずれにせよ、この問題はたくさんの議論を巻き起こしましたが、結論はいまだに出ていません。私たちも幼根を入れたものと入れていないもので何度もテイスティングしてみましたが、特にフレーバーや食感の違いを感じませんでした。ところが、カカオのフレーバーをより引き出すため幼根にクリームを合わせてみたら、意外にも土っぽいコーヒーのようなフレーバーに仕上がることを発見しました。

　ニブだけを単体で販売するなら、幼根は重要なポイントになります。それは幼根をかじると歯が傷ついてしまうからです。しかし、チョコレートを作るなら幼根の有無は気にしなくていいでしょう。もしリファイニングのときにチョコレートの粘度が高すぎて機械が詰まったら、幼根を取り除くことでその問題を解決できます。幼根に含まれる油脂はニブより少なく、固形物に対して流動させる働きの油脂が少ないと、理論上は粘度が高まりますが、それはほんのわずかです。私たちは何年間も幼根を取り除かずにチョコレートを作ってきましたが、何の問題も起きていません。

もしチョコレートから幼根を取り除きたいなら、ピンセットを使い凝視してひとつひとつ取り出す必要があります。幼根はカカオ豆の中の同じ位置にあるので、豆をむくとすぐに見つけられます（⇒63頁）。気が遠くなるような作業が苦にならないなら、私はその方法をすすめます。

幼根を除去する機械もありますが、手に入りにくいかもしれません。

リファイニングとコンチング

さて、チョコレート作りのために必要な、きれいにウィノウイングされたニブが用意できました。次の工程はリファイニングです。その次におこなうのは、リファイニングからさらに精錬させるコンチングという作業です。リファイニングのポイントはニブをすり潰し、なめらかでおいしいチョコレートにすることです。最初にニブをすり潰すとき、どのように溶けるのか、またチョコレートがどのように変化するのかを観察します。カカオ豆の約半分は油脂でできているため、すり潰すとわずか数分で固体から液体に変わります。カカオ豆のリファイニングを数時間、もしくは数日間続けると、カカオ固形物が細かいサイズまですり潰され、多くの人びとが期待するような、なめらかで口当たりのいいチョコレートになります。リファイニングの工程を少しでも短縮するために、あらかじめニブをすり潰しておいてもいいでしょう。私たちはこれをプレ・リファイニングと呼びます。

作業を始めるまえにニブの重さを把握しておけば、あとから正しい割合で砂糖を加えることができます（ニブに加える砂糖の量を算出するには、41頁の計算式を参照してください）。

工程はとても単純です。ニブを粉砕してから砂糖を加え、それらをおいしくなるまですり潰します。方法はたくさんありますが、今回は基本から始めましょう。

以下のような機械やテクニックでニブをリファイニングし、おいしいチョコレートを作ることができます。けれども、それはあなたが知っているチョコレートより、素朴でざらついているかもしれません。もしなめらかなチョコレートを作りたければ、メランジャーという機械が必要になります（⇒84頁：オプション5）。これらの工程をなるべく早く終わらせたいときは、プレ・リファイニングの工程として、オプション1、2、3（特に3）、もしくはオプション4（⇒84頁）をすすめます。プレ・リファイニングでニブを十分に潰すことで、メランジャーでおこなうリファイニングの時間を短縮できます。リファイニングをはじめるとき、メランジャーのローラーが失速しないよう確かめてください。

オプション1：メターテ

メターテとは、玄武岩から彫られた石板で、メキシコや中央アメリカでは穀物や香辛料をすり潰すために昔から使われていました。手に持って使う“マノ”と呼ばれる石の杵と併せて使い、石板の表面を何度も押したり擦ったりして穀物を粉砕、すり潰します。メターテは古代メソアメリカにおいて、カカオ豆の加工に使われていましたが、当時の人びとはカカオを飲みものとして飲用していたため、おそらくニブは粗い状態だったでしょう。これらの道具で3日間かけてニブを精錬しない限り、その食感はきめが粗くザラザラしたものになります。私はメターテをあまり使ったことがなく、今後も使うことはないと思いますが、約30分がんばれば特有の素朴でザラザラした質感になり、風味のあるチョコレートができあがるのは確実です。

私たちの友人であるミッション・チョコレート（Mission Chocolate）のアルセリア・ガヤルドがメターテについて教えてくれました。彼女は中南米の豆やチョコレートを専門に研究していて、私の知る限り彼女ほどメターテに精通した人はいません。

新しいメターテを使う場合、慣らしがされていてチョコレートに石の破片などが混入しないことを確かめてください。残っている石の破片やほこりを落とすため、生米やトウモロコシの穀粒をメターテですり潰します。これをきれいにこすり取ったら、洗剤と水で洗います。ここで役に立つのがエスコベーテという道具です。剛毛でできたブラシで、オンライン・ストアやメキシコの日用雑貨店で手に入りますが、剛毛ブラシで代用できます。

ヘアドライヤーやヒートガンを使って石を温め、ニブからカカオバターが溶け出しやすくします。メキシコにいるアルセリアの母親は、キャンドルを灯してメターテを温めるそうです。

1. メターテの低いほうの端にニブを置く 2. マノを使いメターテの上にあるニブを擦り、すりつぶしてペースト状にする 3. 砂糖を加える 4. メターテで作った粗く素朴なチョコレートをカットして、中央アメリカに伝わる伝統的なチョコレート・ドリンクを作ってもいいでしょう

私たちがメターテでチョコレートを作るとき、正確に分量を量ったりしていません。それを販売するつもりはありませんし、グアテマラの山にいる気分でクッキング・スケールを使うのをやめるのも楽しいからです。通常メターテで作業できる量は200g程度なので、基準に沿ってニブと砂糖を量り分けると、70%のチョコレートの場合はニブ140gと砂糖60gになります。

メターテを温めたら、ひと握りのニブをメターテの低いほうの端に広げます。ただし、マノをそのまま前後に動かすと、すべてのニブがメターテからこぼれ落ちてしまいます。すり潰すことを意識しながら、下に向かってマノで圧力をかけます。まず両手でマノを持ち、積まれたニブの下方に置きます。メターテの下端とニブの山の中間あたりから前方に向かって少し転がすと、ニブはマノの下敷きになります。そして、マノを下のほうへ引くと、ニブが押し潰されます。再びマノを持ち上げニブの上に置き、前後に動かします。この動作をすばやくおこなうと摩擦熱が生じ、ニブが潰れやすくなります。ニブをすり潰す際、友人に熱い空気を吹きかけるよう頼んでください。そして、友人に楽しい作業だからお互いの仕事を交代しようと提案します。ただし、この技はメターテを使ったことがない友人には有効ですが、効果は一度きりです。

ニブの一部が潰れて液状に変わりはじめたら、さらにニブを加えます。すべてのニブにツヤが出て、液状でざらついたペーストになるまで続けます。作業を続ければ続けるほど、ざらついた質感はなめらかになっていきますが、これには時間がかかります。ざらついたペーストになったら、砂糖を少量加えて作業を続けます。手をとめるタイミングは作る人次第ですが、私たちは通常約30分後、チョコレートがアーモンドバターぐらいの粘度になったら作業をやめます。

これが終わると、柔らかい型にチョコレートを流し入れ、冷やします。チョコレートはテンパリングされていないので、手の上で溶けるでしょう。しかも、コンチングによって酸化や通気がされていないのでフレーバーは強いですが、間違いなくこの方法でシンプルなおいしいチョコレートが作れます。メソアメリカの伝統のように、お好みでマサ（トルティーヤを作るトウモロコシ粉）が入った熱湯にチョコレートを削って入れると、おいしい飲みものになります。伝統的には、モリニージョという木製の撹拌機でかき混ぜますが、泡立て器やミキサーでも代用できます。また、スペイン人のように沸騰した牛乳と砂糖やシナモンを合わせることもできます。ブラックペッパー、ゴマ、チリフレークなどのスパイスを加えてもおいしいでしょう。

すり鉢やすりこぎを使ってこの種のチョコレートを作ることもできますが、グリップ付きのすり鉢はニブが中で動かなくなってしまいます。メターテでチョコレートを作るときは、石を温めましょう。石が冷たいと、ニブに含まれる油脂が固まってしまい、潰しにくくなります。

オプション2：チャンピオン・ジューサー

エレインと私が初めてチョコレートを作ったとき、カカオ豆をどのように粉砕するのか、爪の間に挟まった皮の破片をどうするかを3日間考えた結果、私たちはジューサーを買ってきました。ジューサーでニブを粉砕できることは知っていましたが、苦労して手に入れたニブを買ったばかりのジューサーに入れた途端、パチパチという音を立ててジューサーのくず入れ部分にそのまま排出されてしまいました。このことでジューサーにも種類があることを知りました。ニブを粉砕できるのは、唯一チャンピオン・ジューサーだけです。この製品は食べものを咀嚼して噛み砕く様子を模倣して設計されており、期せずして造りがタンクのようになっています。難点は少し散らかることです。プレ・リファイナーとしては効果的ですが、リファイナーとしては期待できません。ザラザラ感の残るチョコレートができ、リファイニング済みのニブに砂糖を入れたくなるでしょう。

ジューサーのスイッチを入れ、ニブを投入します。一度に入れるのは約60mlです。ジューサーには何度かけても構いませんが、メランジャーを使う前のプレ・リファイニングなら1回にしておきましょう。ジューサーだけでリファイニングする場合はなめらかな状態になるまで繰り返してください。最高になめらかになるとナッツバターのような質感になります。

1. プレ・リファイニングの作業によって、リファイニングの時間を短縮できる
2. ニブがナッツバターのような質感になるまでチャンピオン・ジューサーにかける

オプション3:
ピーナッツ・グラインダー（プレ・リファイニング用）

　初めてピーナッツ・グラインダーを買ったとき、私たちはすぐにチャンピオン・ジューサーを見限りました。なぜなら、あらゆる点で圧倒的にピーナッツ・グラインダーのほうが優れており、より簡単で手早く、効率的に作業ができたからです。ピーナッツ・グラインダーでニブを潰せば、すぐにチョコレートのような形状になります（まだチョコレートの味はしませんが）。特におすすめはバリスタが使っているようなバー・グラインダーです。カカオニブを供給するスペースを備えたものにしてください（コーヒー用のバー・グラインダーは使わないでください。ニブを入れるには容量が小さすぎるからです。潰すことはできてもカカオ豆から出る油脂で詰まってしまいます）。

　私のおすすめはプレザント・ヒル・グレイン（Pleasant Hill Grain）のオールドタイム・ナッツ・グラインダーです。ホール・フーズ（Whole Foods）のナッツバター・コーナーで売っています。かなり高価な製品なので、小さなファクトリーに規模を拡大するときに購入するといいでしょう。イーベイ（eBay）で中古品が安く売られていることもあります。また、コロナ（Corona）のグラインダーを採用しているメーカーもあります。高性能ではありませんが手頃な価格なので、真剣に自宅で作りたい場合に使うには十分でしょう。

　ニブを入れるまえに、ピーナッツ・グラインダーを数秒動かすと、ニブが詰まるのを防げます。抽出口の下にボウルを置き、少しずつニブを入れます。ピーナッツ・グラインダーにかけるのはたいてい1回だけです。すべてのニブを入れたら、スイッチを切り完全にグラインダーをとめましょう。カカオリカーが固まって、次に使うときに動かなくならないように、フタを開けて洗います。抽出口が詰まってしまったら、ヒートガンを使って中のチョコレートのかたまりを溶かして取り除きましょう。プレ・リファイニングはニブを粗く砕くだけの工程なので、ピーナッツ・グラインダーは最適です。

　私たちはデモンストレーションの際、ピーナッツ・グラインダーをよく使用します。ニブがあっという間にチョコレートに変化するのを見た瞬間、見学者は魔法にかかったように「なるほど！」といってくれるからです。ただし、ひとつ注意があります。グラインダーから出てきたものがピーナッツバターのような質感のおいしそうなチョコレートに見えても、この段階ではかなり強烈な味がします。コンチングして砂糖を加えると柔らかいフレーバーになるのですが、砕かれた直後はフレーバーがもっとも強いので、テイスティングはスプーン1杯程度にしておくほうがいいでしょう。

オプション4:
ブレード・グラインダー（プレ・リファイニング用）

　ブレード・グラインダーは一般的な調理機器で、ミキサーや安価なコーヒー・グラインダー、フードプロセッサーのことです。これらの機器では十分に微粒化し、なめらかな状態にすることはできませんが、とにかく肝心なのはニブを砕き、中に含まれる油脂を放出しやすくすることです。ブレード・グラインダーだけで上質なチョコレートを作るのは難しいと思いますが、プレ・リファイナーとしてはよい方法です（バイタミックスのブレンダーを使えば完全にリファイニングできると断言している人たちもいますが、私たちは成功したことがありません）。

　ブレード・グラインダーを使う場合、まず約1カップのニブを入れ、数回作動させてから残りのニブを加えます。ニブが液状になったらもう少し動かしましょう。そして次のどれかひとつに当てはまったらストップします。モーターがとても熱くなった場合、摩擦でニブが体温より熱くなった場合（スイッチをとめて確認しましょう）、これ以上続けてもニブはリファイニングされないと感じた場合。どれかひとつでも該当した時点でやめてください。安価な機器は比較的早くモーターが熱くなるので、イライラするかもしれません。匂いに気をつけながら注意深く観察して、モーターが故障しないようにしましょう。

オプション5：小型のメランジャー

　小さくてキッチンに置きやすい小型のメランジャーはベストな選択です。自宅でなめらかなチョコレートを作りたい場合、唯一必要になる専門的な機器がメランジャーです。メランジャーはスチール製のドラムの中にある石製の基盤の上をふたつのローラーが回転し、素材を粉砕します。十分に時間をかけると、ローラーがニブをミクロン単位の粒子にまで細かく砕き、油脂はすべて放出されて、とてもなめらかなチョコレートになります。

　一般的にメランジャーはほかの産業用のミルに比べると生産能力が低いので、ほとんどの大手メーカーは使用しません。ハーシー（Hershey）は以前使っていましたが、1950年代から生産能力が高いボール・ミルに変えました。ちょうどインドに電動モーターが伝わったころです。当時インドではメランジャーはドーサ（発酵した米と豆のクレープ）を作るために使

　われていました。メランジャーはほかのミルほど熱を発生させないため、ドーサに含まれる生きた酵素を壊さないからです。

　チョコレート製造用のメランジャーを販売しているのは、現在でもインドの食品業界からスタートしているメーカーが多いのです。私たちが気に入っているのはプレミア・チョコレート・リファイナーで、テスト用のバッチを作るために長年使ってきました。オンラインストアでは250ドルくらいで販売されています。小型のメランジャーは一度に1kgの豆を処理できます。自宅で楽しむには十分なサイズで、小規模なメーカーならこれを数台購入すれば製造量が増やせるでしょう。私たちのファクトリーでは30kgの豆を処理できるメランジャーを使っていますが、さまざまな分量を作るためにボールミルやロールリファイナーも使います（⇒217頁）。

　メランジャーを使う場合は、ニブをプレ・リファイニングしておきましょう。処理時間を短縮できるうえ、粘度が高くなりメランジャーが詰まるのを防ぎます。メランジャーが詰まると故障やオーバー・ヒートを起こす危険があるので、ニブを入れるまえに数分間メランジャーを動かしておきましょう。摩擦によって石が温められニブを手早く挽くことができます。さらに、低温に設定し温めておいたオーブンにメランジャーのドラムを入れて、余熱で温めるのもいいでしょう（ドラム内の温度は65℃以下に保ってください）。また、メランジャーを使うまえや動かしている間もヘアドライヤーやヒートガンでニブとメランジャーのドラムの側面を温め、ニブを粉砕しやすくするといいでしょう。ただし、多くのメランジャーにはプラスチック製の部品が使われているので、ヒートガンを使うときは熱で溶けないように注意してください。

　プレ・リファイニングしたニブを加える場合は、動かしているメランジャーにそのバッチを少なくとも4回に分け、数分おきに入れましょう。砕いてウィノウイングしただけのニブを入れるときは、ローラーの動きが悪くなったり、詰まったりする感覚をつかむまで、一度に入れる量はひと握りにしてください。最初に入れたひと握りのニブが挽かれはじめると、豆の細胞構造が壊れ油脂が放出されるので、濃厚でザラザラとした液状に変化します。ここでメランジャーが動かなくなった場合は、チョコ

1. プレ・リファイニングせずに小型のメランジャーにニブを入れる場合、ニブが飛び出したり、メランジャーに負荷をかけたりしないように、必ずゆっくり入れる　2. ニブは短時間でザラザラしたペーストからなめらかなチョコレートに変わる

夜通しメランジャーにかける

夜通し作動させておくときは、
機械が誤作動する危険性があります。
私たちはこれまでそれを経験したことはありませんが、
十分気をつけてください。
あるチョコレート・メーカーから聞いたことですが、
無人で機械を動かしたまま帰宅し、
翌日戻ってみるとチョコレートがあふれ、
機械はショートしていたそうです。
夜間、メランジャーのスイッチを切った場合は、
オーブンでチョコレートを再度溶かしましょう。
最低温度に設定しておいたオーブンに
メランジャーのドラムを入れ、余熱で温めます。
ドラム内の温度は65℃以下を保ってください。
モーターを焦がさないように、
ローラーが回転するかどうかを確認してから
スイッチを入れメランジングを続けましょう。

レートがなめらかに動くようにヒートガンで熱風を当てます。加えたニブが粉砕されはじめるか、または全体が湿った状態になったら次のニブを入れましょう。はじめのうちはニブがメランジャーから飛び散ることがあるので、最初の30分はフタをしておきましょう。フタをすると熱を逃がさないためニブをより早く挽くことができますが、ずっとフタをしていると揮発性のアロマやフレーバーが閉じ込められてしまうので、なめらかで豊潤なフレーバーにしたいときはフタを開けてください（これについてはあとで詳しく書きます）。

最初の数時間でニブは挽かれ、なめらかでとろとろした状態になります。特に最初の30分は目を離さないようにし、ボウルの内側やローラーにニブがたまってこびりついたら、こそげ落としてください。ニブがなめらかなペーストになり、チョコレートのようになりはじめたら味見をしてみましょう。かなりビターでザラザラしていると思いますが、途中で味見をすることがチョコレートの変化を感じるには最適な方法です。

数時間でチョコレートのようになりますが、少なくとも8時間、できれば18〜24時間はメランジャーにかけましょう。質感はリファイニングが十分かどうかにかかっていますが、フレーバーはコンチングの仕方で変わってきます。私たちがメランジャーを強くすすめるもうひとつの理由は、リファイニングとコンチングの両方の機能を持つ機械だからです。

コンチング

簡単にいうとコンチングとは、空気と摩擦と熱を取り込み、豊潤なフレーバーとなめらかな質感を出すためのプロセスです。熱や蒸気圧、および酸化がカカオニブに含まれる揮発性のアロマを蒸発させるので豊潤なフレーバーになります。大手のチョコレート・メーカーは本格的なコンチング・マシンを持っていますが、小ロット生産のメーカーにふさわしい小型の機械はほとんどなく、あったとしても高価で、購入するのは現実的ではありません。そのため小型のメランジャーはいい代用品になります。

メランジャーはリファイニングと同時にコンチングするという独特の技術です。一定の回転でチョコレートを常に空気にさらし続けるので、メランジャーに長く入れるほどチョコレートはより軟らかくなめらかになります。チョコレート・メーカーによっては、メランジャーはコンチングではないと考えるところもあります。それは、熱を加えたり空気の循環を増やしたり、温度をコントロールするわけではないからです（これが本格的なコンチング・マシンの特徴ですが）。しかし、メランジャーに長く入れておくほどチョコレートのフレーバーは変化します。これは酸化によるものでしょう。たとえば、プレ・リファイニングしたマダガスカル産の豆をメランジャーに入れると、豆に含まれる酸で目がヒリヒリしてきます。メランジャーに入れて数時間後には酸の強さが消え、2日、3日と経つにつれてマイルドになります。

ある意味でコンチングは簡単です。あなたが気に入ったフレーバーになれば、そこでチョコレートのコンチングは終了だからです。繊細な特徴が鮮やかでシャープで酸味のあるフレーバーと同時に感じられる場合、それらが消えたあとに温かみのあるトーンが現われます。あるいは、それらのフレーバーが最初から存在し、時間がたつと強めの特徴が消えて繊細さが現れることもあります。どこでコンチングを終えるかはあなた次第です。

しかし、メランジャーのような機械を使用する場合は、質感がなめらかになり、かつ自分好みのバランスのフレーバーに達するスイートスポットを見つけるのにコツが必要です。スイートスポットを見逃さないためには、一般的な方法としては、フレーバーを閉じ込めたいときにメランジャーのフタをし、フレーバーを熟成させたいタイミングでフタを外すことです。酸素の流れはアロマを飛ばしてしまうため、空気の循環を閉じ込めればフレーバーを保つことができます。メランジャーに14時間

を循環させ、風味がよくなるまでコンチングします。そして何があっても、できるだけ頻繁に味見をしましょう。分量の多いコンチングについては220頁を参照してください。

砂糖を加える

ところで、砂糖はどのくらい入れますか。それはあなた次第です。砂糖の量は目指す割合に基づいて、次の公式で算出できます（ほとんどのダンデライオンのバーはカカオ70％、砂糖30％です）。

砂糖の必要量＝ニブの重さ÷カカオの割合−ニブの重さ

650gのニブで70％のチョコレートを作る場合：
砂糖の必要量＝650÷0.7—650＝929-650＝279g

いつ、どのくらい砂糖を入れるかはあなた次第ですが、そのタイミングと量はチョコレートの味を大きく変えることになります。メランジャーやメターテを使う場合、ニブと一緒に砂糖をリファイニングするため、ニブの細胞組織が粉砕され、砂糖は均等に小さく壊れ、結晶ができます。砂糖を入れるときは一度に小さなスクープ1杯（小型のメランジャーの場合は大さじ2、3杯）ずつ入れ、メランジャーがあふれないようにしましょう。メランジャーの動きが遅くなったり、抵抗を感じたら、砂糖を入れるのをいったんやめて、次からは砂糖の量を少なくしてください。

上記以外では、カカオ豆をリファイニングしてから砂糖を入れる方法があります。砂糖の大きい結晶とカカオの大きい粒子が混ざり、良くも悪くも味と食感がまったく違う、素朴な粗い質感のチョコレートになります。以前、フルイション・チョコレート（Fruition Chocolate）の"カミーノ・ベルデ・クランチ75％"のバーを食べたことがあります。ニブをリファイニングしたあとに砂糖が加えられているので、シルキーでなめらかなチョコレートに歯ごたえのある砂糖の甘い結晶が混ざっています。どことなくカカオの風味と砂糖の甘みが同時に強調されて、ひとつのハーモニーを左右の耳で別々に聴くような感じがしました。曲は同じでもそれぞれの音は鮮明に極だって、けれども同時に聴こえるのです。

入れ、フレーバーは気に入ったのに質感がまだ十分なめらかではない場合に適した方法です。スプーンを入れて味見をしたときに、酸っぱいチェリーのような特徴が和らぎ、ブラウニーのトーンが現れたのを気に入るかもしれません。口の中で転がし、チョコレートの温かな特徴と、熟した酸味のあるフルーツの完璧なバランスを味わっていると、上顎で粗い質感を感じます。それをかみ砕いて歯の間で感じてみましょう。ほんのわずかですが、ザラザラしていますね。ニブが完全になめらかになるには、もう少し時間が必要なのです。この場合はフタを閉めてメランジャーを回し続け、その完璧なフレーバーの調和が損なわれないことを祈りましょう。質感がなめらかになるまで1時間ごとにチェックしてください。変化していく粒子の大きさを測るには、マイクロメーターか粒度計を使用するといいでしょう（⇒212頁）。

それとは逆に、チョコレートのフレーバーが熟しきる以前になめらかにリファイニングされることもあります。この場合はローラーの支柱上部にあるネジを緩めて底からローラーが少し離れるようにします。するとチョコレートはそれ以上リファイニングされずに下にできた隙間を流れます。フタはせず、チョコレート

メランジャーを使うと最終的な品質をコントロールできますが、バランスにおける余分な変化も引き起こしてしまいま

88　MAKING CHOCOLATE

す。そのうちのひとつは奇妙で不思議な事実ですが、メランジャーに砂糖を入れると、フレーバーの変化がすぐに止まってしまうことです。

　私たちは豆のベストなロースト・プロファイルを突き止めるテストをするように、砂糖を加えるベストなタイミングを決めるためのテストをします。マダガスカルのような鮮やかなオリジンの場合は、私たちがとても気に入っているシトラス系の酸味のある特徴を閉じ込めるために、すぐに砂糖を加えます。一方、ダークで丸みのあるフレーバーのベネズエラ産の豆は、風変わりなビネガーのフレーバーが消えてから、私たち好みの香ばしいスパイスの特徴が出てくるまで数時間かかります。

　砂糖を加えるテストでは、1kgのバッチを4個から5個用意します。30分後、30％分の重さの砂糖をひとつのメランジャーに入れ、1時間後に次のメランジャー、1時間半後、2時間後に残りのメランジャーにそれぞれ入れます。これらの結果をもとにテイスティングのレンジを狭めていきます。またリファイニングの各段階で、メランジャーのフタをしたりしなかったりすることでフレーバーへの影響を実験することもできます。

NOTE：メランジャーで砂糖をプレ・リファイニングすると、リファイニングのスピードを上げられます。プレミア・チョコレート・リファイナーなら、300gの砂糖を機械に入れて約4分、もしくは粉砂糖のようになるまでリファイニングします。いったん砂糖を取り出し、ニブを入れてリファイニングし、砂糖を通常通りに投入するのです。プレ・リファイニングした砂糖を使えば、チョコレートは5〜6時間でなめらかな質感になります。ただし、この時点ではまだ完全ではありません。コンチングが終了するのにさらに6時間はかかりますが、それは好みの問題です。

チョコレート完成のタイミング

　あなたが終わりだと思ったときが、まさにリファイニングとコンチングを終えるときです。小型のメランジャーならだいたい14〜24時間かかります。質感がなめらかでフレーバーもちょうどよいスイートスポットに達すればチョコレートは完成です。ザラザラした質感やなめらかさの感覚に慣れるには時間がかかるでしょう。

　30ミクロン以下だと人間はザラザラ感を感じ取れない、という説もあれば、20ミクロンまたは35ミクロンという説もあります。粗さを測定するにはまず舌で判断し、次にマイクロメーターか粒度計（写真下）を使いましょう。マイクロメーターは最小量のチョコレートを挟んで、その中の最大の粒子の大きさを表示する器具で、粒度計はサンプル内の粒子の大きさの範囲を示す器具です。口に入れて味わい、測定も同時にすればミクロンサイズの感覚を磨くことができます。ただし、チョコレートをリファイニングしすぎると、べたつくので気をつけてください。粒子が5ミクロン以下になるとそれが起こるようです。その域に達するには、メランジャーを通常よりかなり長めに回す必要がありますが、やりすぎに注意しましょう。

　作業が終わったら、メランジャーの電源を切ります。上部のハンドルを回してローラー部分を外し、メランジャーの上で持ちながらローラーについたチョコレートをできるだけボウルにこそげ取ってください。ローラー部分をペーパータオルの上に置くかシンクに入れて、あとできれいにしましょう。使用するたびにボウルとローラーもきれいにして完全に乾かします。機材を傷める可能性があるので、食器洗浄機は使用しないようにします。

粒度計でチョコレートの粒子の大きさを測る

カカオ豆と砂糖以外の材料

左上から時計回りに：粉乳、バニラペースト、シーソルト、ドライイチジク、ヘーゼルナッツ、アーモンド
チリパウダー、バニラパウダー、カカオバター、バニラビーンズ、シナモン

　チョコレートをドレスアップしたければ、ぜひどうぞ！ 私たちはふたつの原材料から作るダンデライオンのバーを愛していますが、ほかのチョコレート・メーカーではさまざまな副材料を入れておいしい効果を出しています。私たちもファクトリーではふたつの原材料しか使いませんが、自宅で作るときはナッツやスパイスを入れたりします。

　チョコレート業界ではフレーバーを出すために添加する材料を"副材料"と呼びます。これには、あらゆる材料が含まれます。次頁には、一般的な材料（ナッツ、ベリーなど）と、その加え方のヒントを紹介します。自宅でさまざまな実験をしているカカオ豆部長（エデュケーション担当）のシンシア・ジョナソンが丁寧に解説してくれた内容です。彼女はパッションフルーツ・パウダーやフリーズドライのキュウリ、ジュニパーベリーに至るまで、あらゆるものをチョコレートに加え、どんなものを加えたらいいか（または加えないほうがいいか）についてアドバイスしています。

　好きな材料をチョコレートに加えてみてください。ただし、ナッツやスパイスのような固形物をメランジャーに加えると、固形物に対する油脂の割合が減ってチョコレートの粘度が上がりテンパリングしにくくなります。その場合は、カカオバターを加えるといいでしょう（⇒次頁）。産地の違うカカオ豆は異なるフレーバーのベースを別のフレーバーに移してしまうことを覚えておいてください。キャラメル味のチョコレートには少量のシーソルトが合い、フルーティーなバーは炒ったナッツとバニラとの相性が抜群です。さあ、混ぜ合わせてみましょう！

レシチンとカカオバターについての注意

　多くのチョコレート・メーカーはチョコレートにレシチンやカカオバターを入れます。私たちはこのふたつを副材料ではなく標準的なチョコレートの材料とみなしています（レシチンにはあまりフレーバーがありません。カカオバターはチョコレートに含まれる天然の成分です）。このふたつはどちらもチョコレー

トを軽くする働きがあります。カカオバターは、カカオ固形物の潤滑剤として働き、大豆レシチンは油脂混合物の表面張力を小さくします。どちらを使っても、チョコレートの流動性が高まりテンパリングが楽になるため、副材料によって粘性が高まったチョコレート（たいていの場合そうなります）を扱うときに重宝します。もしチョコレートが粘土のように硬くなったり、どろっとなりすぎてメランジャーが動かなくなったら、カカオバターをスプーンで数杯入れるか、レシチンをひとつまみかふたつまみ加えてみてください。通常はこれで問題が解決します。

　チョコレートにカカオバターを加えるとクリーミーな食感になり、フレーバーがまろやかになります。それは、風味の強いカカオ固形物に対して油脂の割合が高くなるからです。大豆レシチンもまたチョコレートの粘度を低くする（流動性を高める）働きがあります。レシチンはカカオバターの10分の1の量で同じ効果が得られるのでチョコレートのフレーバーを薄めずにすみますが、欠点はレシチン自体に食感があり、人によってはワックスのように感じます。米国食品医薬品局（FDA）の基準では、レシチンのような乳化剤はチョコレートバーの重さの1%を超えないよう制限していますが、そこまで多く使用することはありません。レシチンの量はチョコレートの重さの0.5%以下にします（0.01%〜0.05%がおすすめです）。カカオバターはチョコレート1kgに対して約5gで十分に粘度を下げられますが、もっとなめらかさを出したり、チョコレートのフレーバーをまろやかにしたい場合は、量を増やします。カカオバターはいつでも加えられます（最初に加えると、多少楽に始められます）。レシチンは数分でチョコレートと混ざるため、メランジングの終わる直前に入れましょう。

副　材　料

粉乳（ミルクチョコレート用）：全粉乳、ヤギの粉乳、ココナッツミルク・パウダー、高脂肪粉乳

　ミルクチョコレートを作るとき、水分がチョコレートを凝固し分離させるため、チョコレート・メーカーは牛乳の代わりに粉乳を使います。粉乳を加えるとチョコレートがクリーミーになると同時にミルクのフレーバーも加わるので、ほんのりミルキーなフレーバーにしたい場合はチョコレートの重さの5%、ミルクたっぷりにしたい場合は20%までの粉乳を入れます。ただし、粉乳は油脂が少ないのでカカオバターでそれを補いたいこともあるでしょう。カカオ含有率を最終的に70%未満にした

い場合、粉乳とカカオバターを同量加えます。カカオ含有率を70%以上にしたい場合は、ニブに含まれる油脂だけでも十分ですが、念のためカカオバターを少しだけ加えてもいいでしょう。粉乳は完全に混ざるように、砂糖と同じタイミングでメランジャーに入れます。

ナッツ：ヘーゼルナッツ、アーモンド、マカダミアナッツ、ブラジルナッツ、ピーナッツ

　チョコレートにナッツを加えるもっとも手軽で一般的な方法は、みじん切りにして型枠に入れたばかりのチョコレートバーの上に散らすことです。特に粗く刻んだナッツがお好みなら、この方法で加えます。メランジングを終える数分前にみじん切りにしたナッツをメランジャーに入れ、軽く混ぜてみましょう。ナッツをチョコレートに完全に混ぜ込み、フレーバーを行き渡らせたい場合は、砂糖とほぼ同じタイミングでナッツを入れてください。そうすればナッツバターのように均一な粒度にまで砕かれます。何も加えないチョコレートバーは硬くてパキッと割れるのに対し、ナッツを入れるとソフトな割れ方になります。ナッツの量はチョコレートの5%から始めて調整しましょう。

　ナッツを早い段階で大量に加えると、ナッツバターやヌテラのようなスプレッド（⇒280頁）ができあがります。通常のチョコレートバーとはまた違っておいしいですよ。メランジャーにナッツを加えるときは、ローラーの下のスペースを広げるため、支柱の栓を緩めてください。混ざり方が足りないと思ったら、あとからネジをしめて、ローラーを下げてください。ナッツをローストしたり砂糖漬けにして加えると、フレーバーがよくなります。

フルーツ：ドライイチジク、ドライピーチ、フリーズドライのイチゴ、パッションフルーツ・パウダー

　チョコレートに入れるフルーツは、水分さえ含んでいなければ、何でも入れられます。天日干し、乾燥、フリーズドライ、または粉末状になった好みのフルーツで試してください。新鮮なフルーツを思わせる濃厚な味とフレーバーを出すにはフリーズドライがおすすめですが、従来のドライフルーツもチョコレートとよく合います。チョコレートに鮮やかさと酸味をどのくらい出すかを考えてフルーツを選びましょう。

　フルーツを加える方法は、ナッツと同じです。細かく刻んだフルーツを型枠に入れたばかりのチョコレートに散らすか、メランジングを終える数分前にメランジャーに入れ軽く混ぜます。

フルーツをチョコレートに完全に混ぜ合わせフレーバーを溶け込ませたい場合は、フリーズドライがおすすめです。メランジングする時間の3分の1程度を目安にして、ニブが砕かれてナッツバター状になってからフルーツを加えます。果実丸ごとのドライフルーツを使う場合は、細かく刻んで砂糖と同じタイミングでメランジャーに入れます。一緒にメランジングする時間が長いほどまろやかなフレーバーになります。ドライフルーツを使うときはチョコレートの10%の量を加えるとほのかなフレーバーが出るので、好みの量を調節しましょう。フリーズドライの場合は風味が濃いため、5%の量から始めることをおすすめします。

スパイス：シナモン、カルダモン、ジンジャーパウダー、粉末チリペッパー、挽いたコーヒー豆、塩、バニラ（ビーンズまたはペースト）

スパイスを加える方法は、ほかの副材料と同じくふたつあります。メランジングの早い段階で加えて、チョコレートにフレーバーを拡散させる方法と、あとからスパイスを散らす方法です。パウダー状のスパイスは入れ方にかかわらず、大体同じようにフレーバーが混ざり合います。しかしコーヒー豆、チリペッパー、乾燥オレンジピールはそうはいきません。

コーヒーは、豆のままと挽いた状態があります。豆のままの場合は粗く刻んでメランジングの終盤に入れ、豆の食感と際立つフレーバーを楽しみます。モカ・チョコレートバーを作る場合は、ニブが砕かれナッツバター状になったら、挽いたコーヒー豆を加えます。チョコレート・メーカーによっては、コーヒーと一緒にカカオバターを加え、クリーミーなおいしさのモカ・チョコレートバーを作るところもあります。

バニラはもっとも一般的なスパイスの副材料で、エッセンス、ビーンズ、ペーストのどれでも使えます。チョコレート1kgに対して1gの、ほんのりフレーバーを加える程度から始めて、お好みで足しましょう。バニラ・エッセンスはチョコレートに水分を加えることになるため、カカオバターを少し加えて調節するか、難しいテンパリングにチャレンジすることになります。バニラビーンズは、細かく刻んで早い段階でメランジャーに入れます。ほかのどんなスパイスもチョコレート1kg当たり1gの分量から始めて、お好みで足すこと（あるいは、次からは減らすこと）をすすめます。塩はあらゆるチョコレートにうまみとピリッとした深みを加えます。冷ますまえに、型枠に入れたチョコレートバーの上からシーソルトを散らすのがおすすめですが、メランジャーに入れてフレーバーを行き渡らせることもできます。良質な塩を選びましょう。燻製塩でもいいかもしれません。

ニブ

ナッツと同様、ニブを入れるとチョコレートに食感とフレーバーが加わり、オリジンによって異なるフレーバーの違いを楽しめます。マダガスカル産のフルーティーなニブを少しだけチョコレートに散らすと、ややパンチの効いた酸味と歯ごたえを楽しめます。カカオの香り漂うニブは、チョコレートにチョコレートらしさを加えるアクセントになります（加えない手はないですよね）。冷えて固めるまえに、型枠に入れたばかりのチョコレートバーの上から大さじ1程度のニブを散らします。

砂糖に代わる甘味料：ハニークリスタル（粒状のハチミツ）、ステビア、ブラウン・シュガー、粉砂糖

正式には砂糖の代わりとなる甘味料は副材料と見なされないかもしれませんが、ここに載せることにします。ハチミツ、アガベシロップ、メープルシロップなど液状のものを加えると、チョコレートの粘性が増し、メランジャーが止まったり損傷したりする可能性があります。そのため液状の甘味料を使用するときは、リファイニングを終えたあと、別のボウルを使ってチョコレートと混ぜてください。あらかじめ温めたボウルに材料を入れてスタンド・ミキサーで混ぜるか、ブレンダーやフードプロセッサーにかけます。シロップは粒がないためチョコレートにざらつきは出ません。別の方法として、粒状のハチミツやメープルをきび砂糖と同量加えることもできます。ステビアも使用できますが、同じ量の砂糖よりもはるかに甘くなるため、加える量は砂糖の10分の1程度で十分です。面白いことに、ステビアを使ったカカオ97%のチョコレートバーは、砂糖を使った70%のバーと甘さがほぼ同じになります。粉砂糖（またはアイシングシュガー）はグラニュー糖よりも粒が細かいため、リファイニングのプロセスを短縮できますが、注意が必要です。多くの場合、タピオカやコーンスターチが含まれているのでチョコレートの粘度が変わるからです。ブラウン・シュガーを使う場合はチョコレートがベタベタと粘っこくなるため、カカオバターを少し加えましょう。

ちょっとしたトラブルシューティング

Q 停電して、メランジャーが一晩中止まり、チョコレートが固まってしまいました。どうしたらいいでしょうか。

A 最低温度に設定し温めたオーブンに、チョコレートをドラムごと入れて余熱で温めてみてください。ドラム内の温度は65℃以下を保ち、樹脂を傷めないようにチョコレートを溶かします。そしてメランジングを再開すれば、たいていの場合は問題を解決できます。

Q スイートスポットが見つかりません。フレーバーはいいのですが、食感がざらついています。

A フタをしてメランジングしてみましょう。フレーバーが変わってもチョコレートをなめらかにする必要があるか考えてください。もし必要なら、フタをしたままメランジングを続けましょう。次に作るときは、メランジングの終わり頃にフタをするといいでしょう。また、メランジャーのローラーと容器の底の間隔を狭くする解決法も考えられます。お使いのメランジャーがローラーの間隔を調整できないようになっている場合は、乱暴ですが私たちがかつてやっていた方法を試してください。ラチェット式荷締めベルトをローラーの支柱の先端からメランジャーの底までをぐるりと巻きつけて、ローラーと容器の底の間隔が狭くなるように締めつけるのです。

Q チョコレートの質感は気に入ったのですが、フレーバーがまだピンときません。メランジングはストップすべきですか。

A いいえ、続けてください。支柱の栓を緩めてローラーの位置を上げて容器の底につかないようにすれば、リファイニングしすぎることはことはありません。リファイニングのプロセスはストップしますが、フレーバーは引き続き変わっていきます。フタは開けておき、香りを放つ揮発性のアロマを逃がしてください。

Q テンパリングの工程に移ったとき、チョコレートがどろっとして硬い状態になりました。どうすればいいでしょう。

A チョコレートが硬くなる理由はいくつかあります。お使いのカカオ豆に油脂がもともと少なかったとか、豆の焙煎がすごく浅かったとか、ハスクがたくさん含まれていたなどです。もし水分量の問題なら、カカオニブを乾燥させるといいでしょう。このステップは必須ではありませんが、チョコレートが硬くなる原因である水分を蒸発させることで、チョコレートの粘度が下げられます。私たちは通常、カカオニブを天板の上に薄く広げた状態でパンの発酵器に入れ、ひと晩置いてからリファイニングします。発酵器の温度は43℃から49℃程度にセットします。オーブンを使っても同じようにできます。この方法でもチョコレートがまだどろっとしているなら、簡単な解決法としてはカカオバターかレシチンを少し加えることでしょう（⇒91頁）。

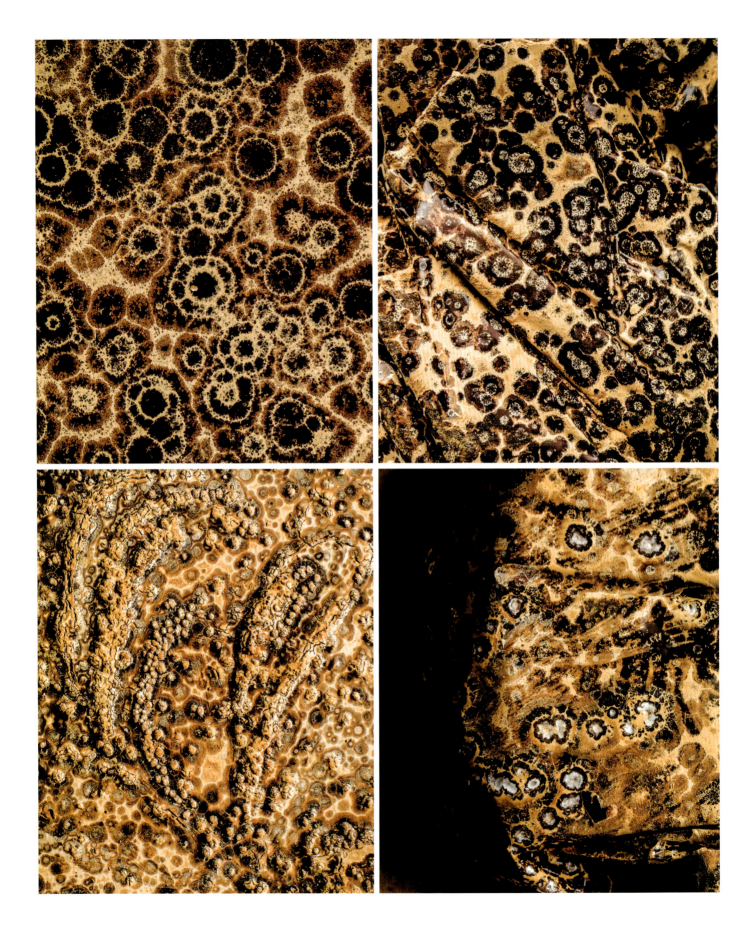

テンパリング

温かい日にチョコレートバーを車の中に置きっぱなしにしたら、表面に白い斑点が現れて、ザラザラしたムラのあるチョコレートバーになってしまったという経験はありませんか。それはチョコレートがテンパって取り乱した状態です（笑）。

テンパリングは溶けたチョコレートを熱してから冷やし、かき混ぜることで、ツヤとパキッとした質感を出す工程です。また固めたチョコレートバーの融解温度をコントロールする目的もあります。最初にいっておくと、この工程は必ず必要なものではありません。なぜならテンパリングしないで作ったでき立てのチョコレートはとてもおいしいからです。実をいうと、私のお気に入りの食べ方でもあるんですよ。作り方は、ただ液状のチョコレートを柔らかい素材の型に流し入れて、20分ほど冷蔵庫で冷やし固めるだけです。型から取り出したら、チョコレートのキューブを冷蔵庫か冷暗所で保存します。テンパリングしないチョコレートは、焼いたりホットチョコレートに向いていますが、そのままかじった方がじんわりとおいしさを堪能できます。チョコレートの純粋な風味が存分に楽しめますし、ファッジのようでもあります。口の中でほろっと溶け、フレーバーをより強く感じるでしょう。ただし、テンパリングをしていないと体温で溶けてしまうので、あまり長い間手に持っていられません。室温で数時間以上放置すると、白いまだら模様のブルームが生じ始めますので、冷蔵庫に入れてください（焼く場合は気にする必要はありません）。

チョコレートバーの表面にカビのようなものが生じる現象をブルームと呼び（車の中で見つけたことがあるでしょう）、これはファット・ブルームとシュガー・ブルームの2種類に分けられます。ファット・ブルームは質的に悪いものではありません。チョコレートに含まれるカカオバターが移動して、表面でまだら模様を作っているだけです。ただし、そうなったチョコレートはあなたの好みではないかもしれません。たいていは見た目が不快で、手の中で溶け、かじったらボロっと崩れるかもろく割れてしまいます。テンパリング、または溶かして再度テンパリングすると、チョコレートは常温保存が可能で、ツヤがあり手

ではなく口の中で溶けるようになります。

一方、シュガー・ブルームは、油脂混合物から砂糖が分離して起きる現象で、たいていの場合、空気中の水分がチョコレートバーの砂糖を溶かすことで生じます。シュガー・ブルームはバーの表面に寄り集まった大きな砂糖の結晶、またはファット・ブルームに似たチョコレート全体を覆う細かいホコリのような状態です。もしこれを見つけたら、テンパリングするまえに砂糖粒子が溶けて、水分が蒸発してしまったと理解しましょう。

チョコレートバーを作る際、見た目をよくしたり、保存期限を数時間や数日からさらに延ばしたい場合、あるいは割ったりかじったりしたときにパキッとした食感を出したい場合などはテンパリングの工程は欠かせません。

カカオバターはさまざまな形で存在していて、複数の結晶型（油脂中に個体粒子が異なるパターンと密度で並んでいる状態）を持っています。ほとんどの結晶型では、もろくてツヤのないチョコレートになり、手のひらよりも低い温度で溶けてしまいます。テンパリンクせずに冷やして固めると、チョコレートはいくつかの結晶型が入り交じった状態で固まってしまいます。そこでテンパリングして、カカオバターの結晶型を、"V型"または"5型"に整えるのです。V型の結晶を持つチョコレートは"極上のチョコレート"と呼ばれ、VI型以外ではもっとも安定しています。VI型の場合、表面が白くすんで見えますが、この結晶型はV型のチョコレートを室温で1年ほど放置しておくと形成されます。これに対して、V型のチョコレートは硬くてツヤがあり、体温より少しだけ高い温度で溶けます。

ブルームはカカオバターの結晶型が不安定で、チョコレートの成分、カカオ固形物、油脂、砂糖の配列がもろくなって起きる現象です。たとえチョコレートバーが固まっていても、チョコレートそのものは粒子でできた油脂混合物なので粒子が動き、砂糖や油脂がチョコレートの表面に移動するとホコリのような白いまだら模様になります。その模様はまるで病気のように見えるものから、見たこともないほど奇妙で格調高く見えるものまであります。結晶型がバラバラでチョコレートの構成分子がきちんと並んでいないと、口に入れて溶けるまえにボロボロと割れてしまいます。品質が低下しているわけではないので、食べても害はありませんが、口当たりはよくないでしょう。

チョコレートの結晶の形成には、冷えるときの温度とその速度が関係します。温度を下げる度合いを調節せずに冷やすと結晶は不揃いになりますが、調温すれば意図する結晶の型になり、隙間のない均一な構造で固定されます。カカオバターを

左頁／テンパリングされていないチョコレートは、砂糖、カカオバター、油脂のないカカオ固形物が不安定な結晶型で固まっている状態のため、時間とともにそれらの成分が移動してブルームが生じる。その結果、写真のように奇妙で、ときに美しい模様と質感を作り出す

融点がもっとも高いⅤ型にするには、油脂の結晶が完全に溶ける温度まで温め、Ⅳ型とⅤ型の融点より低い温度に下げます。そして、再びⅤ型の融点直下の温度まで温め、ほかの型の結晶をなくします（少なくとも可能な限り）。同時に結晶化していないチョコレートを攪拌して、特定の結晶型に変化させます。ひとたびカカオバターがⅤ型に安定すると脂肪酸の結晶が固く結合し、これを分離するには高温、つまり高いエネルギーが必要になるのでチョコレートの融点が上がり、溶ける速度が遅くなります。この隙間のない構造がテンパリングしたチョコレートにパキッとした食感を生み、ブルームを発生しにくくします。下の図をご覧ください。

NOTE：図には、テンパリングのプロセスの間に見られる結晶型のみを示していて、Ⅵ型のものは含まれません。

> **チョコレートが変われば
> テンパリングも変わる**
>
> この本では理想の結晶にするための
> テンパリングの基準温度
> を記しています。しかし、実際は
> 豆のオリジンや含まれる油脂によって
> テンパリングの温度は微妙に異なります。
> ダンデライオンのチョコレートは29.7℃〜30.6℃が
> 適温ですが、たとえば、31.7℃くらいの
> 温度が適切な場合もあるでしょう。
> テンパリングは本でお伝えするにはあまりにも
> 難しいテクニックです。初心者の方は
> "間違い"をしなかったとしても、
> 適切な温度がつかめるようになるまで、
> 数バッチはこなす必要があるでしょう。
> 最初は難しいですが、諦めずに続ければ、
> そのうち感覚がつかめるようになります。

APPROXIMATE MELTING POINTS OF POLYMORPHIC CRYSTAL FORMS
多結晶型の融解温度

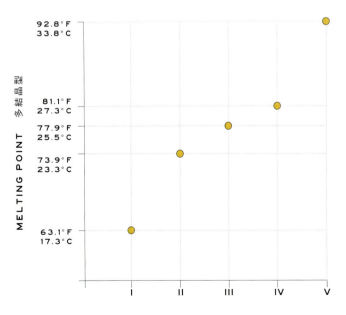

POLYMORPHIC CRYSTAL FORM　融解温度

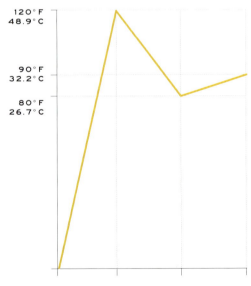

TEMPERING PROCESS　テンパリング・プロセス

テンパリング、質感、フレーバー

　チョコレートをテンパリングするおもな目的は常温で保存可能にし、ひいては人びとの味覚を楽しませることです。私たちがチョコレート好きなのは、おそらく世界一おいしい食べものだからでしょう。同時に、私たちはⅤ型の結晶を持つカカオバターのなめらかさと、ゆっくり溶ける感覚が好きです。私はⅠ型とⅢ型の区別はつきませんが（わかる人もいます）、Ⅱ型とⅤ型の違いは誰でもわかると思います。テンパリングされていないチョコレートはざらついていると感じますが、チョコレートの中に異なる型の結晶があると、それぞれ違う温度で溶けるため一部を液体、一部を固体と認識するからです。Ⅵ型を"砂のよう"と表現する人もいますが、これはⅤ型より融点が高いので、溶けるまえに噛んでしまうからです。また、"Ⅵ型はフレーバーが足りない"といわれることもありますが、これも油脂の結晶が溶けるのに時間がかかるためです。食べ始めてからフレーバーが放出されるまでに時間差があり、時間がかかっても同じだけのフレーバーが広がるはずですが、それを少ないと認識してしまうのです。

　つまり、テンパリングはチョコレートのフレーバーではなく、私たちの味わいの感じ方を変えます。フレーバーは完全に変わってしまうわけではありません。液体のテイスティングは固体より簡単です。液体は固体よりも広範囲に、味蕾（みらい）の浅いくぼみに広がるからです。液体はアロマを放出しますが、固体はそれを閉じ込めます。コンチング中のチョコレートとその原材料であるニブの香りを嗅いだときの違いはお分かりでしょう。とはいえ、私たちは食品科学者ではありませんし、なるつもりもないので理論的なことはよく分かりません。しかし、テンパリングをするとフレーバーの様相が微妙に変化することはわかっています。テンパリングしたチョコレートはフレーバーが和らぐというのが私の考えです。それはゆっくりと溶け、味わうほどに舌がそのフレーバーに慣れていくからです。

左から右へ：適切にテンパリングされたチョコレート、テンパリングが足りないチョコレート、テンパリングがうまくいかず、ブルームが発生したチョコレート、適切にテンパリングされたチョコレートが、1年間の保存後Ⅵ型に変化したもの

自宅でのテンパリング

　ダンデライオンのファクトリーにはテンパリング・マシンがあり、加熱、冷却、攪拌というサイクルを通してチョコレートを仕上げています。適切な量の油脂と砂糖を結晶化し"型"を形成する、つまりテンパリングされたチョコレートを作ります。テンパリングとは、結晶化していないチョコレートに正しい結晶構造を取り込むことです（大量のテンパリング⇒224頁）。自宅でチョコレートを作る場合、車を売って高価なテンパリング・マシンを買う必要などありません。幸い、お金をかけずにできる簡単な方法がいくつかあります。

　シンプルな方法もあるので、テンパリングを手早く簡単におこなう近道が見つかるでしょう。でも、その背景にある仕組みや魔法を理解するには、冷たいテーブルの上やボウルの中でチョコレートを練って、それがゆっくりと特定の粘度に結晶化する様子を観察することです。そのためにはゼロから始めなければなりません。

　結晶化する過程でチョコレートがどのように変化し、どのような反応を起こすのかを深く知りたければ、すべてのテンパリング方法を試す価値があります。そうすれば、チョコレートが適切にテンパリングされた状態を知る勘が身につくでしょう。

　すべてのチョコレートは、49℃では液体でサラサラした状態です。冷却すると結晶化が進んで粘度が上がり、スプーンや泡立て器に絡むようになります。扱いにくいチョコレートは粘度が上がると泡立て器から離れないこともありますが、ほとんどの場合はその状態よりはゆるいでしょう。テンパリングが進むとチョコレートが凝固し、かき混ぜるのに抵抗を感じ始めます。適切にテンパリングされていると、泡立て器やゴムベラですくって持ち上げたときに平らなリボン状に流れ落ち、牛乳のように滴ったり、プリンのようにかたまり状に落ちたりはしません。何度も繰り返すうちに適切なテンパリングの状態がわかるようになりますが、どれほどの熟練者であっても必ず温度計を使います。早く正確な温度を知るためには、赤外線もしくは高品質のデジタル・プローブ温度計をおすすめします。

　また、どのシングルオリジンのチョコレートも、テンパリングの状態や温度が異なることを覚えておいてください。もともと油脂の少ないチョコレートは、手でテンパリングするには手間がかかりすぎます。ダンデライオンで扱っているエクアドル産の豆が唯一そうです。それ以外は極端にサラサラしたものから、夢のように作業しやすいピーナッツバター状のものまでさまざまです。どろっとしたチョコレートの場合、冷えて結晶化するにつれて粘度が上がって扱いにくくなりますので、素早く作業しましょう。

テーブリング・メソッド

　伝統的なテンパリングの技術は、溶けたチョコレートを冷たいテーブル（大理石板が多いですが、表面が冷たく平らで無孔質なら何でも結構です）の上に広げておこないます。この方法を"テーブリング"といい、結晶化していく段階の変化を感じ取るのにとても優れた方法です。テーブリングには多大な時間と労力がかかり、一度に少量しか扱えないため、ダンデライオンでは少量でテストするとき以外はテーブリングをしません。でも、テーブリングで多くのことを学べるので経験することをおすすめしています。大理石板は高価ですが、30cm四方のものを手に入れて、数百グラムのチョコレートから始めてみましょう。

　テーブリングの過程では、溶けたチョコレートを一定方向に広げ、Ⅴ型の結晶ができる温度範囲を維持しながら、ゆっくりと均一に冷やしていきます。そして、Ⅴ型以外の結晶をすべて溶かしきるために再び温めます。

　チョコレートが冷えるにつれて粘度が上がり、結晶化するのがわかります。チョコレートの表面の光沢が変化するタイミングを探し、光がどのように反射するか観察してください。テンパリングが進むと表面の液体の光沢が消え、ゴムベラやベンチ・スクレーパーからなめらかにゆっくりとシルクのリボンのように流れ落ちるようになります。適切にテンパリングされた状態がわかるまで時間はかかりますが、一度理解すれば、感覚を体で覚えて二度と忘れないでしょう。そのためには手にスプーンを持って、何度もディップテストをしましょう。

道具：大理石板（もしくは冷たい無孔質の板）、湯せん鍋、ゴムベラ、ベンチ・スクレーパーまたはパレットナイフ、赤外線温度計、完成したチョコレートを入れる型

　大理石板と湯せん鍋のボウルは、必ず室温の23℃くらいにします（チョコレートが溶け、49℃以上になっているようなら、次の節に進んでください）。かたまりのチョコレートは粗めに刻むか、溶かしたチョコレートを湯せん鍋か湯せんで脂肪酸の結晶がすべて溶け出す温度の49℃になるまで温めます。この段階でチョコレートの結晶は完全に融解します。

　チョコレートの3分の2を大理石板の上に流します。残っているチョコレートはできるだけ温かい状態にしておくため、ゴムベラでボウルの内側をこそげて端に寄せておきましょう。

　ベンチ・スクレーパーを大理石板に対して低い角度で持ち、薄い層になるようにチョコレートを素早く塗り広げます。薄く広い層になるほど、表面部分が空気にさらされ、早く冷却されます。上の写真を参考にしてください。

　チョコレートを擦ってまとめる、その動きを素早く繰り返してく

ディップテスト

このテストはどの段階でもテンパリングの進み具合を素早く簡単に確認できる方法です。

道具
室温のスプーン、またはテーブル・ナイフ

方法
スプーンかナイフをチョコレートにさっと浸して、作業を続けながらそのまま3分間冷まします。
3分経ったら、チョコレートは次の3種類のどれかに一致しているはずです。

結晶化していない、テンパリングされていない：ツヤがある、液状、まったく固まらない（左）
不完全なテンパリング：表面に白い筋が出て、固まっているように見える（中央）
適正なテンパリング：固まっている、表面のツヤはないが均一に見える（右）

ださい。赤外線温度計かデジタル・プローブ温度計（できれば両方）を使い、かき集めたら毎回または1回おきに温度を測ります。結晶化し始めたら、チョコレートの粘度にも注意します。

チョコレートが26.5℃かそれ以下になったら、かき集めて残りの3分の1のチョコレートが入っているボウルに加えます。ゴムベラでボウルの内側も必ずこそげ取って素早く強めに2～3分かき混ぜ、固まらないようにします。チョコレートが完全に混ざり、全体の表面温度が30.5℃になるか、32℃に近づくまで続けます。32℃を超えるとチョコレートが不完全なテンパリングの状態になってしまう可能性があります。

チョコレートを型に入れ、何回か軽くテーブルに落として気泡をなくします。フタをせずに冷蔵庫に入れ、冷やし固めます。

シード・メソッド

シード・メソッドは非常に簡単で信頼できる方法ですが、テンパリングされたチョコレートを前もって入手しておく必要があります。同じオリジンのものを使うのが理想的ですが、手に入らなければ、あなたのチョコレートと同じ材料で作られた市販のバーでもかまいません。

材料および道具： テンパリングされていないチョコレート3片、テンパリングされたチョコレート1片、湯せん鍋、またはステンレスのボウルとソースパン、赤外線温度計、ゴムベラ、完成したチョコレートを入れる型

チョコレートをすべて、1.3cmほどのかたまりになるように粗く刻みます。テンパリングされていないチョコレートを湯せん鍋（または、沸騰したお湯が入ったソースパンの上に載せたボウル）の中で溶かし、49℃になるまで温めます。49℃で脂肪酸の結晶はすべて溶けてしまいます。そこで加熱を止め、チョコレートが30℃まで冷めたら、すぐにテンパリングされたチョコレートを入れ、完全に溶かします。テンパリングされたチョコレートが溶けて全体が冷めるにつれ、その周りのテンパリングされていないチョコレートも同じ結晶を形成し始めます。

ダイレクト・メソッド
（適正なテンパリング状態を保ったままチョコレートを溶かす）

ダイレクト・メソッドは正確にはテンパリングのテクニックではなく、テンパリング済みのチョコレートを適正な状態を保ったまま溶かす方法です。せっかくなので、チョコレートの状態を保ったまま再形成する方法もここでお伝えします。特にテンパリング済みのチョコレートチップを溶かして使うショコラティエにとって役立つメソッドです。市場に出回るチョコレートはほぼすべてがテンパリング済みなので、イチゴにディップしたり、トリュフを作ったりするとき、市販のチョコレートやあらかじめテンパリングされたチョコレートを使うと便利です。ゼロからチョコレートを作りテンパリングした場合は、何らかの目的でもう一度溶かすときにこの方法を使ってください。通常は電子レンジを使いますが、コンロの上でもできます。その場合、電子レンジ対応の耐熱ボウルではなく、片手鍋とステンレスのボウルを使って溶かすか、湯せん鍋を使って慎重に溶かしましょう。

材料と道具： テンパリング済みのチョコレート200g、電子レンジ対応の耐熱ボウル、電子レンジ、ゴムベラ、温度計（できれば赤外線温度計）

テンパリング済みのチョコレートを刻み、電子レンジ対応の耐熱ボウルに入れます。電子レンジで中くらいの強さに調節して、チョコレートを30秒溶かします。かき混ぜ、さらに30秒温めます。32℃を決して超えないように、温度計で温度を測りながら、かたまりが全部溶けるまで続けてください。テンパリングされたチョコレートのツヤのあるかたまりがほぼ溶けたくらいのところで止めます（湯せん鍋に入れてコンロの上で作業するならチョコレートをゆっくり溶かし、温度を確認しながら絶えずかき混ぜましょう）。

成型

チョコレートの型は一般的にポリカーボネートで作られており、どんな形にも対応できます。オンライン・ストアで簡単に見つかりますし、近くの厨房用品店で扱っていることもあります。もしなければ、製氷皿でも代用できます。ダンデライオンでは勾配（水平面に対する角度）のついた長方形の型を使っています。角度がついているとバーを抜きやすいのです。また、食べるときにバーを折りやすいように、型には溝模様が入っています。

チョコレートバーを作るなら、まずバーの大きさと重さを決めます。私が好きなのは56.5gから85g（"ヨーロッパ・スタイル"）のバーです。チョコレートのひと切れは薄いほうが厚いものよりも味わいやすいと考えています。簡単にかじることができ、口の中で素早く溶けるからです。けれども、どんなサイズにするかはあなた次第です。

チョコレートをテンパリングするときは、あらかじめ成型の型をチョコレートに近い温度まで温めておきます。型の適温については諸説ありますが、大切なのは熱すぎず、冷たすぎないことです。型の表面が熱すぎると、安定している結晶が溶けてしまい、チョコレートのテンパリングが不完全な状態になります。反対に冷たすぎると、型の中でチョコレートが急速に固まってしまいます。チョコレートは固まるまえに少しだけ整える時間が必要なのです。

成型する準備ができたら溶けたチョコレートをすくうか、流し込んで型に入れます。次にカウンターの上で繰り返し型を揺すったり、上から軽く落としたりして、中の気泡を潰します（柔らかいシリコンの型で作業している場合は、上から落とさずに、小さく揺するといいでしょう）。

フタをせず、すぐに型を冷蔵庫に入れて冷やします。室温以上のところに置いたままにしていると、チョコレートは液体から固体に変化する段階（"潜熱結晶化"と呼ばれる過程）で熱を放出するため、チョコレートのテンパリングが不完全な状態になる可能性があります。20分くらい経ったらバーはもうできているはずです。透明の型を使っていれば底の部分で色の薄いところを探してください。そこは型からチョコレートが離れている場所です。底全体の色が薄く、くもっていたり、バーの端が型のふちから離れていたりすれば完成です。バーを型から外すときはチョコレートを傷つけないように、そっと受け止められるシリコンマットなどの上で外すとよいでしょう。

湿度が高い冷蔵庫にチョコレートバーを長く入れておくと、シュガー・ブルームが発生する原因になります。空気中の水分が低い温度で凝結すると、砂糖がチョコレートの表面に浮いてきます。私たちのファクトリーでは、湿気を吸収する乾燥剤を使ってこれに対処しています。

型を洗う必要はありません。柔らかい布で磨くだけで結構です。カカオバターを型にあらかじめ薄く塗っておくと、より簡単に外せるうえ、バーに少しツヤが出ます。

ラッピング

すべてが順調にいったなら（確実にそうなります）、あなたの目の前には作りたてのおいしいチョコレートバーができています。あなたはそれを食べると思いますが、すぐに食べないのなら、ラッピングするものを見つける必要があります。

最適なラッピングを始めるまえに、いくつか確認しましょう。

◆ チョコレートを新鮮に保存できる包装か？
◆ チョコレートに傷がつかないか？（もしそうだとしたら、気になるか？）
◆ 費用は高くないか？

一般的にいうと、ラッピングを選ぶときに考える点は主に見た目と密封性のふたつです。密封するとバーを新鮮に保つことができますが、販売するつもりなら見た目も非常に重要です。ダンデライオンではホイルと紙でバーを包んでいます。最初からずっと同じなので、ほかの方法についてはあまり詳しくありません。何かの包装材でバーを包みたいなら、108頁の私たちが使っている封筒折りを見てください。フリーザーバッグはバーを新鮮に保つことができますし、以下のようなものでもラッピングできます。

◆ パラフィン紙やパラフィン紙でできた封筒
◆ 内側にホイルが貼られた封筒
◆ プラスチックのケース
◆ 四角形の折りたたみの箱

いずれも手頃な値段で高価なラッピングと同じくらいエレガントになります。なかでもチョコレートバーにぴったり合った四角形の折りたたみの箱は素敵ですね。インターネットでダイライン（thedieline.com）にアクセスし、自分で印刷した厚紙を切ってオリジナルの箱を作ることができます。繰り返し密封できるという利点もあります。プラスチックのケースやパラフィン紙を選ぶ場合は、封をするためにD.I.Yの作業が出てきます。すき間のないように折り、ステッカーや麻ひもを使ってしっかり締めましょう。刻印やシーリング・ワックスでアンティーク風の封を作るのもいいですね。ビニールの袋を熱で接着したければ、専用のヒート・シーラーや袋がオンライン・ストアで購入できます。

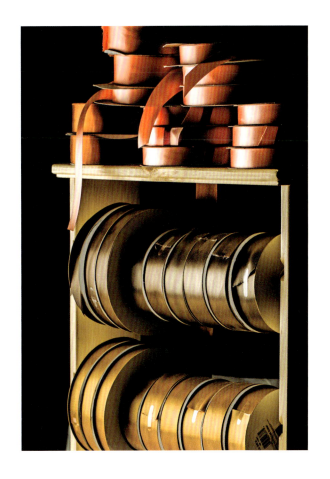

おめでとうございます！
あなたはチョコレート・メーカーです。

あなたは今まさにおいしくてツヤがある、よくテンパリングされたバーを前に、次に何をしようかと考えていることでしょう。

チョコレートを作り続け、技術や自分がもっとも好きなフレーバーを探求していくと、何度も同じ教訓に行き当たります。それはやればやるほど多くを学ぶ、ということです。そして、あなたの考えにも変化が出てくるでしょう。もっと大量の豆を購入したいとか、それがどこでどのようにして育ったかについてもっと知りたいと考えるかもしれません。また、いま使っているピーナッツ・グラインダーやヘアドライヤーより大きな機械を導入するかもしれませんし、チョコレートを使って飲みものやお菓子を作りたくなるかもしれません。そういったさまざまなことについてもっと深く知りたければ、次に進んでください。

チョコレートのラッピング

バーをホイルの中央に置き、左右の短い方の端を引っ張って、真ん中に向けて内側に折ります。
角がしっかりきれいになるように、折り目に沿って押してください。
両手の中指と親指を使いながら、ホイルの四隅を挟み、チョコレートの下にホイルをぴったりと押し入れると、
たるみのない角を作ることができます。次に長い方の辺が縦向きになるように回します。
右上の角をつまみ、45度折り曲げて、角に折り目をつけます。残り3つの角も同じように折ります。
長辺を中央に向けて折り、角に沿って指を滑らせて折り目をつけます。
（バーを自分から離したり、近づけたりして動かすと、きっちりした折り目を作りやすいです）。
できあがりです！紙で二重にラッピングするときは、この折り方を繰り返します。

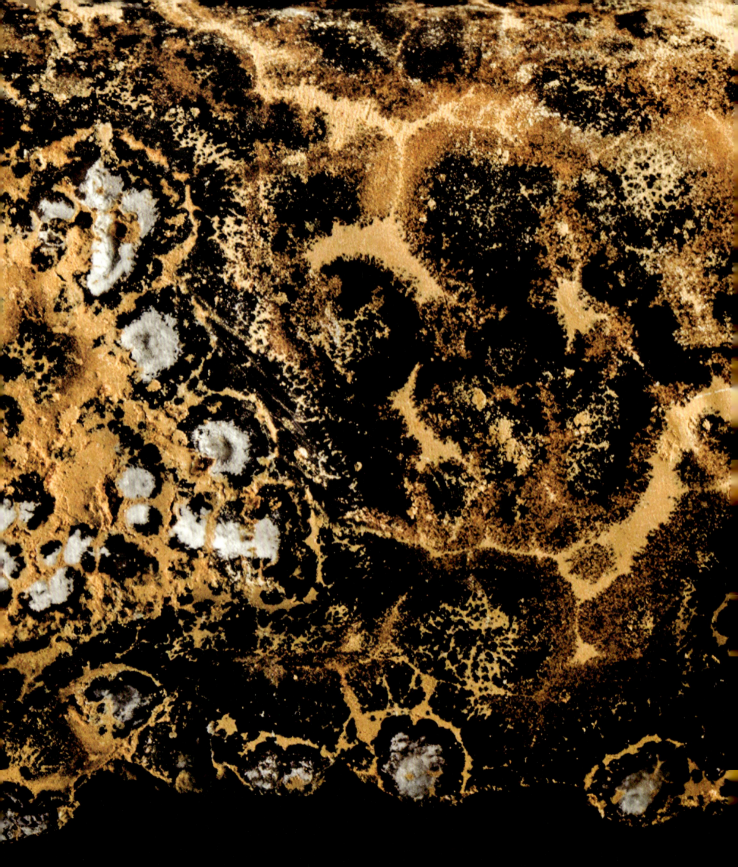

シュガー・ブルームとファット・ブルーム：白く光る砂糖の結晶とカカオバターがチョコレートの表面に移動する。シュガー・ブルームは凝結によってできることがあり、ファット・ブルームはテンパリングしていないチョコレートの不安定な結晶構造によってできる。

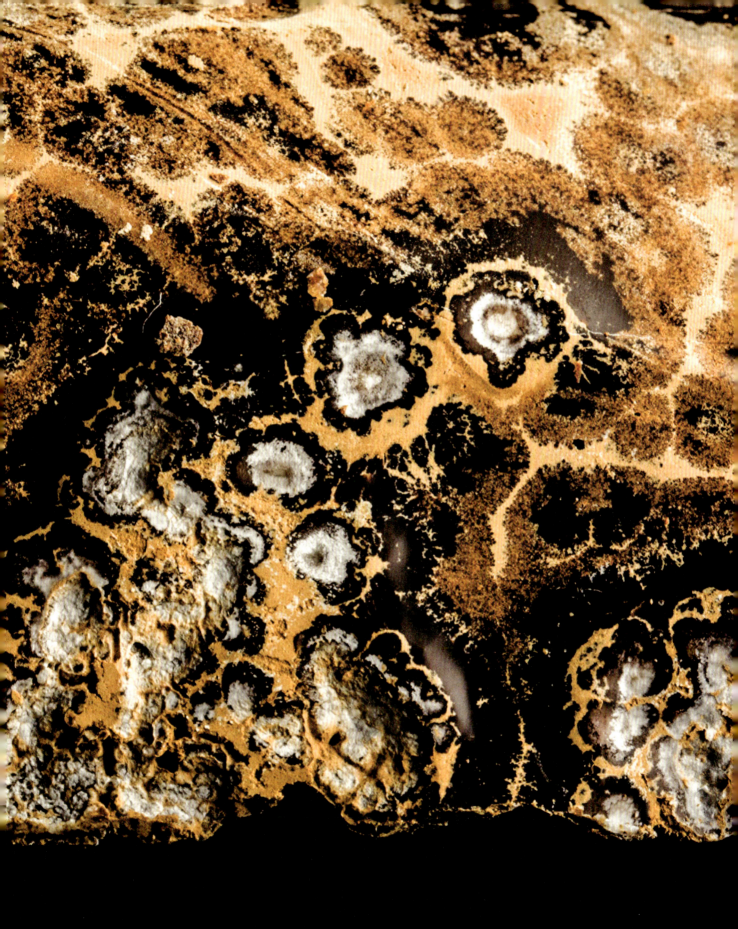

CHAPTER

the
INGREDIENTS
カカオ豆と砂糖

by **GREG D'ALESANDRE**

CHOCOLATE SOURCERER AND
VP OF RESEARCH AND DEVELOPMENT
OF DANDELION CHOCOLATE

カカオ豆のソーシング

カカオ豆とは無縁の人生から、私はこの世界に足を踏み入れました。電気工学を勉強し、魚雷誘導システム（当然ベリーズのジャングルで役に立つスキルではありません）やレーザー・トラッキングシステムの開発をしていました。ダンデライオンで働くまえはグーグルのプロダクト・マネジャーでした。けれども、大学のルームメイトと一緒にアルコール入りトリュフを手作りして、それを急速冷凍するために大学の物理学実験室から液体窒素を"借りた"とき、いつかチョコレートに関わる仕事をするだろうと私にはわかっていたのです。

トッドに出会ったのはそれから何年もあとです。彼は今まで聞いたこともないような化学的な視点で、熱心にチョコレートについて語りました。そのとき私はダンデライオンでインターンになることを頭の中に思い描き、5年後にはこうしてダンデライオンでチョコレートのソーシング担当として働いているのです。

カカオ豆のソーシングといえば、みなさんは肩に猿が乗ってくるような、世界中の熱帯地方やジャングルを駆けずり回るような仕事を想像するかもしれません。ときどきカカオの木から一粒の豆を取り、口の中に放り込んでこう言うのです。「これだ、見つけたぞ！ この豆でチョコレートを作るんだ！」そして、オフロード・バイクのエンジンをふかしてバックフリップを決めてみせたりするのです。しかし、現実はそう単純にはいきません。たいていの場合、カカオのソーシングは泥のぬかるみにはまったトラックを引っ張り、口の中に入った不快なものを吐き出し、汗をかき、蚊を撃退し、戸惑いながらもどうにか自分の要求を通すために交渉し、自分はこの分野に精通していると相手に思わせなければならないのです。

ダンデライオンではカカオ豆を調達する際、3つの要件、豆のフレーバー、生産者の人柄、一貫性を追求します。私たちのもとには絶えずおいしい豆のサンプルが送られてくるので、よいフレーバーのカカオ豆を見つけるのはそれほど難しいことではありません。しかし、これから10年、20年と継続して確実に豆を生産できるグループ、企業、団体、コミュニティー、共同組合を見つけるのは至難の業です。私たちが共に働く人びとを探すときには、関係を築くことに重点を置き、現地に足を運んで実際に生産者と会います。何千kmも離れた場所に住む人を理解するのにそれ以外の方法があるでしょうか。

カカオ豆のソーシングは、最高の豆を見つけると同時に、文化の違いを越えて関係を築いていくことともいえます。カカオ農家とチョコレート・ファクトリーの距離が物理的に離れていることは、豆のバイヤーとカカオ生産者が大きく異なる社会経済的背景を持つことを意味します。その溝を埋めるにはたくさんの課題があります。ソーシング担当者がマヤ語、スペイン語、ポルトガル語、スワヒリ語、片言でもピアロア語などの言語を話せるならそうでもありませんが、基本的なコミュニケーションを取るのさえ難しいこともあります。けれども、サンフランシスコでカカオを栽培することはできませんし、栽培者自身が育てたカカオでチョコレートを製造し販売するのも容易ではありません。

2014年、最高の豆を求めてダンデライオンのスタッフ数名でパプアニューギニアを訪れました。村に到着すると、そこには垂れ幕が飾られ、村の人びとが音楽や歌やダンスで私たちを歓迎してくれました。それは魔法のようにすてきなひとときで、迎えてくれた人びとは温かく親切でした。私たちが到着すると、丁寧に装飾を施したハンドメイドのビルム（手提げ袋）をプレゼントしてくれました。首にバッグをかけてもらったとき、死んだ小鳥がバッグにつるされ、私の腰のあたりで揺れてるのに気づきました。私は笑顔で戸惑いました。なぜ鳥を？ どういう意味なんだ？ 私はマークされているのか、それとも死んだペットの鳥を祀っているのか。村を離れたあと、ガイドのティオティ・パパライにバッグの鳥の意味を尋ねてみました。彼は不思議そうに私を見て、「かわいいから」とだけ言いました。なぜ死んだ動物を身につけていたのか、そこにはどんな意味があるのか、私の頭はそのことでいっぱいで、立ち止まってその鳥を見ることもできませんでした。そう、確かにあれはかわいい鳥でした。私が早い段階で得た教訓は、"固定概念は捨てる"ことでした。カリフォルニアでは、死んだ牛の皮でできた服を着ている人を見かけますが、パプアニューギニアでは

1. バハティ・サンジングが収穫できそうな熟したカカオポッドを指さす　2. グレッグがレピド・バティスタの農園で接ぎ木の方法を教えてもらう

"ファイン・フレーバー"のカカオ

"ファイン・フレーバー"として分類されているカカオ豆のことを聞いたことがある人もいるでしょう。
これは、ある遺伝子を持つカカオ豆のことをいうときによく使われる言葉です。
国際ココア機関"ICCO"によると、クリオロ種やトリニタリオ種のカカオの木から採れる豆のことを指します。
私たちが使う豆に関しては、この用語を使いません。
なぜなら遺伝子は良質なカカオ豆の要素のひとつですが、
私たちがカカオ豆を選ぶとき、十分信頼できる要素だとは言い難いからです。
たとえばパプアニューギニアの人びとは、彼らの作るカカオ豆の95%がファイン・フレーバーだと言いますが、
それは"よい"遺伝子を持つ木(クリオロ種とトリニタリオ種)から採れた豆という意味で、
それと豆がおいしいかどうかは別です。豆の遺伝子については、162頁を参照してください。

死んだ鳥を身につけることに特別な意味があるというわけです。カカオ豆のソーシングの世界へようこそ。複雑で、混乱したりつらくなったりすることも時折ありますが、本当に美しい世界です。

とはいっても、この章では最高の豆のオリジンについて語るわけではありません。最高の豆など存在せず、それを見つけるための唯一の最適な方法があるわけでもありません。それを否定する人がいるとしたら、あなたに何かを売りつけようとしているのかもしれません(たいていの場合はカカオ豆を)。クラフトチョコレートの業界では、粗悪な豆の判断基準については一致することもありますが(虫食い、カビ、石の混入など)、豆の品質やフレーバーを評価するための万国共通の測定基準や評価方式はありません。私たちチョコレート・メーカーはそれぞれ違った視点で豆を選定しています。希少な白いカカオ豆がおいしいと信じて探し、それを求めるメーカーもあれば、特定の国の豆しか使わないメーカーもあります。環境や社会のプロジェクトに出資するために豆を買うメーカーもあります。"よい豆"の定義はメーカーによって大幅に異なり、それはお客様も同じです。

この本では、私たちが作るバーに使用している原材料に注目し、おいしさの秘訣、材料の見つけ方、生産者と協働して材料を購入する意味などをお伝えします。もうみなさんは、自宅でチョコレートを作る方法をご存知なので、カカオ豆の栽培方法や、収穫後のプロセスがフレーバーにどう影響するのか、フェアトレードの豆はほかのものよりいいのかなどに少し興味を持っているかもしれませんね。チョコレート作りに本腰を入れようとしていて、生産者から直接豆を買いたいけれどどこからスタートしたらよいかわからない人もいるかもしれません。あるいは、すでに自分で買い付けていて、私がベネズエラの川で動けなくなってしまった話を聞きたいだけの人もいるでしょう。私たちのアプローチが材料調達の唯一の方法ではないと思っているので、私たちは現在も学び続けています。書籍化しようと思った理由は、知り得たことが興味深い内容になると思ったのと、編集者のフランシス・ラムに強くすすめられたからです(彼はとても説得力があります)。みなさんならかつての私たちよりも早く情報を吸収することができるでしょう。

今すぐ豆が欲しいあなたへ

あなたの目標や信念に合う最高の
カカオ豆を探すのは、おもしろいと同時に難しいことです。
幸い、それを助けてくれる人たちが存在します。
チョコレート・メーカーの私たちは、
チョコレートを作る作業に多くの時間を費やしていて、
材料の調達に多くの時間はかけられません。
そのため、信頼できるパートナーを探します。
実際、クラフトチョコレート業界では
最高の豆と最高の生産者を探す手助けをしてくれる
人たちを頼りにしています。
354頁のリストを参照してください。

1. 左から順に：マイケル・デ・クラーク(オネスト・チョコレート：Honest Chocolate)、ライアン・バーク(パーラメント・チョコレート：Parliament Chocolate)、グレッグ。タンザニアのココア・カミリにて　2. ムビング村の舞踏団"ハクナ・クララ"がグレゴリオと一緒に、初めて開催されたタンザニアのお祭りで演奏をする　3. ジェフリー・ビンジがココア・カミリで発酵ボックスを空にしている

THE INGREDIENTS　121

ご想像のとおり、世界には膨大な種類のカカオ豆が存在します。しかし、この本で取り上げるのは、コモディティとスペシャルティの2種類です。コモディティ（またはバルク）・カカオは大量生産向けに販売されます。通常カカオバターやパウダーを作るために圧搾されたり、ほかの材料と混ぜてチョコレート菓子を作ります。もちろんおいしいですが、カカオ豆が本来持つ味にはそれほどこだわっていません。ダンデライオンが購入している豆はスペシャルティ・カカオと呼ばれています。これはコーヒー業界から引用した用語で、よいフレーバーを追求することを唯一の目的にして栽培・加工された豆のことです。コモディティ・カカオは非常に込み入った世界市場に出回っていて（正直なところ、私たちも詳しいことはわかりません）、その価格は商品取引所が設定した現在の市場価格に基づいて決められています。それに対してスペシャルティ・カカオは生産コストがかかるため、より高い値段で流通しています。私たちのようなチョコレート・メーカーなら（私たちのお客様も）、もっとお金を惜しまず払うでしょう。これらの豆の区別を心に留めておいてください。そうすれば、カカオ産業での労働慣行や世界での豆の供給量がひっ迫していると耳にしたとき、その話がカカオ豆全般ではなく、どちらか一方の区分の豆の話だとわかるからです。

剪定して間もない木になっている、完熟していない実

THE TRUTH ABOUT SOURCING
ソーシングの真相

それでは、どうすれば私たちの基準を満たすカカオ豆の栽培者や加工をする生産者を見つけられるのでしょうか。豆を栽培し発酵している人びととダイレクトにつながるには、彼らのウェブサイトにアクセスして2日後に注文した豆が宅配便で届くのを待つというわけにはいきません。最高の豆を見つけるには、一緒に仕事ができる生産者を紹介してくれる人に出会えるまで、十分な人脈を築いておくことが大切です。人脈や関係を築く方法はさまざまで、それについてはまたあとで説明します。数回メールをしただけで会ったばかりの人を信頼し、一度も行ったことがない場所に猛スピードだったりトラックの荷台に閉じ込められたりしながら車で向かうようなことも起こります。そんな旅の途中には、数十トン、数百トンのカカオをチョコレート・メーカーに送るために舗装されていない道を運ぶ人たちの姿が脳裏に浮かんできます。

私たちの生産者やパートナーとの関係を詳しく語るまえに、世界における基本的なカカオ豆の生産モデルを学びましょう。状況は日々変化していますが、一般的な3つの形態について紹介します。

小規模農家による生産

これが世界中でもっとも普及している形態です。小規模農家では植え付け、栽培、収穫、発酵、乾燥まで自分たちでおこないます。一区画の土地は0.4〜1.6ヘクタール（自己所有のこともある）です。小規模農家では0.4ヘクタールあたり約250kgのカカオ豆が収穫でき、1.6ヘクタールでは1年間で1トンの生産量が見込めます。でも、その収穫量ではチョコレート・メーカーに直接売るには量が足りませんし、輸出するにも十分な量ではありません。そのため生産者たちはほかの農家と協力し（組合を作ったりして）カカオ豆を売るためにまとまった量を集め、多くの場合は豆の輸送と販売を引き受ける中間業者に売り渡します。彼らは"コヨーテ"と呼ばれています。集められた豆は使う人の手に渡るまで次から次へと企業やブローカーに転売されていくのです。

農園での生産

農園と小規模農家との違いは生産のスケールです。農園では、カカオ豆を植え付け、栽培、収穫、発酵、乾燥させ、世界中のチョコレート・メーカーへ直接販売できる量を生産しています（約6mのコンテナを満たすには少なくとも12トンの豆が必要です）。これだけの量を生産し販売する能力を持つと、よい評判を築き、プレミアムな金額で豆を販売できる可能性もあります。マダガスカルにあるバーティル・アケッソンのベジョーホ農園では年間数百トンのカカオ豆を生産し、アメリカ、ヨーロッパ、アジアなどのチョコレート・メーカー（私たちも含む）に販売しています。

共同発酵所

多くの小規模農家がカカオ豆の栽培、発酵、乾燥を自分たちで手がける一方、採れたての豆を共同発酵所に持ち込んだり売ったりして、収穫後のプロセス（発酵と乾燥）を請け負ってもらう地域もあります。発酵のプロセスは最低でも300kg以上の豆があったほうが品質的に安定するため、望ましい選択肢です。共同発酵所では複数の農家で採れた豆が集められ、一緒に発酵させます。仲介するのは未発酵のカカオ豆を購入する企業（ベリーズのマヤ・マウンテン・カカオなど）や、農家が加入している組合です。グアテマラのADIOSEMACのように豆を集めて発酵し、その豆の販売利益をメンバーに分配している組合もあります。ドミニカ共和国では共同発酵所が広く普及していますが、多くのカカオ生産国ではまだ一般的ではありません。私たちのパートナーであるタンザニアのココア・カミリは、地元の自治体に何カ月も働きかけて、やっと農家から豆を買い付け集中発酵することを許可されました。チョコレート・メーカーがなぜ小規模農家と直接やり取りをしないのか、このことからわかるでしょう。私たちは共同発酵所、組合の代表者、農園主など多くのパートナーと関わり、実際に農家とたびたび会っていますが、だからといって直接ビジネスをしているわけではないのです。

THE INGREDIENTS 123

人間関係を築くことはソーシングのアプローチの核であり、その関係性を長く保つためには信頼と理解が不可欠です。私たちは一緒に仕事をするカカオ豆の生産者と同じ大陸に住んではいません。毎日の生活は180度違いますが、私たちと生産者の間には共通の目的があります。それは自分たちが誇れるものを作り、それで生計を立てるということです。人間関係の基本はどんなときも相手に寄り添い、何が起きているか完全に理解しているかどうかにかかわらず、（できないことが多いですが）お互いの価値観を尊重して協力することです。

　信頼関係は一方通行では成り立ちません。私たちは関係を築こうとするとき、いきなり「私は"これ"がほしい」とは言わないようにしています。私たちがよい豆を探し求めているのはいうまでもありませんが、生産者たちが何を求めているのか、また、協働することで彼らのために何ができるかを知りたいとも思っています。生産者は、新しい発酵手順へのフィードバック、不作だった季節の埋め合わせをするための資金、私たちが買わない豆を買ってくれるチョコレート・メーカーとのコネクション、もしくはほかの生産者から学んだテクニックなど

を求めているでしょう。たとえそれらを私たちが提供できなくても、それができる人を紹介することはできます。互いに信頼し合うためには長期的な視点に立つことが必要で、私たちメーカーと生産者も（距離は遠くても）長期的なパートナーでありたいと願っています。

私たちは日頃から信頼できる人びとを求めています。信頼できる人なら、その選択も信頼できます。お互いの価値観が合致していると確認できれば、パートナーが環境を破壊したり、従業員を過酷な労働条件で働かせたり、道徳的に疑わしい行為をすることはないという確信が生まれます。パートナーは豆を大切にし、豆を育てる従業員を大切にすると信じられます。生産者が提携する農家への支払いを減らすという厳しい決断を迫られた場合でも、包み隠さずそれを明らかにすることを期待し、そして、私たちもまた透明性をもって接します。

チャールズ・キルヒナー博士（愛称チャック）が、彼の経営する鳥類保護区兼カカオ農園のレゼルバ・ソルサルについて語ってくれたとき、私たちには共通するすばらしい目標があると思いました。私はほぼ1年分の収穫量（当時は約5トン）のカカオを購入する約束をしました。当時、ソルサルではカカオ豆を栽培していましたが、豆を発酵する施設を持っていなかったため、近くにあるオコカリベに発酵を委託していました。オコカリベは高品質なカカオ豆を生産し、評判がいい農園でした。チャックは長年オコカリベと共に仕事をしていたので、それは堅実な判断に思えました。ある水曜日の午後、私はチャックの電話で、オコカリベが発酵を最適化するためチャックの豆に別の豆をブレンドしていると知りました。彼は申し訳なさそうに、私たちの発注をキャンセルすると申し出ました。オコカリベはそれが大問題になるとは思っていなかったようです。私たちのように豆の細かいオリジンを気にするバイヤーはそういないからです（少なくとも現時点では）。

チャックには私たちに報告をする義務はありませんでした。私たちにはその豆がブレンドされているのか、実際にソルサルで栽培された豆かどうかはまったくわかりません。"豆の生産は順調で、すべて問題ない"と報告するのは簡単なことでした。しかし、私たちが今なおチャックと共に仕事をしている理由のひとつは（彼のすばらしいプロジェクトは別にして）、彼がブレンドの事実を話し、私たちが望むならこの取引を解消すると申し出てくれたからです。私たちにとって大切なことを彼は理解しており、たとえ物事が期待どおりに進まなくても、事態を好転させるために協力できるという前例を作ったのです。とてもおいしかったので私たちはその豆をキャンセルせず、オコカリベという名前をつけました。翌年、チャックからの仕入れを倍増し、ソルサルの豆の初ロットから、初めてソルサルの豆100%のチョコレートバーを作りました。生産者の視点からチャックはこういいます。"顧客に対して誠実であることには価値があります。数千km離れた地で、豆がどのように育ちどんな処理をされたかなど事実を隠すことは簡単ですが、長期にわたるパートナーシップの要は、信頼を構築することであり、それが個人的にも経済的にも満足のいく結果につながり、よいビジネスにもなります"。この出来事のおかげで、私たちはオコカリベの創業者で現在も経営者であるグアルベルト・アセビー・トレホンとアドリアノ・デ・ヘスス・ロドリゲスと知り合うことができ、ソルサルが自社で発酵をおこなうようになった今も、誇りをもってオコカリベの豆を購入しています。

1. 夕暮れどき、加熱ランプがソルサルの乾燥デッキを照らす
2. ソルサルの仲間たちとの夕食はいつも楽しい時間

THE INGREDIENTS　125

オコカリベの乾燥トンネルで豆を点検するグアルベルト　ドミニカ共和国

ZORZAL CACAO
ソルサル・カカオ

チャールズ・キルヒナー博士が共同設立者であるレゼルバ・ソルサルは、民間所有の鳥類保護区とカカオ農園からなる4.12km²にわたるエリアです。この鳥類保護区は、アメリカ北東部とドミニカ共和国の間を毎年往来する珍しい渡り鳥のビックネルツグミが安心して越冬する楽園になっています。

レゼルバ・ソルサルの敷地の約70%は"野生保護区"として開発が禁じられています。残りの土地で栽培されたカカオが収穫、発酵、乾燥を経て、北半球の小さなチョコレート・メーカーにソルサル・カカオというブランドで販売されています。レゼルバ・ソルサルは、自然保護のための新たな資金調達モデルを模索するというキルヒナー博士の研究から生まれ、民間企業が営利事業と自然保護を両立し、地球や絶滅危惧種を保護する役割を果たせると証明しました。

ソルサル・カカオは保護地区に資金調達の仕組みを導入し、広範囲の環境保全に取り組むモデルを担っています。かつてラテンアメリカでは保護地区の運営資金のうち、わずか25％しか政府から拠出されていませんでした。レゼルバ・ソルサルはドミニカ共和国の最初の民間保護区です。ここでは、よいフレーバーのために厳選されたカカオの穂木を健康に育った台木に接ぎ木し、バナナや自生する木で木陰をつくり、有機肥料で栽培されています。健全で多様性があり、木陰にも恵まれた森林農業のシステムは、カカオと野生動物の両方にとって理想の生息地といえるでしょう。また、世界市場への足がかりを求めている地域の生産者たちにとっては、その先例となる農園でもあります。

レゼルバ・ソルサルは、自社農園のカカオ豆の生産に加えて、品質と自然保護に対するビジョンを共有する近隣の生産者たちからも未発酵の豆を購入しています。2016年にはそれらを発酵、乾燥して加工し、ソルサル・コミュニタリオというブランドを始めました。

1. 防草シートを使った苗木（雑草を抑えるため）。レゼルバ・ソルサル、ドミニカ共和国　2. 焙煎されたカカオ豆。ハスクありとハスクなし　3. レゼルバ・ソルサルで農地を調べるチャールズ・キルヒナー博士　4. 雨粒が滴る未成熟のポッド　5. ソルサル・カカオの乾燥デッキと山並みをのぞむ

THE INGREDIENTS　129

1. カカオの品質を調べるチャールズ・キルヒナー博士（豆の香りをかぐチャック）　2. レゼルバ・ソルサルのカカオの木によって育まれた、きれいな白い豆
3. 収穫されたポッドが山積みされ、集められるのを待つ

4. 我らがフォトグラファー、エリック・ウォルフィンガーもかまどで料理　5. 夜のおやつに豆からハスクを取り除くグレッグ、チャック、ヘリベルト
6. ソルサル・カカオのスタッフ：ヘリベルト・パレーデス・ウレーニャ、マルコス・アントニオ・ラジャラ、ヨレーキー・ロンドン

THE INGREDIENTS　131

THE TRUTH ABOUT TRUTH
真実に関する真実

信頼は真実とは区別することが大切です。私は豆のソーシングから多くを学びましたが、そのひとつが真実と信頼はイコールではないということでした。

生産者は自分たちの豆について語り、私たちは自分たちが買う豆について語ります。仮に生産者の話を聞いて「これは真実ではない」と考えたとします。このカカオの木に関する話は遺伝子的に検証できる真実なのでしょうか。それとも、何世代にもわたってその家系で真実として伝えられてきたという点で真実といえるのでしょうか。ときにこのふたつは矛盾しますが、ふたつのうちどちらかが真実でないと考えると、その両方が同時に真実であることを無視することになるでしょう。カカオは複数の次元を持ち、パラレルワールドに存在します。その場合、話はより複雑になってくるので、詳細は私たちの次の本に書くことにします。

ある生産者は「この木はクリオロだ」というかもしれません。彼にとってクリオロとは、その土地に根づき、長い間そこに生えている木のことだからです。チョコレート・メーカーの間でクリオロとは通常、特定の遺伝子を指します（のちほどこの章の中で詳しく触れます）。生産者がいうクリオロの木は、その特定の遺伝子を持っていないかもしれません。ですからその木はクリオロであり、クリオロではないのです。重要なことは、私が彼のいうことを理解し、彼の意図を信じることです。たとえ彼がある意味で"私にとっての真実"を言っていないとしても、私は彼を信じます。

あるいは、私が生産者にいつも同じ方法で発酵するのかを尋ねたとしましょう。私が質問したいのは日数や発酵ボックスの数や手順のことです。おそらく彼は同じ方法で発酵をしていると答えるでしょう。しかし、それは工程を微調整しながら常に同じ仕上がりにしようとしているという意味かもしれません。したがって、「いつも同じ方法で発酵している」というのは"彼にとっての真実"をいっているのです。そこが重要です。

相手との関係を築いたり、出自を理解することなく真実を理解するのは不可能です。クロエ・ドゥートレ・ルーセルは「正しい態度で正しい人を見つけ、お互いのニーズや意図することを知るための時間をつくりなさい」といいました。これが私が時間を費やして、はるばる生産地を訪ねる理由のひとつです。

1. トラックの荷台に乗り町へ戻るグレッグ　2. 高いところになっているポッドを収穫するラモン・サルセド

FINDING CACAO
カカオを見つける

　がっかりするかもしれませんが、良質なカカオやその調達先を見つける魔法はありません。もしあなたがチョコレート・ビジネスに携わっていて、新たなカカオの調達先の開拓に興味があるなら、最初のアドバイスは"決めてかかるな"ということです。看板に書かれた"チョコレート"の文字を見てあなたのファクトリーに現れた男性が、鳥類保護区でカカオを栽培しており（ウソのような話ですが）、実際にとても良質なカカオを提供してくれるすばらしいパートナーになるなんて夢にも思わないでしょう。あなたの業界はまだ若く、ひとつのルートに組織化されていないので、ファクトリーの外に気の利いた看板が掲げられていると、こんな不思議なことが起きるのです。すてきな看板を出していれば、カカオのほうからあなたを見つけてくれるかもしれません。

　実際、こういったことはよくあります。ただ毎回同じとは限りません。最高の豆のひとつであるエクアドルのカミーノ・ベルデは、私たちが試食をする数ヵ月前からすぐそばにありました。この仕事を始めて2年くらいのころ、友人のジーノ・ダラ・ガスペリナが小さくきれいな麻袋に入ったエクアドル産の豆のサンプルを送ってくれました。とてもきれいな袋だったので、新しくオープンしたカフェで棚に飾るアイテムを物色していたスタッフが、それを使ってしまいました。数ヵ月経ったある日、ジーノからカミーノ・ベルデの豆を試したかと聞かれましたが、ま

だ私たちはそのかわいらしいサンプルを試食していませんでした。ジーノは驚いて少し怒りましたが、また新しいサンプルを送ってくれました。その結果、現在カミーノ・ベルデは定番のお気に入りのひとつになっています。

　ここで私からのアドバイスその2です。誰かがあなたのために豆を用意してくれたなら、それに対して敬意を払ってください。そして、あなたがサンプルを依頼したのなら、相手に何かしらの反応を示してください（良質な豆はかわいい袋に入ってくるかもしれませんよ）。

　カカオ豆を見つける方法はおそらく星の数ほどあるでしょう。生産者がサンプルを送ってくれることもあります。私たちはそのサンプルを使った試食用のチョコレートを作る準備ができるまで、豆の保管部屋で保存します。カカオを12.5トン積載できるコンテナを1社で購入したり、少量の積み荷を空輸したりするのはコストがかかりすぎるので、豆を船便で一緒に乗せないかとチョコレート・メーカー仲間が電話で聞いてくることもあります。私たちはメリディアン・カカオ（Meridian Cacao）やアンコモン・カカオ（Uncommon Cacao）などのブローカーを通して仕事をしていますが、彼らは定期的に私たちが好みそうなサンプルを送ってきます。荷台に豆を山積みしたトラックをファクトリーの前に乗り付け、「豆を買うかい？」と男が入ってきたことがありました。まぁ、あとにも先にも彼だけでしょう。このジム・カルーバはサンフランシスコ出身の粘り強い男で、コスタリカのコト・ブルスでカカオを生産していましたが、残念なことにそこの豆はひどい発酵状態でした。しかし、発酵は簡単に調整ができます。私たちは彼にハワイ出身で発酵のエキスパートであるダン・オドハティを紹介しました。ジムは発酵の方法を変え、彼の豆は賞をとるようになったのです。やった！（ダンはのちほどこの章の中で登場します）

　アドバイスその3、粗悪な豆は発酵の仕方が悪いだけで良質な豆かもしれません。そのため、カカオの正しい処理方法を学んでおく必要があります（それに行商のトラックの荷台にはどんなものがあるかわかりません）。

　豆のテストは、すべてのサンプルを同じ道具を使って同じ方法で焙煎するという"評価基準"に沿っています。私たちはすべてのサンプルを1ポンド（453g）用の小さなコーヒー・ロースターを使って焙煎します（カカオ豆には少し温度が高いので、1.1kgの豆を入れて熱を分散させます）。このロースターはキッチンカウンターに収まるサイズです。この評価基準によって、処理工程のひと手間で豆の味がどうなるか予測できるだ

けでなく、豆を比較するための基準値を得ることができます。欠点を挙げるなら、サンプルを標準的な方法で焙煎してひどい結果になると、その豆に可能性がないと捨ててしまうことです。これは2015年にカカオ・フィジー（Cacao Fiji）のアリフ・カーンから届いたサンプルで実際に起きました。ブラインド・テイスティングでは印象に残らなかったのに、同じ豆を使ったアレテ・フィン・チョコレート（Areté Fine Chocolate）のチョコレートバーを試食して驚きました。「うわ、すごくおいしい！チョコレートにカカオ豆の風味が感じられる」と。私たちはその豆を再評価しました。私たちとは異なる製法で作ったチョコレート・メーカーに感謝します。

　アドバイスその4、常に目を開き、味わい、分析し、批判しないで、心を開いておくこと。私たちよりもっと広い視野が持てることが理想です。

1. 箱の中で発酵中の豆。オコカリベ、ドミニカ共和国　2. ティサーノによって輸入されたベネズエラ産の豆がダンデライオン・ファクトリーの豆の保管部屋に積まれている

THE INGREDIENTS　135

SOURCING STRATEGY:
FIGURE OUT WHAT YOU WANT
ソーシングの戦略：あなたが欲しいものを見出す

————

さて、ここまでカカオ豆や生産者たちと出会うには、あらゆる方法があることを説明してきました。次はどのように生産者を見極めるかです。あなたが試食する豆の味はそれぞれ違い、興味深い特徴があったり、おいしいものもあるでしょう。大切なのは、あなたが求めるものは何かです。ダンデライオンでは、単にサンプルの豆の味が気に入ったという理由では購入を決めません。とてもおいしくても、私たちが作っているチョコレートバーに似ていたり、独自性やカリスマ性がない豆は買いません。また、発酵所の労働条件を開示していない生産者からも豆を買いません。私たちは独自のソーシング哲学に基づき3つのシンプルな基準でサンプルの豆を評価します。よいフレーバー、すばらしい人びと、そして一貫性（豆と人の両方における）です。これが最善かどうかはわかりませんが、私たちはこの方法を取っています。あなたにとっても、何が重要で何が重要でないかを決めるときに役立つことでしょう。

フレーバー

独特のフレーバーを持ち、高品質で力強く、多くの特徴を備え、熱い議論を生むような豆を私たちは探しています。ダンデライオンで作るすべてのチョコレートが好きだというスタッフはいません。私たちのチョコレートバーは熱烈なファンがいる一方、少数ですがそれを好まない人もいます。それは、私たちがおいしさとおもしろさの両方を兼ね備えたチョコレートを作っている証です。リベリア産の豆を使ったバーはグッドフードアワードを受賞しましたが、"うまみ"成分が豊富に含まれ、キノコのような土臭さがするので、これを湿った芝生のような味わいに感じる人もいます。マダガスカル産の豆を使ったバーは酸味が強く、好みが分かれます。サンプルバッチのテイスティングをする際、ダンデライオン独自の基準である強い個性とユニークなフレーバー・プロファイルを重視します。もっとマイルドでクラシックなもの、酸味が強いもの、スコッチのようなスモーキーな味わいを好む人もいるでしょう。私たちは、自分たちが好きな味を形にしてきました。あなたがどんなテイストが好きか、たくさんのシングルオリジン・チョコレートを食べて、その

味わいや豆の個性を感じ取る感覚を磨き、あなた独自の基準やフレーバーの好みを作り上げてください。

パートナー

私たちは一緒に楽しく働ける人たちとだけ仕事をしたいと思っています。それは当たり前のことかもしれません。たとえすばらしい豆を見つけても、それを販売する人たちと私たちの価値観が合わなければ、その豆を扱わない決断をする場合もあります。その理由はシンプルで、私たちは長い目で見たパートナーを求めているからです。よい豆は今年だけでなく毎年必要です。それが可能かどうかはすべて、パートナーとよい人間関係が築けるかどうかにかかっています。私たちがチョコレートを大切に思うのと同じくらい、その原材料となるカカオを大切に思っている人びとを探しています。私たちが求めているのは、透明性と責任感があり、私たちと一緒に働きたいと考えている人たちです。従業員を雇っているなら、全員に公正な賃金が支払われているか、彼らが土地利用に関して責任を持って管理しているかということまで確認したいのです。人間関係より豆のフレーバーのほうが大切だという人たちもいます。確かに豆の仕入れにおいては妥当な考えですが、私たちは豆のフレーバーと同じように人間関係も重んじてきました。というのは、たいていの場合、フレーバーは変えることができるからです。

私たちは、豆に満足していない段階でも生産者との取引を始める場合があります。発酵の工程を微調整したり、豆を別々に集めたり、カカオポッドの収穫頻度を変える必要が出てくるでしょう。私たちにその解決策がわからなくても、誰が解決できるかは知っています。発酵技術が未熟でも、その人たちが信頼できる、素直で愉快な（無愛想でも人なつこい）人たち

1. アドリアノ・ロドリゲスが生産した豆を手にする。オコカリベ、ドミニカ共和国　2. 熟したカカオポッドを割ろうとするスピリト・サンガ　3. 左から順に：未発酵のもの。発酵1〜6日目まで。続いて1〜4日間乾燥させたもの

であれば、私たちは彼らと協力して品質を改善しようと努力します。そうすれば、いずれは彼らの市場が拡大するでしょう。

一貫性

最高の豆に出会ったとしても、その味が袋ごと、あるいは収穫ごとに変わるなら、私たちの作り方ではおいしいチョコレートはできません。新しい豆が届くと1〜2袋を選んで、数週間、ときには数ヵ月かけてロースト・プロファイル（いわば、その豆にとってのレシピ）を作成します。その袋のサンプルがロットを代表するものでない場合、プロファイルにかけた時間が無駄になります。すべての豆は同じというわけではありません。カカオ豆は農作物であり、自然のなかではコントロールできないことが数多く発生します。毎年同じ味がする豆というのは異例です。しかし、生産者や発酵所は一貫したプロセスを開発し、導入することによって、豆の品質を保っています。また、豆の遺伝的多様性と工程のなかで生じた変化を調整するため、発酵と乾燥を終えた豆を調合したりします。このことは同じ生産地で収穫された豆で作ったチョコレートが似たような味わいになることを意味します。

ソーシングにおける良好な人間関係は、信用、コミュニケーション、信頼性という長期的な人間関係を築くのと同じ土台の上に成り立ちます。賢明な人間関係を築くためのさらなるアドバイスは、次に出版する『リレーションシップ・ソーサリー（人間関係の魔法）──人間を豆のように扱うな』でご紹介します。というのは冗談です。そんな本は出ませんよ。

しかし、順調な一方で、エルニーニョ現象や干ばつが発生したり、ベネズエラでは政権交代により海運輸出が凍結されたりしています。取引する生産者が毎年のようにどこかで、悪天候や木のカビや病気の発生、収穫に大きなダメージを与える気候変動に苦しんでいます。ここ数年、私たちは生産者たちに誠実に向き合いサポートしてきました。2016年2月、カテゴリー5のサイクロン「ウィンストン」がフィジーを襲いました。私たちはフィジーの生産者と連絡を取り続けました。幸い、彼らは農園を失わずにすみましたが、予定量を収穫するのが難しくなってしまいました。私たちにできることを尋ねると、彼らは「出荷の準備が整ったら、また豆を買ってくれることが一番のサポートになる」と答えました。生産者が災害に見舞われたときには、私たちがよい顧客でいることが必要なのです。

タンザニアの発酵所、ココア・カミリの乾燥デッキ

WHY WE GO TO ORIGIN

私たちがオリジン（生産地）を訪ねる理由

カカオ農園や発酵所を訪ねるときは、さまざまな移動手段（ジャングルをオートバイで走るのはこりごりです）を使います。地元の人たちは「カカオ農園なんてひとつ見れば、あとはどこも同じではないですか？」と生産地を旅する私に聞いてきます。

そんなことはありません。カカオ農園はそれぞれ異なります。みなさんが私のようにアメリカ中西部生まれなら、広大な農地が整然と続いている風景を想像するかもしれませんが、カカオの木は熱帯の変化に富んだ地形で育ちます。小規模なカカオ農園を初めて訪れると、荒れた印象を受けるかもしれません。しかし、その農園を生産者と一緒に歩いてみると、雑然と見える農地でもよく手入れがされ、商品作物と自家消費の農産物が計画的に栽培されていることに気づきます。大規模なプランテーションでは、カカオの木はきっちりと3m間隔で植えられていて、その間には適度な日陰を作るためのシェイドツリーが規則正しく植えられています。あるいは、カカオの木を栽培するために熱帯雨林の一部を開拓する生産者もいるでしょう。どのように育てていても、生産者たちはポッドの収穫時期や木の状態などカカオの木のことを知り尽くしています。

私がタンザニアのココア・カミリを最初に訪ねたのは2015年のことでした。設立者であるシムラン・ビンドラとブライアン・ルブーがシェム・ムレンベの農園に連れて行ってくれました。シェムの農園は30,000m²以上あり、ココア・カミリに豆を売る数千の農園のうちでもっとも広い部類です。彼の農園に足を踏み入れるとすぐに、私は何かが違うと気づきました。木々やポッドは珍しく自然のままで、驚くほど多種多様でした。木によってポッドの形、色、質感が異なり、変化に富んでいます。スペシャルティ・カカオを栽培している世界中の生産者の多くは選択された苗木、あるいは接ぎ木された苗木を栽培しています。接ぎ木する際、生産者は遺伝子を選びます。つまり、その木で育つポッドを選ぶということです。彼らは繁殖させたい木から芽接ぎに適した枝を切り落とし、丈夫そうな台木に接合します。それは、どのように成長するか事前にわかる点で遺伝的なリスクが少ない方法です。ココア・カミリのカカオが変化に富んでいたのは、それらが無名の台木から育てら

れていたからです。

私は彼らの栽培方法に興味を引かれましたが、それ以外の方法を知らないシムランやブライアン、シェムにとっては特別なことではなかったので、彼らは私がそのことに注目するとは思っていませんでした。そこで、彼らのユニークなカカオについて知るため、生産者の元を訪ねて回りました。生産者にとっての日常はありきたりで、典型的で、面白味もなく、生活にすっかり溶け込んでいるので、わざわざ話すまでもないだろうと考えています。直接顔を合わせることで、私たちはお互いの目を通して世界を見ることができるのです。

最高のコミュニケーションは、実際に目にしない限り生まれないということを私は学びました。生産地もふたつとして同じ場所はありません。どこも同じなら、初めて豆の調達でベネズエラを訪れた旅の途中でやめていたでしょう。その旅についてお話しする前に、カカオ豆の調達というのはお教えできるようなものではなく、私はただできる限りのことを試みたということを心に留めておいてください。

かねてから、ベネズエラのカカオがすばらしいと聞いていましたが、個性的でおもしろい豆を作っている生産者たちを見つける術はありませんでした。そんなとき、2012年に私たちはパトリック・ピネーダと出会いました。彼はベネズエラ人で、サンフランシスコのティサーノ（Tisano）というカカオ豆のハスクを使ったお茶を扱う会社で働いていました。彼にはカカオ生産者たちとのネットワークはあるものの、豆を売るルートはありませんでした。私たちはパトリックが選んだ6つの小さなオリジンの豆を共同で取り寄せました。豆を手に入れると、その生産者たちに会いたくなり、私たちはベネズエラへと旅立ったのです。2013年2月、私はダンデライオンのソーシング担当の初仕事として、パトリックとプロダクション・マネジャーであるケイトリン・レイシーと一緒に買い付けに行きました。この旅の間、私は一番の役立たずで、車がオーバーヒートしてもほとんど助けになりませんでしたが、誰よりも多くを学びました。でも、これからするのはそういう話ではありません。

ベネズエラへの準備は手探りでした。出発の2日前、パトリックからハンモックを持っていくようすすめられました。私は

なぜ必要なのか理解しないまま購入し、大きく膨れ上がったダッフルバックにそれを詰め込みました。今考えると滑稽ですが、同じようなことを数年間繰り返し、私は次のような確固たるルールにたどり着きました――"自分が持って走れない、もしくは自分で放り投げられない荷物は持っていくな"。これは、あらゆる場面で役立つルールです。

私は飛行機に乗ってから、ベネズエラについて調べはじめました。私と同じようにアメリカ国務省のウェブサイトからプリントアウトして情報を得ようとするなら、飛行機に乗るまでそれを読まないこと、それどころか、飛行機が離陸して旅行を取りやめられなくなるまで何ひとつ読まないほうがいいでしょう。なぜなら、国務省のウェブサイトの情報を真に受けたら、飛行機に乗るどころか、家から一歩も外に出られなくなってしまうからです。その情報によると、「世界はどこも野蛮で予測不可能であり、危険に満ちている。もし、世界を自分の目で見てみようなどと考えたら、あなたは間違いなく命を落とすだろう」とあります。ですから、あなたがベネズエラに関する彼らの見解を読もうと考えているなら、飛行機が離陸して「飛行機を安全な（感じがする）デラウェアに着陸させてください」などとコールボタンを押す勇気がなくなってからにするといいでしょう。

私が国務省のウェブサイトから最初に"学んだ"のは、夜に到着する便には決して乗ってはいけないということでした。空港からベネズエラの首都カラカスに向かう道は一本しかなく、そこには山賊たちがずらりと隠れていて、夜な夜な誘拐を繰り返しているとありました。次に学んだのは、コロンビアとの国境付近は危険なので絶対に行くべきではないということでした。私は時計を見て、時間が間違っていると自分に言い聞かせました。このままいくと到着時間は夜中の11時になるからです。いや、でも時差が12時間あったはず……。こんなときこそ自分を正当化するスキルが役立ちます。

ここでも大切なのは、何を信頼するかということです。国務省は大げさすぎるかもしれませんが、買い付けに行っていたとき（これを書いている現在も）、ベネズエラは経済や政治、治安面で多くの問題を抱えていました。当時はウゴ・チャベス大統領が亡くなる直前だったので、ベネズエラ国内にいる間に彼が亡くなった場合、いかに行動すべきか私

たちは何度か話し合っていました。私たちは短期間しか滞在しませんでしたが、こういう問題を抱えながら生活するとはどういうことかを少しだけ理解しました。私が飛行機のなかで"勉強"しようとしていたとき、はっきりとわかったのはホストを信頼する大切さです。ベネズエラに精通しているパトリックが正しいと思ったことなら、私たちはそれを信頼するべきなのです。

パトリックは空港にオフロードには向かない大型の車を手配していました。まず彼の友人のアパートへ連れて行かれ、蚊よけのビタミンBの座薬を入れるよう促されました。確かに効き目は早く、パトリックに対する信頼が薄らぐことはありませんでした。そこに集まったのは、それから1週間一緒に過ごす人たちです。お互いに初対面でしたが、全員がベネズエラのカカオ生産者の生計を改善することを望んでいました。少し打ち解けてきたころ、仲間の一人にGPSを使えるか聞かれました。これから行く所は、一行の誰も行ったことがなかったからです。なぜ誰も行ったことのない場所へ行く計画を立ててしまったのかわかりません。でも、彼は地図の上でだいたいあの辺と言って指さしました。私にはそれがベネズエラ全土を指しているように見えました。午前1時、私たちはバンに乗り込み出発しました。

ようやくオリノコ川を渡ったところで、その日初めての食事になりました。小さな四輪駆動車に10人ほどがすし詰め状態でしたが、途中、村までの道案内のガイド（私は名前を覚えるのがひどく苦手で、ガイドさんには申し訳なく思います）が乗り込みました。いよいよジャングルへ突入です。目的地までは"橋"を32本渡らねばなりませんでした。橋といってもそのほとんどが川や地面の割れ目にかけられた2本の丸太です。"歩行用の橋"と私ならいうでしょう。この"歩行"がキーワードです。これを車で渡るには細心の注意を要するのはいうまでもなく、誰かの父、兄弟、いとこの車がここで転落したという話も聞きました。この地域では毎年何十トンものカカオ豆がこの橋を渡りますが、それは1度に1トンずつ。しかも橋が浸水しない乾季にしか運べません。ここのカカオを売り出そうとしている私のような新しい買い付け業者が想像もしなかったことで、目が覚める思いでした。橋から落ちないよう注意しながら、自分が世界についてほとんど無知であることを実感しつつ、私はいまコロンビア国境へ向かって突き進んでいるのだという現実もようやく受け止めたのでした。

前日の夜中に出発して、ふたたび遅い時間になりました。

1. グレッグにカカオ豆を見せるチャックとグアルベルト　2. ぬかるみにはまったトラックを引っ張らなくてはいけないことも。ドミニカ共和国にて

THE INGREDIENTS　141

私はハンモックのことが気になりながら、先へ進めないときはジャングルでキャンプを張ることになっていたので安心していました。大丈夫。そこはうっそうとしたコロンビア国境近くのジャングルで、私は右も左もわからない訪問者です。心配のしようがありません。ベネズエラのジャングルのど真ん中では流れに身を任せるしかないのです。このときから私は今までずっと流れに身を任せています。目的地にたどり着くための唯一の方法ですから。会ったばかりの人たちと車に乗り込み、ジャングルを抜け、川を渡っているとき、ふと今なぜここにいるのかを考えます。カカオ。そう、カカオを求めて私は地球を駆け巡っていたのでした。

結局、橋から落ちたのは1度だけでした。トラックの中で私は先住民のピアロア族の女性と彼女の子どもたちの隣に座っていました。真夜中、トラックが川に滑り落ちていくのに気づいた私は彼らに向かって逃げるように叫びました。私のピアロア語は片言でしたが、パニックで衰弱した私の表情から察したのでしょう、彼女はゆっくりと車の後部から脱出しました。まさにゆっくりで、じたばたしないとはこのことです。私はうろたえていました。丸太をてこにしてなんとかトラックを川から道に押し上げ、ジャングルでキャンプを張らずにすみました。

ようやく村に着くと、この村に白人が訪れるのは私たちで2度目だと知らされました。最初の白人は宣教師だったそうで、宗教が伝わって、村はふたつに分断されてしまったそうです。村の人たちは過去の経験にもかかわらず、思った以上に私たちを歓迎してくれました。私たちは泥でできた小屋に案内され、交差する梁にハンモックをかけました（そう、このためだったのです）。そうはいっても、私たちは珍しい存在なので、村人たちは始終私たちのことを見ていました。私が寝ようとしたときも見られていたし、目覚めるとまだそこに村人がいて見ているのです。私たちはテレビに出演したというより、テレビそのものになった気分でした。訪問者が少ない場所を訪れるのは、訪問する側される側双方にとって、同じように特別なことだと自覚し、配慮しなければならないと学びました。

あるとき、蚊帳が私の顔をなでた拍子に目が覚め、私はびっくりしてうめき声を上げてしまいました。それに驚いたディ

エゴ（パトリックと働く私たちの同行者のひとり）はハンモックから飛び起き、銃を手に身構えたのでした。ディエゴが守ってくれるのは心強いことですが、うめき声は慎まないといけませんね。銃があることには驚きませんでした。この旅に出る前の買い物リストには、水、ツナ缶、銃弾と書かれていたからです。これは決して私の作り話ではありません。

私たちは生産者にチョコレートを食べてもらい、剪定について説明しました。それは直感に反すること（より多くのカカオを実らせるためになぜ枝を切り落としてしまうのか）なので、多くのカカオ農家は剪定をしませんが、葉や根からの養分を必要とする枝を減らすことによって結果的にカカオポッドの豊作につながるのです。チョコレートは熱帯気候では日持ちしないため、カカオ農家のなかにはチョコレートを食べたことのない人がたくさんいます。自分で育てたカカオ豆でできたものとなるとなおさらです。私もカカオ豆の生産地で、それを育て加工する人たちと一緒にチョコレートを味わったのは初めてでした。共同作業の成果として私たちの間に小さな絆が生まれ、彼らの日頃の努力が私たちにとっていかに大切かを伝えました。パトリックは私を生産者のもとへ連れて行き、アメリカのメーカーがカカオ農家に関心をもっていることを知ってもらい、それが作り話ではないと示すことができました。でも、現地へ赴いた真の目的は、生産者と同じ時間を過ごし、お互いの関心と信頼を示して関係を築きはじめることでした。

実際にベネズエラまで足を運んでみて、カカオをめぐって互いに助け合う関係がどんなものかを理解し、うまくいくかどうかはよいパートナーになれるかどうかにかかっていると実感しました。この旅はソーシングにおける私の人生を決定づけました。旅に出るたびにカカオ業界の多様性を学び、同時に変わらないところについても知るようになりました。管理の行き届いた農園とそうでないところの見分け方や、ある生産地で見たアイデアを伝えることが同じ問題に直面するほかの農家の助けになることを学びました。生産者にとって何が役立つことかを理解できるようになり、いつも役に立てる訳ではありませんが、助言するべきタイミングも少しはわかってきたと思います。

右頁：ドミニカ共和国のレピド・バティスタ農園で苗木の植え替え作業をする

144-145頁見開き：タンザニアの夕日

KOKOA KAMILI
ココア・カミリ

シムラン・ビンドラとブライアン・ルブーは、カカオ豆の品質向上がタンザニアの農村の生活レベルを継続的に向上させると考え、ココア・カミリを設立しました。彼らは、タンザニア中部のキロンベロ地区周辺の村に声をかけ、未発酵の豆を直接生産者から買い入れ、独自の共同発酵所で発酵させて品質と一貫性を管理する新しい事業を展開しました。そして、厳しい品質管理により、高品質のカカオ豆に出費を惜しまないチョコレート・メーカーと高額で取引しています。ココア・カミリは、2016年までに3,400を超える生産者と協働し、そのうちの95%は発酵所から半径15km圏内にあります。ちなみに、この発酵所はタンザニアのかつての首都ダルエスサラームから車で10時間、最寄りの町まで55km、舗装道路までは150kmの距離に位置しています。各農家は収穫したカカオ豆を地元のココア・カミリの買入れ所に持ち込みます。20リットルのバケツ2杯以上の量があれば、ココア・カミリが無料で農家まで取りに行きます。小さなカカオ農家にとって、収穫した豆をバイヤーまで運ぶのは大変な労力なのです。

ココア・カミリはタンザニアでは珍しいケースといえます。この国では昔からカカオ豆の大半は農作物のバイヤーに安く買いたたかれていたので、品質改善しようという動機もなく、そのためのサポートが受けられないままで価格の改善にもつながりませんでした。ココア・カミリは地元の契約農家が作った豆に最高値を支払うと表明しています。これに応えるべく、農家はおいしく高品質で、品質の揃ったカカオ豆を生産し、世界中のチョコレート・メーカーに提供しています。

1. タンザニアにあるココア・カミリのスタッフ　2. グラディス・シャナがココア・カミリのロゴを麻袋に転写する　3. ココア・カミリの共同オーナー、シムラン・ビンドラ　4. 一日の終わり、イーノス・ムワキットワンゲとグラディス・シャナが乾燥デッキを片付ける

THE INGREDIENTS　147

1. ハッピー・チティンディが豆を均一に乾燥させるために乾燥デッキで位置を変える　2. 発酵ボックスの内側に敷き詰めるバナナの葉を切り取るムサ・ムコトマ　3. 発酵と乾燥を終えた豆（左）と発酵ボックス（右）

4. 自転車は便利な移動手段。ムビング、タンザニア　5. ココア・カミリの共同オーナー、ブライアン・ルブー

FAIR TRADE VERSUS DIRECT TRADE:
WHY WE DIY

フェアトレードと直接取引：なぜ自分たちでやるのか

――――――――

ダンデライオンはフェアトレード認証のカカオ豆を買い付けているわけではありません。オーガニック認証やレインフォレスト・アライアンスなどの認証も必要としていません。これは私たちが認証団体の意図を信用していないからではありません。私たちは過度な森林伐採をせず、土地の生態系に影響を及ぼすことのない生産者と仕事をしたいと考えており、農家は栽培したカカオに公正な対価を受け取るべきなのです。私たちは正しい労働慣行、公正な賃金、そして優良な労働条件を提唱し、カカオ豆の生産過程に細心の注意を払い、環境破壊や人権侵害の疑いがある豆は一切買わないようにしています。しかし、私たちにとって認証団体を信用することは、これらの問題を回避する最善の方法ではありません。多くの場合、認証の基準は広すぎるので、カカオ生産者たちの異なる現状を説明できません。それぞれの要望も違い、生産者や地域社会が直面する課題はさまざまなので、世界基準に照らすと逆効果になる場合もあります。私たちがやるべきことは、信頼関係を築き、土地とそれを耕す人びとにとって、彼らが最善だと理解していることを私たちも信頼できるようになることです。生産過程が私たちの価値観に沿っているかどうかは、お察しのとおり、現地に行って自らの目で確かめることです。

ダンデライオンはフェアトレード認証のチョコレート・メーカーだと思われているようです。私たちのビジネスはフェアだと信じていますが、フェアトレードの認証は受けていません。というのも"フェアトレード"は倫理的で環境に優しい購買基準を持つビジネス全般を表す言葉になっているからです。これは「フェアトレードUSA」が周知された認証団体であり、よく浸透していることが一因です。この"フェアトレード"というのは文字通りブランドであり、消費者が道徳に見合った流通の中で商品を買いたいと望んでいる証ともいえます。

第三者による認証とは、簡単にいえば盲信です。"商品を買う会社をあなたが調べる必要はありません、私たちを信用すればいいんです"というわけです。不透明で複雑なサプライチェーンの中にある大企業と、そこから商品を買う懐疑的な消費者にとって、それはかなり都合のいいことです。その認証は"この砂糖はブラジルの農園で劣悪な生活環境の労働者によって作られたものではありません"とか、"このバナナはエクアドルのジャングルの生態系を破壊する農場で児童労働者によって収穫されたものではありません"などと伝えているのです。あなたがディズニー映画の悪役でない限り、これはよいことだといえますね。"認証"とは詳細を知る必要はなく、誰を信用するかを選ぶことを意味します。では、どうやって選びますか。単に聞いたことがあるからという理由で、名前を知っている認証団体を信用したりしますか。

その認証団体があなたの懸念を晴らしているかどうかを判断するのは非常に難しいことです。ところが、消費者は飛躍して考えるのに慣れています。近所のお店で売っているバナナが栽培されている農園を調査するには、エクアドル行きのチケットを買う以外に方法はありません。バナナの調査にエクアドルに行くのは不可能ではありませんが、買うものすべてになるとおおよそ278年（？）も旅に出なくてはいけない計算になります。そんなことに時間とお金をかけられる人はまずいないでしょう。

150-151頁見開き：カカオ豆の最終品質を選定する。ココア・カミリ、タンザニア

左頁：収穫に出かける

THE INGREDIENTS 153

品質とその向上が大切である理由

フェアトレードやオーガニック認証にはさまざまな種類があり、それらの規定は安全な労働環境であるか、適正な生活賃金であるか、環境に配慮しているか、など多岐にわたります。ところが、カカオ豆の認証に関しては実用的な品質基準はありません。

私たちは認証機関の査定を高く評価しています。しかし、たったふたつの原材料からバーを作る小さなチョコレート・メーカーとしては、味のよいカカオ豆を購入することも非常に重要です。社会的または環境的責任感を持っていても質のよくない豆を作る生産者は、私たちにとってサステナブルなパートナーではありません。質の悪いカカオ豆を使えば私たちのビジネスも不安定になってしまい、生産者にとってもよい結果は招きません。フェアトレードは生産者に適正な価格を払うことで、多くの人びとを助けてきました。カカオ豆の相場は1トン当たりおよそ2,200ドルですが、フェアトレードではそれよりも200ドル以上高い価格を支払っています（2017年1月時点）。しかし、私たちのような小さなクラフトチョコレート・メーカーはフレーバーのよさを重視するので、良質の豆にはさらに高い対価を払います。2015年、私たちが1トンの豆に支払った平均価格はおよそ5,932ドルで、当時の世界市場の平均である3,130ドルよりも1トン当たり2,800ドル以上高い価格です。これはフェアトレード・プレミアム（奨励金）の10倍以上に相当しますが、それよりも重要なことは、良質の豆に対する市場価格の設定に貢献したことでしょう。2015年から2017年1月までの平均価格の差にお気づきでしょうか。市場が変動しやすいときは、市場価格に上乗せするフェアトレード・プレミアムの金額もあまり高くなりません。ですから、生産者を経済的に援助するには、彼らが品質管理に重点的に取り組めるようサポートすることが鍵になります。生産者が良質な豆を提供できれば、万が一、私たちのファクトリーがダメになっても、彼らのカカオ豆はほかのクラフトチョコレート・メーカーに高値で販売することができ、仕事が安定するからです。

それに関連して、クラフトチョコレート・メーカーが生産地を訪れることは、生産者たちの豆作りの質を向上させ、高い価格をもたらす機会になります。カカオを調達する人が生産地を訪れると、おそらくカカオ豆を育てている農家よりもカカオ農園の多様性に遭遇するでしょう。多くの生産者にとって彼らが考えつく唯一の発酵ボックスは、彼ら自身が考案したものか近隣の農家が作ったものです。たとえば、私たちのパートナーであるタンザニアのココア・カミリは自分たちで作るまで発酵するための道具を実際に見たことがなかったといいます（彼らはマヤ・マウンテン・カカオのウェブサイトで写真を見て多くを学んだそうです）。私はどの分野の専門家でもありませんが、時間が許す限り旅をして、見たり学んだりしたことを訪問先の農園に伝え、パートナーの具体的なニーズや課題に応じてフィードバックすることはできます。ホンジュラスのフンダシオン・ホンデュレーナ・デ・インベスティガシオン・アグリコーラ（通称FHIA）のように簡単にボックスを空にできる乾燥棚を手順に取り入れた体験談に興味がある生産者がいるかもしれません。湿気が多い地域の生産者には、ベリーズのマヤ・マウンテンのように豆の乾燥を保つためグレインプロ（GrainPro）の空気や水分を通さない袋が役に立つでしょう。カカオ豆の生産者たちは常に解決策を求めています。たとえば、グアテマラで湿気に悩んでいる生産者がいればドミニカ共和国で成功している豆の乾燥方法を教えることができます。そのため、私は常に携帯で写真を撮り、それを困っている生産者に見せています。いわば、私が媒介者となるのです。毎回正しい情報や知識を伝えられるとは限りませんが、何かしらの情報をもたらすことはできます。

また、パートナー同士を結びつけることもできます。私たちは作況が芳しくない年に収穫前の融資をしたり、あるいは発酵実験が私たちの作るチョコレートにどのように影響したかフィードバックすることはできますが、カカオ豆の生産についてもっとも詳しいのはカカオ豆を実際に育てている人たちです。ですから、豆の品質を向上させる（生産者にとっては価格と需要を上げる）ためには、臨機応変に対応すること、そして相互扶助のネットワークを強化することがより効果的だと考えています。

1. ココア・カミリのチームが自分たちの生産物を検査する　2. 乾燥した豆からバナナの葉を取り除くグラディス・シャナ　3. 豆をカットして発酵状態を確認するヘリベルト・パレーデス・ウレーニャ

立証責任

認証に対する私たちの姿勢は、パートナーたちの姿勢に大きく影響されます。認証の役割とは消費者のサプライチェーン・リテラシーの不足を補い、何を購入すべきかを助けるものです。消費者が認証を理解できれば、認証者が信頼するすべての生産者は、即座に信頼があると見なされ、生産者のすべてを知る必要はありません。しかし、それは"認証は消費者のために作られている"ということでもあります。では、生産者側はどうでしょうか？

もし、一緒に働く生産者たちが認証に関心を持ち、私たちにも同調するよう求めたとしたら、喜んで協力するでしょう。しかし、現実は違いました。認証を受けているパートナーでも、認証に対して肯定的な意見を持つ生産者はあまりいません。あるカカオ生産者とシアトルのパイク・プレース・マーケットを歩いていると、"りんごジュース"と書かれた看板を見て彼の目は輝きました。ところが、その看板に書かれた"オーガニック認証"という文字を見るなり、「くだらない、あいつらにどれだけ金を払ったことか！」と吐き捨てたのです。

認証には高額な費用がかかり、ほとんどの場合生産者たちがそれを支払います。つまり、世界でもっとも貧しい人びとが信頼できる方法で生産していることを消費者に証明するためにお金を払っているのです。どんな種類の認証も高額で、農業のようにリスクが高く採算が低い仕事にとってはかなり厳しい額です。農薬を使わず輪作し、責任ある土地の管理や畜産をおこない、生物多様性を保全しているブラジルの農家がわざわざオーガニックの認証を獲得する必要などありません。認証を受けるのは、市場へのアクセスを増やすためだけです。労働行為に関して奴隷労働者を雇わず、労働者に対して公正な賃金を払っている生産者にとって、認証とは彼らがそれを知っているという証明に過ぎません。だとしたら、なぜ生産者が認証に対してお金を払う必要があるのでしょうか。生産方法を知りたいと思っているチョコレート・メーカーや消費者たちが支払うべきではないでしょうか。

一方で、生産者のために認証の費用を支払うチョコレート・メーカーやコーヒー・ロースターを信用できないと思うかもしれません。それは世界でアグリビジネスを展開するモンサント（Monsanto）社が、環境や人の健康について影響を及ぼす作物の研究をするために雇った科学者を信用しないことと同じです。それでも、生産者たちは認証の基準を満たさないといけませんが、消費者にとっては利害関係の衝突と映ります。では、どうしますか？ 板挟み状態ですね。

私たちはみな信用したいはずです。不信感に対抗する唯一の方法は情報であり、その透明性が重要になります。私たちはお客様に対して何に気をつければいいか話すべきではないと考えています。代わりに私たちはソーシング・レポートをウェブサイト上に発表し、私たちが生産者にどれだけ支払い、生産地への訪問で何を学んだか、などの情報を公開しています。判断はみなさんにお任せします。チョコレートバーに使われた豆に関する質問のために、ソーシング担当者の名前（通常は私です）をバーに記載しているので、質問があればグレッグまでお問い合わせください。私たちのチョコレートを購入するときには、あなたの価値観と私たちのカカオ豆の購入に対する哲学を比較してください。そこで満足していただければうれしいですが、そうでなければ、あなたに合うチョコレート・メーカーを見つけるといいと思います。

生産者がどのように栽培し発酵しているかを知りたければ、自分たちで調べる、それが私たちの考えです。先ほど話したように、「私たちが欲しいのはこれです」と生産者に最初から伝えることは好みません。それは認証のやり方です。私たちは生産地を訪問するために予算を当て、生産者と良好な関係を築くことに投資します。結局、私たちにとって信頼を築くことがすべてで、紙一枚で信じることではありません。私たちはお客様や生産者との信頼を築きたいのです。私たちが生産者を信じ、お客様も私たちを信じることができれば、それがお客様が私たちのパートナーである生産者を信じることにつながるでしょう。

1. マイケル、ライアン、グレッグ、シムランが適正な豆のサイズについて議論する　2. カカオ豆に囲まれてくつろぐグレッグ、パール・ウォングとマイケル・デ・クラーク

原材料

ここでは、よいカカオ豆と砂糖の特性について考えてみましょう。

ふたつの原材料から作るチョコレートのフレーバーは、豆のフレーバーに大きく影響されます。そして、豆のフレーバーはおもに4つの要素で決まります。テロワール、遺伝子、発酵、乾燥です。それぞれの要素の役割はしばしば議論（ときに激しい議論）のテーマになりますが、そのたびに私たちは学んでいます。ダンデライオンでの信条は、農園や発酵所の訪問、サンプル豆のテイスティングや、チョコレートバー作りの経験に基づいています。つまり、私たちは多少の経験と理論を持っていますが、論証するデータはそれほど大量にあるわけではありません。

私たちのカカオ豆の購入先は、ほとんど毎年同じです。そのため、毎年同じ木から収穫された同じ豆、変化するのは収穫量だけです。私たちが最初に購入した豆はマダガスカルのバーティル・アケッソン農園のものでした。その年以来、私たちは毎年彼らの豆をコンテナで購入しています。収穫の時期になると、彼らは同じ木から豆を収穫し、同じ方法で発酵や乾燥をおこない、船便で私たちの元へ届けてくれます。それでも、彼らの豆は前年とは違う味わいがします。おもしろいと思いませんか？ 多くの工程を管理し、毎年同じ方法を採用しているのに味が違うのです。私たちは天候がフレーバーに大きく関わっていると考えています。大量の雨が降ったのか、昨年よりも暑かったのか、多くの疑問が浮かんできますが、私たちは科学的にその疑問に答えを出すことはできません。ひとまず、カカオ豆のフレーバーには何が影響するのかという基本から始めたいと思います。

1. カカオポッドの多くは木の幹になる　2. レピド・バティスタ農園の接ぎ木、ドミニカ共和国

COCOA BEANS
AND THEIR FLAVOR
カカオ豆とそのフレーバー

第2章でカカオ豆のことについて少し学びましたが、ここで基本をおさらいしましょう。カカオ豆は、カカオの木（美しいけれど風変わりな木です）に実をつけるポッドと呼ばれる果実の種子です。ポッドはさまざまな形をしていて、ぷっくりと膨らんだもの、丸みを帯びたもの、黄金色のもの、細長いもの、深い溝が入ったもの、緑色のもの、またそれぞれの特徴を併せ持つポッドもあります。種子そのものはポッドの内側の厚くて甘い果肉に包まれています。自然の環境では、動物たちが果肉を食べるために野生のポッドにかぶりつきます。苦い種子は食べないので無傷の種子が地面にまき散らされ、種子は主根が育ち、残りの部分を地上へ押し上げます。やがて種子が割れて子葉になり、葉が光合成で栄養分を供給できるようになるまで植物に栄養を与えます。カカオの木は通常実をつけるまで3年から5年かかります。そこまで成長して初めてポッドを収穫することができます。

遺伝子的特徴とテロワール

カカオ豆の遺伝子がフレーバーに影響することは確かですが、実際にどのくらい影響するのかははっきりしておらず、遺伝子が豆の品質を保証するわけでもありません。しかし、ソーシング担当にとっては状況を知るのに役立ちます。

長い間、テオブロマ・カカオ（カカオの学名）はクリオロ種、トリニタリオ種、フォラステロ種の3つに分類され、それぞれ特有の評価がありました（今でもあります）。クリオロ種は繊細で良質なカカオ豆。フォラステロ種は収穫量が多く、トリニタリオ種は両方のハイブリッド種です。よいフレーバーと病気や害虫に強いトリニタリオ種は、18世紀にトリニダード島で多くのカカオの木が枯れたときに、クリオロ種とフォラステロ種（特に派生種のアメロナード種）の交配種として誕生しました。

そして2008年、J. C. モンテマヨール率いるチームが新基準を設定するため、徹底的な調査をおこないました。研究チームは実際に10の異なる遺伝子クラスターがあると結論づけました。これは一般的には"多様性"と呼ばれているものです（アメロナード、コンタマナ、クリオロ、クララィ、ギアナ、イキ

トス、マラニョン、ナシオナル、ナナイ、プルス）。それ以降も新しい品種が発見されています。多くの点でモンテマヨールはカカオの遺伝子の分類と新しい考え方を開示しました。正確には、この時点でカカオの木の遺伝子は広く拡散していたため、たとえばマラニョンなら"この木はほかの遺伝子よりもマラニョンの遺伝子の比率が高い"というように使っていました。でも、"アメロナードが強い"とか、"ナシオナルの比率が大きい"という言い方はふさわしくないので、単にアメロナードやナシオナルにとどめています。実際、私たちが使うカカオの木の遺伝子をテストしたところ、ほとんどの場合いくつかのグループが混在した遺伝子を持っていて、それはどのカテゴリーにも分類されていない固有のものでした（私は自称イタリア人ですが、遺伝子検査ではイタリア人の因子はわずかだということと似ています）。

カカオの木には絶え間なく遺伝的変異が生じていますが、その変異は大きくふたつの種類に分類できます。自家和合性と自家不和合性です。自家和合性の木は自家受粉で正常に受粉し、自家不和合性の木は他種の木からのみ受粉します。花粉を運ぶのはユスリカと呼ばれる小さなハエです。別の遺伝子情報を持つ木の花粉をユスリカが雌しべに落とし受粉します。その花がやがてカカオポッドになりますが、その中の豆はそれぞれ異なる花粉からできたものです。そのため同じポッドの豆でも異なった色合いの紫色になるのです（白から濃い紫まで幅広いです）。一方、ハスクとポッドのパルプは親木から作られるので、すべてのポッドは親木と遺伝子が一致しています。

チョコレート・メーカーとしての私にとって興味深いのは、まったく一貫性なく多様に進化したカカオの木の、変わらない部分について考えることです。

1. ポッドを割って開けると、豆は胎座にくっついた状態でパルプに覆われている　2. 若いポッドと古いポッドが同じ木になっている　3. ポッドは収穫したあと1日休ませる　4. カカオの花は美しく、小さい。指の爪くらいのサイズ

多くの生産者は木を単作して均質な豆を作ろうとしますが、最大1.6kmも移動するユスリカをコントロールすることはできないので、遺伝子情報はすでに広く拡散しています。しかし、この散乱した遺伝子情報がチョコレート作りを複雑で興味深いものにしています。私たちが取り寄せる豆は袋によってばらつきがありますが、遺伝子情報がびっしり詰まっています。私たちはそれらの特徴をもっとも引き出すために試行錯誤しているのです。

カカオの風味に遺伝子情報がどのように影響するかを説明するのがなぜ難しいかおわかりいただけたと思います。遺伝子とはそれ自体が複雑なクモの巣のようなものです。カカオの木が実をつけるまで数年かかるので、実験の結論が出るまではさらに長い時間がかかるでしょう。

私たちが思っている以上にその問題は複雑だということを認識していますが、毎年少しずつ理解を深めています。2015年、私たちはソルサル・カカオと協力し、特定の遺伝子情報を持った少量のカカオ豆（ひとつの苗床のポッドからの豆）を集めて実験しました。できる限り同じ条件で発酵させてダンデライオンに送り、通常のロースト・プロファイルでチョコレートにします。以前フレーバー・マネージャーだったミンダ・ニコラスが腕を振るって種類ごとにチョコレートを作りました。それをドミニカ共和国に持ち帰り、チョコレート・メーカーや豆の生産者、ソルサル・カカオのメンバーと試食したところ、驚いたことに繊維質で質が低いと思われていた木のチョコレートがおいしく、受賞歴がある白いクリオロ種（少なくとも彼らがクリオロ種だと信じていた木）はおいしくなかったのです。この実験は包括的なものではなく、ソルサル・カカオがどの木を植えるかを決めるために実施したのですが、同じ条件で作っても遺伝子によって味が変化するのはとても興味深い結果でした。発酵方法を変えればクリオロ種の魅力を引き出せたかもしれませんが、いずれにしても"よい"とされている品種に対してあまり先入観を持たないほうがよいことを思い知りました。それでも、私たちは遺伝子に関するデータを追求していて、いつかは客観的な真実を解明したいと望んでいます。カカオ業界では多くの誤った情報により真実が見えにくくなっている場合があるので、注意が必要です。あなたが昔ながらの業界に初め

て参入するなら、その業界の改善すべき慣習に気づくことは困難です。ですから、ゼロから始め、自分の体験を信じることです。クリオロ種が最上級のカカオ豆だという情報を信じるまえに、自分でブラインド・テイスティングをして判断するのです。

もうひとつの重要な考え方はテロワールです。テロワールとはワイン用語で、生産地が生産物に与える影響を指します。土の成分、日照量、ブドウ園周辺の植生、ブドウの育て方などのすべての要素がブドウの味に大きな影響を与えるという考え方でカカオにも役に立つものですが、そのまま当てはめるのは難しいところもあります。

私たちは多くのフレーバーや産地から一般的なイメージを抱きます。エクアドルの豆はフローラルな風味、ベネズエラの豆はスパイシー、マダガスカルの豆はフルーティーといったように。ある地域の中では、遺伝子は類似性を持つことが多いとされ、こうしたイメージが正しい場合もあります。苗木や穂木（24時間しかもちません）や採れたての豆を遠い場所に運ぶことが難しいからです。カカオの木の種が自然に移動するには長い年数がかかるので、その土地に何世紀も根づいた豆の種類と味の特徴に関連性があるのは不思議ではありません。

私は国単位で豆のフレーバーを定義することに疑問を持っています。実際にその土地へ足を運び、地政学的な境界は関係なくても、農業法には国境があるという事実に気づきました。コロンビアとベネズエラは隣接していますが、ベネズエラの農家同士で穂木をシェアするほうがベネズエラからコロンビアに持っていくより法的に簡単です。興味深いことに、これは地政学的な境界がフレーバーに影響することを意味します。また、一般的な通念の問題もあります。マダガスカルの豆はフルーティーだといわれていますが、私たちはアケッソン農園以外のマダガスカルの豆をほとんど知りません。マダガスカルの豆がフルーティーだからアケッソン農園の豆もフルーティーなのか、それとも有力な農園からその評判が広まったのか、どちらなのでしょう。これを解明するには、その豆の生産地で長い時間を過ごして、たくさん質問をする必要があります。それでも疑問は解けず、結局は本で調べることになるのです。

164-165頁見開き：ある農家で育てられたポッド。数個のポッドから採取した種で育てられた。数個のポッドからここまでの多様性があらわれる

クリオロ種とCCN-51に
まつわる真実

クリオロという言葉には複雑な植民地の歴史があります。話す人と場所によって意味はまったく異なりますが、大切なのはスペイン語の"ネイティブ"という言葉に由来していることです。カカオ豆を購入するアメリカ人やヨーロッパ人にとってクリオロとは、白い豆が採れる特定の品種を指します（ほとんどのカカオ豆は紫がかった色です）。一方、ペルー北部やエクアドルの生産者にとっては、その地域固有のカカオ豆やそこで長い間生育している豆を意味します。生産者が指すクリオロと、カリフォルニアのバイヤーが考えるクリオロとは遺伝的特徴が一致しない場合もありますが、どちらも間違いではありません。同時にクリオロは広告表現であり、遺伝的分類であり、口語的な呼称でもあります。カカオ業界でこの言葉をひとつの意味で用いるのは誤解した使い方です。

しかし、なぜクリオロに惹かれるのでしょうか。白い豆は劣性形質で、木々が同系交配するとその形質は世代を超えて強まります。同系交配した木々は遺伝的な多様性に乏しく、病気への抵抗力が弱いため、希少性が高くなります。

クリオロ種が優れた豆であるという評価を確立した理由はさまざまです。古代メソアメリカ人の信仰や、近年の調査でわかった別の理由もありますが、それは理由の一部にすぎず、私たちの経験からは希少性が関心を集めていると考えています。白い豆は繊細なフレーバーを持つ傾向があり、発酵が軽い場合（もしくは軽すぎた場合）、紫の豆よりも刺激が少なくなります（紫の豆はかなりビターになります）。白い豆がステータスを得たもうひとつの理由は、軽い発酵に慣れていると、クリオロ種が最高だと感じやすい傾向にあることです。概していえば、たくさんの豆をテイスティングした結果、私たちの好みはほぼ白い豆ではありません（それらが本物のクリオロ種かどうかは別にして）。私たちは、人によって雑味と感じるようなどっしりと大胆なフレーバーを好みます。白い豆にはこのようなフレーバーはありません。白い豆が悪いのではなく、私たちが求めているものではないだけです。このことは大勢の好みを聞くよりも、あなたの好みのゴールや方向性を設定するうえでよい教訓となるでしょう。

評判の面でクリオロ種の対極にあるのはCCN-51かもしれません。チョコレートオタクか、カカオ生産者、もしくは植物学者でもない限りこの言葉を耳にしたことはないと思いますが、もし聞いたとしても悪い評判でしょう。味も悪く、土壌をダメにし、代々育ったカカオを絶滅させるといわれています。しかし、以前出席した会議では、専門家たちがCCN-51はすばらしい成功例で、世界中に広めるべき品種だと語っていました。なぜこんなにも愛され、また逆に嫌われるのでしょうか。多くのカカオ生産国はそれぞれにこの問題を抱えていますが、生産性のために選ばれ単作栽培されているクローンに関してほとんど報じられていません。そこで私は意見が対立する原因を究明する価値があると考えました。

カカオの遺伝的進化をかいつまんでお話ししましょう。1960年代のある時期、農学者のオメロ・U・カストロは、生産性が高く病気に強いハイブリッド種を見つけるため、カカオの異種交配をしていました。成功した多くの交配のなかで、51番目の交配がもっとも耐性が強く、生産性が高いと判断されました。この種は彼の名前とエクアドルの地名にちなんで、コレクション・カストロ・ナランジャルと名づけられました。クローンは一般的に英字3文字と数字で表記されるためCCN-51となり、やがて生産者たちは農園でCCN-51を栽培し始めました。CCN-51は農家にとって必要な要素を併せ持っていました。高い生産性（ナシオナルに比べて3倍）と、てんぐ巣病やモニリア病のような病気に対する抵抗力があるのです。

この本を執筆している時点で、エクアドルはCCN-51によって世界4番目のカカオ生産国になっています。多くの人がCCN-51は大きな成功であり、その目的を達成したというでしょう（現にそういっています）。CCN-51はエクアドルのカカオ生産量を増やすことに貢献し、ほかの国々もそれにならいました。エルニーニョの年、提携農家では湿気のためカカオに病気が蔓延しましたが、CCN-51のおかげで切り抜けることができたそうです。

一方で悪い評判もありました。大量生産を可能にしたCCN-51ですが、風味はよくなかったのです。発酵後の

THE INGREDIENTS　167

未熟なCCN-51のポッドはとても魅力的

CCN-51は酸味が強く、土臭く、とてもおいしいとはいえません。この事実に気づいたころには、エクアドルで大切に育てられてきたナシオナルの木はCCN-51に取って代わられていました。カカオのハイブリッド種に関する話題がニュースの見出しに載るようなことは通常ありませんが、CCN-51はスレート（Slate）やウォール・ストリート・ジャーナル（Wall Street Journal）、ブルームバーグ（Bloomberg）やナショナル・パブリック・ラジオ（NPR）で取り上げられました。主要メディアは、繁殖力が強く生産量の多いハイブリッド種が土地の固有種を締め出す様子をある物語になぞらえました。CCN-51がゴリアテで、生産力の低いハイブリッド種がダビデです。CCN-51は風味における価値を証明する機会がありませんでした。実際、適切な方法で加工すればCCN-51はおいしくなるのです。CCN-51はパルプが多く品質も違うため、ナシオナルの豆とは根本的に異なります。にもかかわらず、ナシオナルと同じ方法で発酵されてきたため風味が乏しくなっていたのです。このことを解明するための資金と労力が最近まで注がれていませんでした。

　カストロ博士がCCN-51を開発した際、フレーバーを重視しなかったのは意外なことではありません。耐病性や生産性は簡単にテストできます。このようなプロジェクトは政府や非政府組織（NGO）に資金援助を受ける場合があり、どちらも農家の収益が上がることをおもな目的としています。かつてカカオ農家が収益をあげるには、限られた土地で量産するしかないと考えられていましたが、この考え方が見直されました。近年、政府やNGOなどの組織が、彼らのカカオにクラフトチョコレート・メーカーが興味を示すと気づき、メーカーとコンタクトを取り始めました。高品質でおいしいカカオの生産が農家の収入を増やし、自国の評判とプライドを高める機会にもなることを理解し始めたのです。

　幸い、CCN-51の評判は変わりつつあります。クローンが土地に定着すると、多くの生産者は発酵方法を変えてフレーバーの改善を試みました。エクアドルのカミーノ・ベルデのビセンテ・ノレロは最適なCCN-51の発酵方法を見つけました。CCN-51はパルプを多く含んでいるため、パルプを乾燥させることで発酵のサイクルを短縮したのです。2015年、チョコレート・メーカーや生産者が集うノースウェスト・チョコレート・フェスティバルにおいて、エクアドルのアグロアリバ（Agroarriba）のケイト・カヴァリンとアトランティック・カカオ（Atlantic Cocoa）のダン・ドミンゴが、CCN-51とスタンダードなガーナのサンプル豆（"チョコレートらしい"サンプルは、味覚テストでよく使われます）のブラインド・テイスティングをおこなうと、CCN-51は驚くほど好ましいという評価を獲得しました。これぞブラインド・テイスティングの醍醐味です。先入観を捨てて新しいことに挑戦すると、どんな発見があるかわかりませんよ。

　果たしてCCN-51はよい豆なのか、それとも悪い豆なのでしょうか。カカオの品質とフレーバーに関してよくある質問ですが、その答えははっきりしません。コモディティ・カカオ市場に出荷する生産者とスペシャルティ・カカオ市場に出荷する生産者とでは、求めるものが異なります。農家の人に何を育てればいいかと聞かれたら、豆を売る相手を選べば何を育てるべきかわかるとアドバイスします。カカオのクローンや収穫後の加工がフレーバーに与える影響を理解するのは険しい道のりです。ですから、何ごとも鵜呑みにしないこと。それがカカオに携わるおもしろさでもあります。ルールは日々変わり、優劣の定義も見直されています。以前に比べて農家に多くの選択肢があることに人びとは気づき始めています。

THE INGREDIENTS

種から育てた苗と接ぎ木

豆にはそれぞれ遺伝的特性があるため、固有の木を形成するとお話ししたことを覚えていますか。野生の遺伝的変異が起きる要因はいくつかありますが、カカオの木の栽培方法が関係しています。農家はカカオの苗を種から育てるか、もしくは接ぎ木をします。優秀なソーシング担当者なら、接ぎ木された木と種から育った木を区別することができ、それらに対してはっきりとした見解を持ちます。その情報を手がかりに、訪問した農園が提供する豆の遺伝子が単一かそうでないかを判断します。

種からカカオの木を育てる場合、親木の遺伝的特徴をコントロールすることはできません。操作するには手でパーツを組み合わせるしかないのです。

接ぎ木はカカオの木の根と葉が同じ木に由来する必要がないという特性を利用するものです。つまり両方のいいところを選び、基本的にはそれをくっつければいいのです。まず、生産者は接ぎ木の根の部分となるカカオの種を植えます。これが"台木"です。次に、別の木から"穂木"と呼ばれる枝を切り取ります。これは"接ぎ穂"とも呼ばれ、風味や生産性、果実の大きさ、また耐病性において優性なものが選ばれます。そして樹皮と硬い木部の間にある形成層同士が接触するようにして穂木を台木に接ぎ合わせます。接ぎ木にはさまざまな方法がありますが、よく見かけるのは"割り接ぎ"で、穂木の先をくさび形に削り、V形に切り込みを入れた台木に挿し込む方法です。また、"芽接ぎ"と呼ばれる方法は、芽のついた穂木を切り口に合うようカットされた台木の一部に接ぎ合わせるものです。

環境と技術にもよりますが、接ぎ木の成功率は90%に達します。とはいえ、接ぎ木に課題がないわけではありません。自然に育ったカカオの木はかわいらしく、大きな屋根のように葉が広がっています。葉は均一に太陽の光を受け光合成し、根が水分を保つように影を作ります。カカオの木が自然に育つと、地面から約1mのところで枝分かれして、最終的に4〜5本の枝に広がります。接ぎ木した枝は枝分かれしません。穂木は木の幹でなく枝だからです。穂木はもとの台木の枝とまったく同じ形になり、同じ方向に成長していきます。接ぎ木された木が正しい形になるようにするためには、剪定が必要不可欠です。

接ぎ木のポイントは、遺伝的な一貫性を維持することです。すばらしい特性を持つ母樹を見つければ、1,000本の別の木の幹に接ぎ合わせることで、その特性を再現できます。しかし、自然を操作することには常にマイナス面が伴います。自然が多様化するのは生き残るためで、多様性を最小限に抑えられた作物は病気に感染しやすくなってしまうからです。

1本の台木から複数のクローンを作りたい場合、もっとよい方法は異なる種類の枝を1本の木に接ぎ木することです。かつてコロンビアで7種類のカカオポッドがなった木を見たことがあります。それはまるで絵本作家、ドクター・スースの研究のようでした。

接ぎ木した木は接ぎ木していない木よりも実がなるのが早く、3〜5年で実をつけ始めます。ところが、種から直接成長した木が2年で実をつけ、接ぎ木された木が結実するのにかなり時間がかかるという場所もあります。カカオ業界のすべてに当てはまりますが、さまざまな要素が絡み合うので、従来の常識はあてにならないということです。

右頁 1. 種から育った5段階のカカオの苗。豆は子葉になって、光合成ができるまで苗に栄養を送る　2. 何千もの苗木が接ぎ木の台木として育てられる。レピド・バティスタ農園、ドミニカ共和国

172-173頁 1. 穂木を苗木に挿し込むため削る　2. 接ぎ木された苗木　3. さまざまな発育段階の苗木　4. レピド・バティスタ　5. カカオの木の成長には日陰とスプリンクラーが欠かせない

発酵と乾燥

　カカオ豆のフレーバーに影響を与える要因のなかで、もっとも細かく調整できるのは発酵と乾燥です。発酵するまえのカカオ豆は一般的に紫色をしていて、苦味が強く、ほとんどの部分はおいしくありません。つまんで食べたいとは決して思わないでしょう。そこで発酵するのです。木から収穫されたカカオポッドはふたつに割り（マチェーテと呼ばれるなたや石を使います）、胎座（ポッドの中にある的確ながら魅力のない名前の軸）から取り除かれた豆が集められます。カカオの発酵方法は、堆積したり麻袋や木箱を使用するなど、いくつかの方法がありますが、提携している生産者たちのほとんどは木箱で発酵させます。木箱に豆をどさっと入れ、1〜2日おきに攪拌します（あるいは箱の位置を入れ替えます）。豆はこの段階では甘くてフルーティーなパルプと呼ばれる果肉に包まれています。このパルプがあるからこそ、集められた豆は3〜7日かけて現地の暑い気候で発酵するのです。酵母の働きでカカオ豆を覆うパルプ（正確にはパルプに含まれる糖）がアルコールに変化します。そして適切に酸素が取り込まれると（このために箱を入れ替えます）、酢酸菌の働きで酢酸になります。酸は豆に浸透し、苦味のあるアルカロイドを風味のよい化合物に変換します。豆を発酵させなければ、私たちが知るチョコレートの風味は生まれません。すばらしいチョコレートづくりのもっとも重要な工程が発酵なのです。

　では、何が発酵に影響を与え、何が豆のよしあしをつくるのでしょうか？　考えられる要因はたくさんあります。発酵時間の長さ、木箱の大きさ、箱に入れる豆の量（発酵を進めるための熱を維持するには最低300kg必要です）、箱の中の隙間、あるいは衛生状態も関係があるかもしれません。

　乾燥も収穫後の重要な工程です。実のところ、豆の内部の酸は蒸発するまでフレーバーを変え続けるので、実際には乾燥は発酵プロセスの延長といえるでしょう。発酵が終わるとカカオ豆を乾燥させます。コンクリートの中庭に並べ熊手でかきならして天日干しにしたり、雨よけの下に置いた長い乾燥台に豆を広げたり、パプアニューギニアのように湿度の高い地域で

1. タンザニアの農園、ココア・カミリで発酵ボックスの中身を空にする様子
2. ドミニカ共和国の発酵所、オコカリベでかき混ぜられる豆　3. 発酵ボックスはパルプを流し出すための穴が必要。サイドには豆を覆うために葉を敷き詰める。整然と並ぶボックス

174　MAKING CHOCOLATE

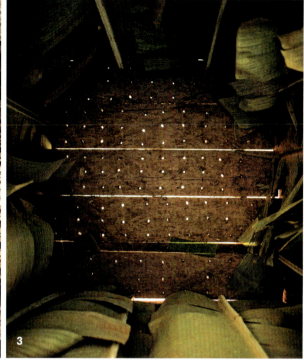

は乾燥機を使ったりします（一般的に熱源と空気の流れを利用します）。乾燥の速度によって酸の破壊（言い換えれば、フレーバーを向上させること）をコントロールできます。しかし、豆の乾燥に時間がかかりすぎるとカビが生えるため、バランスを取る必要があります。乾燥の初日に豆が熱くなりすぎると、いくつかの酸が豆の内部に閉じ込められてしまいます。反対に、豆の温度が低いと水分が多すぎてカビが生えます。興味深いことに地域によって課題は異なります。ベリーズのマヤ・マウンテン・カカオの最初の発酵所は、もともと湿地だった場所に建てられたため、豆を完全に乾燥させるのは困難でした。一方、ココア・カミリがあるタンザニアは非常に暑くなるため、わざわざ乾燥を遅らせる技術を開発しました。

ティサーノのパトリック・ピネーダから教えてもらった方法ですが、ソーシング担当者として、豆の発酵と乾燥の状態を見極める方法を紹介しましょう。乾燥した豆の袋の側面を叩くと、発酵が十分なら硬くてエアポケットがあるためコインが入った袋のような音がします。もし発酵や乾燥が不十分なら鈍い音になります。

提携したいと思う生産者が作った豆のチョコレートが好みでなく、収穫後の工程を改善すればフレーバーがよくなると考え

たとき、私は信頼できる友人で発酵の専門家であるダンに相談します。ダン・オドハティは、ハワイに拠点を置くカカオ関連のコンサルタント会社、カカオ・サービス（Cacao Services）の創設者で、最前線で活躍する発酵の専門家です。私たちが知っている優秀なカカオ農家の人たちも豆の品質を向上させるため、彼に助言を求めています。ほとんどの生産者や発酵所の人たちは、住んでいる地域以外の発酵所や農園に行ったことがありません。そのため経験や情報を提供してくれるダンのような存在は非常に貴重です。私たちが持つ知識はほとんど彼から学びました。私の説明はこのくらいにして、ここからは彼に発酵のすばらしさを詳しく紹介してもらいましょう。

ダン・オドハティに聞く
発酵の基本

Q：カカオの発酵について、どのように学んだのですか。専門の学校があるのでしょうか。

A：専門の学校ではありませんが、それに近いかもしれません。ハワイ大学の大学院で植物学を研究していたとき、学校の中庭にカカオの実がなっていました。当時の私はいつ実が熟すのか、その実をどうするかなど何も知りませんでした。親しい教授を通してカカオの木について知り、収穫時期や発酵の方法などを教わりました。そのとき、カカオがどのようにしてチョコレートになるかをほとんどの人は知らないことに気がついたのです。

学位を取得したあと、熱帯農業の研究を始めました。それ以来、カカオと発酵に夢中です。幸運にもハワイはアメリカで唯一カカオを栽培している州なので、発酵について学ぶのに最適な場所でした。放置されたカカオ農園を見つけて手を入れ、自宅のガレージを改造して発酵と乾燥用のラボを作りました。そこには温湿度が調整できる部屋、木箱、そして観察機器を備えています。裏庭のラボをフル活用して、発酵の基本を独学で習得しました。かすかな香りや見た目、発酵ボックスを入れ替えるタイミングや発酵が完了したことを示す手がかりなどをひとつひとつのバッチを通して学びました。

Q: 発酵中のカカオ豆には何が起こっているのですか?

A：最初の段階からお話ししましょう。まず、収穫されたばかりの豆を木箱に入れるか山積みにし、バナナの葉で包んだり覆ったりします。カカオのパルプは甘味と酸味があり、酵母の成長を促すのに効果的ですが、腐敗を引き起こすバクテリアにとっては有害なものです。酵母はどこにでも存在しています。カカオを発酵ボックスに入れるとき、周辺に生息する酵母が生産者の手を介して入り込むのです。これは使い古したカカオの木箱だけでなく、新しい木箱でも豆が急速に発酵することからわかりました。

発酵の初日、酵母はゆっくりと安定して増殖しますが、翌日になると匂いを伴って飛躍的に増殖が進みます。遠くからでも酵母の匂いが感じられ、木箱の穴や割れ目から発酵で生じた泡が噴き出します。この段階で酵母はパルプの糖を発酵させ、発熱化学反応によってエチルアルコール、二酸化炭素、熱を生成しています。このとき、木箱の内部温度はおよそ27℃から32℃〜35℃の間まで上昇します。すると、酵母の成長が遅くなるので、この時点で豆の位置を入れ替えます。

木箱の豆を別の木箱に入れ替えるとき（あるいは山積みにした豆を撹拌するとき）、パルプが直接空気に触れます。するとこのアルコールと酸素を含む新しい環境に好気性細菌が住みつき、アルコールを酢酸に変換し始めます。強烈な酢の匂いでこの反応が起こっていることがわかります。

はじめはシャープで強い匂いがしますが、発酵が進むにつれて尖った酸味が薄れ、リンゴ酢のようなフルーティーな匂いになります。好気性発酵では化学反応が起こって強く発熱し、木箱の内部温度は50℃近くまで急上昇します。酢酸と熱がカカオ豆の細胞組織を破壊して細胞の境界壁がなくなると、豆のすべての成分と化学物質が混ざり合います。これにより酵素反応と化学変化が起こり、チョコレートのフレーバーの元となる物質が生成されます。このフレーバーは焙煎と加工の工程でさらに熟成します。

好気性発酵が終わりに近づくと、不快な匂いや風味の原因となるバクテリアやキノコ類といった菌類が繁殖しやすい環境になります。これらの微生物は冷たくて乾いた状態を好みます。約1週間の発酵が終盤に近づく頃、発酵ボックスの隅や底から不快な匂いが漂うなら、それは微生物が繁殖しているのです。

よい発酵には、発酵の妨げになる微生物を寄せつけずに、豆の中で適切な化学反応を促すことです。そのためには、まずしっかりとした箱を用意し、細心の観察力や注意深い管理が必要となります。発酵の科学的な基礎知識は確かに必要ですが、発酵は環境に左右されるため、最終的には作り手の経験や鋭い嗅覚が頼りになります。

Q: "よい"発酵かどうかをどのように見分けていますか。また、うまく発酵させるためのコツはありますか。

A: うまく発酵させるためにもっとも大切なのは、基本的な知識と優れた感覚です。まずはじめに、高品質なものを作りたければ、最初から高品質である必要があります。熟しすぎて黒くなっていたり、汚れやシミがあるリンゴを食べたいとは誰も思わないでしょう。それと同じことがカカオにもいえます。良質で新鮮なカカオと清潔で手入れされた箱を用意すれば、よい発酵の準備は完了です。慎重に収穫されたカカオを発酵させて、生産地ごとの適切な発酵レベルを見つけることがよい品質につながります。短時間でおいしくなるカカオもありますが、苦みや渋みを抑えるために高温での長時間発酵が必要なカカオもあります。

カカオ産業では発酵が重要視されていますが、工程の中心で肝心な部分である収穫後の乾燥は見過ごされがちです。乾燥の最初の数日間はカカオ豆はまだかなり湿っていて、太陽熱でカカオ豆内部の温度は発酵状態まで上がります。温度が臨界値に達するまで、化学反応とフレーバーの醸成は続きます。

発酵と乾燥を終えたカカオが箱から取り出される。タンザニアのココア・カミリにて

悪い発酵の例としては、はじめから品質の悪いカカオ豆が混ざっていたり、ずさんな管理や不十分な乾燥設備、悪天候などが挙げられます。残念ながら、コモディティ・カカオのマーケットでは品質のよしあしで生産者に報酬やペナルティーなどを与えることはありません。よいカカオを作る動機づけがないため、農家は工夫しようとせず、いつも決まった間隔で箱の位置を入れ替え、同じ時間で発酵しています。

Q: 見た目や味からカカオ豆がうまく発酵しているかを、どう判断すればいいのか教えてください。

A: 明確な答えはありませんが、参考にする基準はあります。腐ったようなカビ臭いフレーバーや、カカオ豆やチョコレートに含まれる乳酸がミルキーなヨーグルト風味だった場合、箱の位置を入れ替えなかったり、発酵が長すぎたり、管理がずさんであることが関係しています。このようなカカオ豆はダークブラウンやグレー、黒色で、ひどく不快な匂いがします。うまく発酵されたカカオ豆でも黒っぽくなったり、カビ臭く不快な味になったりすることがありますが、それは長雨や不十分な乾燥が原因です。

　とても酸味が強く、苦みや渋みがあるカカオ豆はたいてい発酵が不十分で、多くの場合、適切に乾燥すれば表面は明るい赤褐色になります。発酵が不十分な豆は特に酸性の香りで、カカオ豆の内側にしっかりと種子がくっついており、殻の表面はしなびています。

　十分に発酵し適切に乾燥させたカカオ豆は、酵母や酢酸を思わせる混じり気のない心地よい香りがするでしょう。一般的に、これらの豆は手で押せばすぐに弾けるほど丸々としており、表面は赤みがかっています。乾燥中、表面にわずかなカビが発生することがあっても、豆の中に浸透して内部の品質に影響することはほとんどありません。発酵不足を見分ける簡単な方法は、ハスクをはがして焙煎していない豆を食べることです。焙煎していないニブはクセがありますが、これは経験として役立ちます。一般的にうまく発酵された豆は、ローストされていない状態でも不快な渋みがありません。生産地によっては比較的苦みが強いものもありますが、加工によって苦みを抑えれば、おいしいチョコレートができます。とはいえ、生の状態で雑味がないよい豆こそ、熟練したチョコレート・メーカーの手ですばらしいチョコレートになります。

178 　 MAKING CHOCOLATE

十分に発酵したカカオ豆は固まりやすいので、バラバラにする必要がある

1. 網の乾燥台。オコカリベ、ドミニカ共和国　2. コンクリート製の乾燥パティオ、オコカリベ

3. 豆が可動式の乾燥デッキに集められる。ココア・カミリ、タンザニア　4. 乾燥デッキは、美しいが霧で湿った林のなかに位置する。乾燥を早めるため、ヒートランプを使用。ソルサル・カカオ、ドミニカ共和国

THE INGREDIENTS　181

未発酵のカカオ豆を
販売する

発酵、乾燥されたカカオ豆を売るのに加え、比較的少数の農家は"湿った"豆も売っています。カカオポッドから収穫したばかりの未発酵の豆です。カカオ豆はスペイン語圏で"ババ"と呼ばれる甘い粘液（だから湿っています）に包まれています。乾燥した豆を売る農家は、収穫した豆を自分たちで発酵、乾燥させます。一方、未発酵の豆の場合は複数の農家から収穫した豆を集め、まとめて発酵する業者に販売することになります。

これはいくつかの理由から重要な特徴といえます。そのひとつは、発酵場所をまとめると、複数の小作農家が育てたカカオ豆の品質や生産工程を生産者が改善できることです。発酵、乾燥などの収穫後の工程と栽培を分けることによって、それぞれを担当する人たちはひとつの作業に集中できます。収穫後の加工担当者は、豆を適切な量にまとめて発酵するなど、一貫性と品質をより専門化して管理することができます（大規模農園ではすべての工程を自分たちでおこない高品質なカカオを作ることができますが、それは多くの人員がいるからです。家族経営の小作農家ではそうはいきません）。

この選択肢は農家にとって有益です。カカオ収穫後に2週間もかける必要がなくなるので、収穫した豆をすぐに売って収入が得られます。このことは思いがけない出費が必要になったときにも役に立ちます。加えて、未発酵のカカオ豆の販売は、発酵に適した量（約300kgの湿ったカカオ）をそろえるために、熟した豆と未成熟の豆を合わせて収穫する必要もなく、適度に熟しているカカオポッドだけを収穫できるようになります。こうすることで、農家は品質のよい豆だけを発酵業者に販売し、業者は高品質でより価値の高いココアを作ることができます（カカオとココアはどう違うのかって？ よい質問ですね。48頁をご覧ください）。

世界中の豆の多くは、未発酵のままでは売られていません。ドミニカ共和国など限られた地域では、未発酵の豆を収穫後に加工業者に売るのが一般的ですが、ベリーズなどでは最近始まったばかりです。カカオ豆業者であるマヤ・マウンテン・カカオは、ベリーズ南部で未発酵の豆の販売を農家にすすめました。彼らを説得し古い習慣から移行する訓練をするうちに、農家自身が販売する際の金額やその頻度も確立されました。そして、高品質なチョコレート作りの品質基準を設け、農家が従来よりも少ない労力とリスクで高い報酬を得ることができるようになったのです。

右頁：1. カカオポッドを開けると、新鮮な豆が甘くて白いパルプに覆われている　2. 豆の糖密度は屈折計を使って計る。糖の量は発酵の状態に大きな影響を与える　3. ヨレーキー・ロンドンとファン・エニユリーが1日の重労働を終え、カカオ豆が積まれたトラックの荷台で家路に就く

184-185頁見開き：作業内容がわかるように、箱にはラベルが付けられている。ココア・カミリ、タンザニア

182　MAKING CHOCOLATE

THE INGREDIENTS   183

SUGAR: ALL SUGARS
ARE NOT EQUAL

砂糖: 砂糖はすべて同じではない

————————

いうまでもなく、カカオ豆はダンデライオン・チョコレートの主役ですが、私たちのチョコレートに使う原材料はふたつだけなので、もうひとつの材料についても何をどう使うか考える必要があります。

私は、カカオ豆のフレーバーを音楽プロデューサーがサウンドボードの上で周波数を操作するように考えています。やわらかなバイオリン・コンチェルトにはさまざまな低周波があり、旋律に合わせて低い振動を送ります。ヘヴィメタルを聴くと、周波数のスペクトルに興奮しますよね。仮にフレーバーの特徴が周波数だとすると、カカオリカーは大音量で周波数のかたまりが一斉に表れた状態です。それぞれが同時に大きな音を出しているので、シンセサイザーとバイオリン、チューバとドラムを聴き分けることはできないでしょう。これと同じことが味覚にも起こります。あなたの味覚や嗅覚が混乱したら、食べるのをやめて感覚を落ち着かせるか、フレーバーを弱める必要があります。音楽ならボリュームを下げますが、チョコレートの場合は砂糖で調整します。ただし、バランスが不完全で、フレーバーが控えめではないチョコレートに限ります（カミーノ・ベルデのカカオは100%のチョコレートバーにとても適しているので、これは例外です）。まず、砂糖を加えるとチョコレートバーに含まれるカカオ固形物の量が希釈されるので、チョコレートの強さは和らぎます。砂糖の甘さが強いフレーバーを打ち消すのです（私たちはコンチングによってフレーバーを弱めますが、これは別問題です）。

チョコレート・メーカーはカカオの風味を弱めるために、多くの材料を使います。砂糖、カカオバター、粉乳、バニラ、ココナッツパームシュガー、ハチミツ、ステビアなどです。困ったことに、これらの材料は独自のフレーバーを持っており、それがカカオをトーンダウンさせるという本来の目的を妨げてしまいます。できるだけ当たり障りのない、コンサートの途中で叫んだりして歌の邪魔をしない人が必要なので、その点できび砂糖は私たちが求めているものにとても近く、しかも人間は甘いものに対してとても寛容な（というか目がない）ので、好都合なのです。当初、私たちは自宅のキッチンで使っていたごく普通のハワイの砂糖でチョコレートを作っていました。おいしくて、

コストコ（Costco）で手に入るものです。これでダンデライオンには大手食品メーカーでの経験を持つ人がいないことがわかりましたね。

数年前、私たちはオーガニック・シュガーに切り替えることに決めました。オーガニック認証のためではなく、使っていた砂糖がヴィーガンに対応していなかったからです。そのコストコの砂糖は、多くの業務用砂糖と同様に不純物を取り除くために骨灰を使っているようでした。実際に見たことはありませんが、信頼できる情報でした。私たちはチョコレートバーに信用できない材料を入れたくなかったので、オーガニック・シュガーを試すことにしました。調べれば調べるほど、私たちは砂糖に詳しくなりました。種類ごとにフレーバーが異なることや、砂糖が人びとや環境に与える影響についてなどです。みなさんがよく知っている砂糖は、化学的にはスクロースといいます（そのほかにもフルクトース、グルコース、ラクトース、ガラクトースなどがありますが、一般的にテーブルシュガーはスクロースなので、ここでは区別せずに呼ぶことにします）。砂糖はココナッツ、ココナッツパーム、ビーツなどから取れますが、私たちはサトウキビを選びます。サトウキビから砂糖を取り出すには、まずトウキビを圧搾します。遠心分離機で泥や鉱物など高密度の汚染物質を取り除いたあと、水分を飛ばすために圧搾汁を煮立たせ、砂糖を結晶化させます。水分が蒸発するので、砂糖はかたまりになって凝結することはありません。それを袋詰めすれば完成です。砂糖をテイスティングすると、フレーバーの違いに気がつきますが、それは遠心分離の加減によるものと推察しました。"生"の砂糖や"未精製"の砂糖を店頭で購入するとき、その色が茶色がかっていることに気づくでしょう。私たちが使う砂糖も同じような色ですが、その色はスクロースに由来するものではありません。厳密には砂糖はスクロースだというのが正確だと思いますが、製造工程によって不純物のレベルは変わります。スクロースには甘さ以外のフレーバーはほとんどなく、不純物がわずかなフレーバーの違いになります。そのため、カカオ豆と同様、砂糖にどのようなフレーバーを求めるかを決める必要があります（私たちが砂糖の中の不純物といっているものを、製糖会社は"熟成した大胆なフレー

バー "と呼ぶことに疑問をもっているのですが)。

　ブラウニーやコーヒーに入れるなら、不純物は問題ではありません。むしろ精製された砂糖よりも、コクを加えてくれます。しかし、純粋な甘さを求めるとしたら、オーガニック・シュガーの一部はスクロースよりもフレーバーがあります。これらの不純物はチョコレートの中にさまざまな固形分を加えることになるため、チョコレートの粘度が高くなり、テンパリングが難しくなります。興味があれば、中白糖やデメララ、マスコバド糖などを探して92頁の提案を試してみてください。これらはすべて最小限に加工されたきび砂糖です。チョコレートの粘性を高めるアガベのような液体の人工甘味料は、チョコレートを作る機械を壊してしまいます。これは友人のスティーブ・デヴリエスが実際に体験したことです。試行錯誤の末、ジョン・ナンシーはハチミツを入れる方法を見つけました。これはチョコレート・アルケミーのウェブサイトで紹介されています。一番好きな砂糖を決める最良の方法は、それを使ってチョコレートを作ってみることだと私たちは考えています。

　とはいえ、サトウキビ以外の砂糖を使っているチョコレート・メーカーもたくさんあります。ココナッツパームシュガーは健康志向の人びとの間で人気があります。大量生産をおこなうメーカーの多くは、比較的安価で大量に手に入るてんさい糖を使用しています。チョコレートを作るときに大切なのは、はじめに目標を設定して、それに近づける努力をすることです。たとえば、ラスベガスにあるヘックス・チョコレート（Hexx Chocolate）では、ココナッツパームシュガーを使って幅広い種類のシングルオリジン・チョコレートを作ったり、使用するカカオ豆のフレーバーを生かすなどすばらしい仕事をしています。

　ダンデライオンではかなり純度の高い（完全な白砂糖ではありませんが）ブラジル産の砂糖を使うことにしました。おもな理由は、その生産者が環境に対しても経済的な面でも私たちと価値観が合い信頼できると感じたからです。徹底的にテイスティングをして何度もシュガーハイ（砂糖の過剰摂取による興奮状態）になった末、友人でトゥエンティーフォー・ブラックバード・チョコレート（Twenty Four Blackbirds Chocolate）のマイク・オーランドからネイティブ・グリーンケイン・プロジェクトの砂糖のことを聞きました。ネイティブ・グリーンケイン・プロジェクトは世界最大規模の有機農業プロジェクトです。カーボン・ニュートラルでサステナブル、また商業的に採算が取れ、有機農業的なアプローチできび砂糖の栽培を目指した最初の例でした。私たちはヴィーガンでも食べられる砂糖を探しているといったことを覚えていますか？ それは私がネイティブ・グリーンケイン・プロジェクトを訪れて、その製造方法や、砂糖の一般的な製造方法を学ぶ以前のことでした。訪問後、私たちはサステナブルな砂糖が世界に与える影響の大きさを理解し、強く支持するようになりました。

砂糖農園経営者、
ネイティブ・グリーンケイン・プロジェクトのレオニト・バルボ

レオニト・バルボはブラジルの農学者で、彼の家系は100年以上にわたって砂糖産業に従事してきました。彼が家業を継いだとき、土地を自然に近い環境に戻そうと決めました。焼畑という悪名高い農法で栽培されていたサトウキビが、環境の自然なリズムに合わせて栽培し加工できることを証明したかったのです。バルボ・グループの一部門であるネイティブ・グリーンケイン・プロジェクトでは、砂糖が沸騰したときに発生する蒸気でタービンを回して電力を作り、ハエは天然の農薬として繁殖しています。ここはヒッピーの名声も現実社会の影響もおよばない、生物生態系のワンダーランドなのです。

私は2015年にネイティブ・グリーンケインを訪れ、レオニトに会いました。砂糖やサステナビリティ、そして私たちの暮らす地球に対する彼の思慮深く包括的なアプローチを知って、私はたちまち心を奪われました。彼はビジネスの現実を理解していますが、業績をさらに向上させられることも知っています。彼のプロジェクトは、従来の常識にとらわれずに長期的な視野を持てば、真に世界を変えられることを示し、私たちに勇気を与えてくれます。私たちが大きな影響を受けた彼の話をここで紹介しましょう。

* * *

私の家族は20世紀の初めからサトウキビを作っています。子どものころはサンパウロ（ブラジル）近郊の家の周りにあるシダの茂みや森を自転車で走り抜けて遊んだものです。当時、私の家族は伝統的な方法でサトウキビを栽培していました。焼畑農業で農薬を散布し、畑の多様性など考えずにいました。最近までこれがサトウキビを栽培する唯一の方法でした。葉を燃やし、砂糖の芯部分をもぎ、なたで地面の茎を刈り取る。焼畑農業による炭素の排出や、手作業で刈り取る労働、害虫の駆除など私にはすべてが不自然に感じられました。周りを自然に囲まれて育ったので、特にそう思ったのでしょう。子どものころは学校が終わると一目散に外に出て自然の中で過ごしたものです。近くの池で泳いだり、魚を釣ったりしました。思う存分遊び、私はあることに気がつきました。それは自

然は自らで調整しているということです。すべての植物や生物には役割があります。植物が作り出すものはほかの植物に吸収され、木から落ちたものは土壌が吸収します。どんな小さな生き物も自然のシステムを維持する役割を担っています。1984年、私は農学者として大学を卒業して家業に就きましたが、自然が本来持っている力を活用したいと考え始めていました。

ブラジルのサトウキビ栽培には長い歴史がありますが、いい話ばかりではありません。16世紀にポルトガルの入植者によってもたらされたサトウキビ産業は、18世紀に奴隷制が廃止されるまでずっとアフリカ人奴隷を労働力としてきました。私の曽祖父母にあたるアレクサンドルとマリア・バルボは、当時ブラジル政府が奴隷労働の代わりに受け入れていた海外からの移民でした。彼らの長男で私の祖父にあたるアッティリオ・バルボは、1903年、9歳のときからセルタオジーニョにある最初の砂糖精製工場で働いていました。それから53年後、祖父母とその子どもたちはウジーナ・サント・アントニオという農園を始めました。

私の家族はそれ以外の方法を知らなかったので、昔ながらの農法で栽培していましたが、私は徐々にそれを変えていきました。大学では直挿しや、土を耕すのではなく地面をわらやビニールで覆うマルチングという方法で土の保水性を保ち、生態系のバランスを保つ方法などを学びました。単一栽培から多様性の重要さを知り、緑肥作物の利点や生物生態学における原理についても学びました。サトウキビは焼畑で単作されていたため、土壌は痩せて生物多様性が破壊されていました。そのため作物も弱くなり、病気にかかりやすくなっていたのです。

ブラジル全土でくすぶっている畑を見ながら、私は変化の兆しを感じました。それは焼畑農業をやめるという単純なことよりも大きな意味がありました。

多くの生産者がそうであるように、手作業で収穫するには火が欠かせません。それを変えるには、広大な畑を覆うマルチングの材料に使える葉やわらをはぎ取り、サトウキビを刈り取ることができる収穫機を作る必要がありました。

グリーンケイン・ハーベスターで刈り取り作業をする　　撮影：グレッグ・ダレサンドレ

　私たちは地元のメーカーと協力して5年がかりで"グリーンケイン・ハーベスター"という収穫機を開発し、1993年に販売を始めました。それから2年後、私たちの農園では完全に焼畑農業をやめました。
　私たちはこの新しい農業モデルをグリーンケイン・プロジェクトと呼んでいます。グリーンケイン・ハーベスターによって、サトウキビの葉をはぎ取り、それを畑に戻すことも可能になりました。1ヘクタールあたり20トンもの"廃棄物"を土に返すことができるのです。この廃棄物は雑草を抑えるのに役立ち、微生物が繁殖しやすい環境を作ります。現在はサトウキビを毎年植えるのではなく、6〜7回植えたら、窒素を固定し畑を休めるために別の作物を1年間栽培しています。
　私たちは栽培モデルにサステナブルな要素を少しずつ増やしていきました。現時点で、私はサトウキビの大規模農園で焼畑以外の農法を導入した最初の農学者であり、同時にまったく新しいエコシステムを目の前にして、そこから多くのことを学んでいます。私はすべての経験を通して新しい生産方式を構築し、これをERA（エコシステム・リバイタライジング・アグリカルチャー）と名づけました。
　ERAのシステムは、自然が動植物の生命を育む独自の資源を管理するために、生態系を適応させたりバランスを取ったりすることに着想を得ています。正しく利用されれば、ERAはもっとも費用対効果の高い生産的な農法で、合成化学肥料も害虫駆除剤も必要ありません。
　ERAは土壌の圧縮、自給自足、自己制御可能なエコシステムの3つに焦点を当てています。土壌の健全性は生物を育む力で測定され、土壌が保持する水分と酸素の量によって決まります。土を耕したり農業用重機を使用すると、土壌中にある自然の隙間をつぶすため、土壌が持っている力を発揮できなくなります。そこで私たちはやわらかく衝撃の低いタイヤを開発し、さらにタイヤ圧を低くして土壌を圧縮しないようにしています。

自給自足のために、私たちはサトウキビを加工する過程で出る枯れ枝葉を燃料として炉に送り、1時間あたり200トンの蒸気を発生させています。この蒸気はネイティブ・グリーンケイン・プロジェクトの砂糖精製工場や建物のエネルギーとして使われ、サステナブルな生産活動を支えるだけでなく、近隣の都市に住む54万人の生活に必要な電力を供給しています。全体は閉鎖的なエコシステムであり、そこから派生するものはすべて一連のプロセスに還元されます。最終的には、システム自体が自己調整するのです。殺虫剤で害虫を駆除するのではなく、自然の捕食者を育むのです。多様な種を包み込む大地の持つ力を邪魔しないことが、エコシステムのバランスを保つことになります。この生息環境を支えるために、私たちは100万本以上の植樹をし、“バイオダイバーシティ・アイランド”という名前の約44km^{2}の緑地帯を作りました。

　生物多様性が高まっているという兆候が現れたのはその5年後で、現在もなお続いています。当初、私たちはサトウキビの葉や土の表面に菌類がいることに気づきました。すぐあとにシロアリやミミズが戻り、土壌が緩まって土の保水性が高まりました。アリにトウキビの葉を食べられることもなくなり、自然の

捕食者と害虫のバランスが整ってきました。徐々に生態系が復活し、バランスが取れた自己調整可能な環境に変化したのです。数年後、私たちの育てたサトウキビはERAを始めるまえよりも干ばつや病気、害虫に耐性を持てるようになりました。

　ERAを私たち家族のサトウキビ栽培に取り入れて30年経ちますが、その結果がすべてを物語っています。

　私たちの農園は、森の動物相や菌類において、従来の農園の23倍の生物多様性を有しています。さらに収穫量が1ヘクタールあたり20〜30％増えました（従来のサトウキビの生産率をはるかに上回っています）。また副産物として、バイオエタノール、糖蜜、家畜用の飼料を産出しており、年間600万トン以上のサトウキビを加工するのに十分な電力と町全体の電力も供給しています。1997年にネイティブ・グリーンケイン・プロジェクトは初めてオーガニック・シュガー・プランテーションとして認証されました。現在では世界で最大規模の有機農業プロジェクトです。全体として見ると、私たちは世界で供給されているオーガニック・シュガーの3分の1を生産しています。それは、地球の声に耳を傾け、自然でバランスの取れた状態に戻すよう努力した結果なのです。

右頁：タンザニアの風景

192-193頁見開き：乾燥し、風の強いムビングの気候は、カカオ豆の発酵や乾燥に最適　194-195頁見開き：夜までおしゃべりをするグレッグとチャック。レゼルバ・ソルサル、ドミニカ共和国

CHAPTER

4

SCALING UP
(AND DIVING DEEP)
たくさん作る

by **GREG D'ALESANDRE**

CHOCOLATE SOURCERER AND
VP OF RESEARCH AND DEVELOPMENT
OF DANDELION CHOCOLATE

ここまででチョコレート作りの工程や材料について、ひととおり理解できたでしょう（材料の生産にかかわる人たちについても）。もしかすると、プロとしてのチョコレート作りに興味を持ったかもしれませんね。あるいは、自宅で何年もチョコレートを作っていて、チョコレートを量産するための準備ができているかもしれません。しかし、チョコレートをたくさん作るというのは、今みなさんがやっていることを単純に増やせばいいわけではありません。

チョコレートを量産するにはふたつの方法があります。ひとつめは、まず時間と労力をかけて1枚のすばらしいチョコレートバーを作り、その経験からそのバーと同じスタイル、品質、フレーバーのチョコレートを10枚、1,000枚、10,000枚と複製するにはどうすればいいか、どのように設備を充実させたらよいかを考える方法です。ふたつめは、チョコレートを作る大型の機械一式と大量のカカオ豆を買い、気に入ったチョコレートができるまで改善を繰り返す方法です。

後者の場合、大型の機械で作れるようなチョコレートは、正確にはあなたが望むものではないかもしれません。あなたが望むチョコレートバーをどう作るか知っていれば、量産するときも何に重点を置くべきかがわかります。チョコレートを量産する方法はたくさんありますが、それはあなたの目標によるのです。

規模を大きくするには、ビジネスの立ち上げ、事業規模の拡大が必要ですし、製造量を何倍にも増やすには、在庫管理、カカオ豆の選別の方法にいたるまでの複数のプロセスを変える必要があります。これらを変えることの重要性が低いと言うつもりはありませんが、あなたが在庫管理について理解したいなら、私たちよりもっと知識のあるほかの人を探してください。そしてあなたがすべて理解したら、ぜひ私たちにも教えてください。

設備の面では、機械を大型に変えた場合、それまでと同じように動作するものもありますが、一方で製造量が増えると機械の動作原理が完全に変わるものもあります。製造量が増えるとクラッキングやウィノウイングは一般的に一台の機械でおこないますが、作業の原理は変わりません。12トンの豆を処理するときよりも12,000トンの豆を処理するときのほうが、作業効率のいいウィノワーを使う重要性が高まります。ところが、リファイニングとコンチングをスケールアップする場合は、機械の構造が異なり、量産するには機能の違いを深く理解する必要があります。この章では、チョコレートの2大要素であるフレーバーと質感を通して、量産向けのリファイナーやコンチェについて詳しく取り上げます。また、リファイナーやコンチング・マシンの違いがチョコレートの粘度やフレーバーに与える影響について考察します。そこから、あなたなりの優先順位を確立したり、それに合った技術を習得してください。

198-199頁見開き：アラバマ・ストリートに建設中のダンデライオンのファクトリー

左頁：プリメーラCX1200ラベルプリンターで印刷した"マンチャーノ、ベネズエラ70%"のラベルロールをCVC220ラベラーにセットしたところ

WHAT YOU WANT IN
YOUR EQUIPMENT
あなたが設備に求めること

———————

私はダンデライオンを気に入ってくださる人たちから機械についてよく質問を受けます。同じ機械を使えば、私たちと同じように作ることはできますが、目指すチョコレートが私たちと同じとは限りません。私たちは具体的な目標に合わせて機械を選択しました。それらの機械は私たちの好むチョコレートを作ってくれますが、その背景にはチョコレートを味わうだけでは見えてこない多くの事柄があるのです。そこで私はいつもこう提案します。「まずはチョコレートバーを1枚作ってみてください。そしてあなたの求めるものがはっきりしたら、もう一度店に来てください」と。すると、ほとんどの場合、そのあと音沙汰がなくなりますが、本当にもう一度訪ねてくるのは、設備の導入や量産について本気で考えている人たちです。

カカオ豆と砂糖だけで作るシングルオリジンのチョコレートで理想のフレーバーと質感を出すために、私たちはロールリファイナー、ボールミル、ロータリー・コンチェ、ロンギチューディナル・コンチェ（すべて、あとのページで説明）を組み合わせることを試みました。かつて製造量を増やすことに決めたとき、最高のチョコレートを作る機械の組み合わせなど見当もつきませんでした。設備を使わせてもらうため、私たちはイタリアとデンバーのメーカーまで試作用の豆を持って訪ねました。私たちはこのミッションにおかしな名前をつけました。造語で「レ・グランデ・エクスペリメント（壮大なる実験）」、略してLGEです。

当時、バレンシア・ストリートのファクトリーでは一度に30kgの豆を処理できるメランジャー6台で（今でもそうです）、月に12,000枚のチョコレートバーを作っていました。機械は24時間稼働していました。業務を拡大するには、機械の数を増やすか、大容量の機械に切り替えるかです。けれども、メランジャーを空にして、こびりついたチョコレートを掃除するのは重労働で、1台につき1時間もかかっていることが判明しました。これではお店を営業しながら製造量を増やすのは不可能に近いでしょう。30kg以上の豆を処理できるメランジャーは存在しますが、リファイナーとコンチェを使うより性能が落ちるとの情報でしたし、掃除には超人ハルクを雇う必要があります。一方で、フレーバーと質感をコントロールする別の技術を導入すれば、質の改善を図ることができるのではないかとも考えていました。

新しい設備のスタイルを決めるのは簡単ではなく、欲しいものがわかっていてもすでに製造されていないこともあります。そんなときの選択肢はいくつかあります。まずは自分で機械を作ること。たいていはそれが一番安くすみますが、時間と専門技術、メンテナンスまで自分が引き受けるという意志が必要です。もし型落ちの機械を探すなら、ネットで検索したりリサイクルショップを回ったりして、手を加えれば使えそうな中古品を見つけるといいでしょう（ロールミルは手頃な中古品が多くあるため、新型のものを買う人は私の周囲にはいません）。それ以外に機器メーカーに機械を作ってもらうという選択肢もあります。ほかの人も同じ機械を求めていることを想定してメーカーを説得するのです。いつもうまくいくとは限りませんが、うまくいけばしめたものです。ときには、求める機械を誰かが作っていて、手頃な値段で譲ってくれることがあります。それは、かなりラッキーなことです。

スケールアップすることは新しいことを可能にするよい機会にもなります。以前、新工場のためにメランジャーを切り替えたときのことです。私たちはメランジャーを使ってフレーバーと質感がバランスよくまとまるところを見つけるために試行錯誤を続けていました。しかし、大きな機械に変えたところ、製造工程のなかでフレーバーと質感を分け、それらを最適化することで、最終的に私たちの工程に合ったメランジャーを選択できました。すでに好みの口当たりとフレーバーがわかっていて、ふたつの原材料から作る重いチョコレートの粘性を和らげる重要性を知っていたからです。

LGEにおける私たちの目標は、ロールミルとボールミルというふたつのリファイナーをロータリーとロンギチューディナルという2種類のコンチェにおいて試すことでした。製造工程で熱を加えすぎることなく、粒子が均一でなめらかなチョコレートを作る最適な組み合わせを探すためです。私たちはお金と豆を節約したい現実主義者なので、ボールミルとロータリー・コンチェ、ロールミルとロンギチューディナル・コンチェのふたつの組み合わせに絞りました。240kgの豆を準備し、デンバーの

202　MAKING CHOCOLATE

友人、スティーブ・デヴリエスのファクトリー（私たちの知る限り、小さなロンギチューディナル・コンチェを持っている数少ない場所のひとつ）と、イタリアのチョコレート機械メーカー、パキント（Packint）社に私たちの勇敢なチームを派遣しました。意外にもパキント社の人たちは、私たちがカカオバターを使わないことをクレイジーだと思わなかったようです。

　ところで、機械を探しているとこれまでの経験と技術をプロジェクトに取り入れて、あなた独自のLGEを実行したくなるかもしれません。私たちはファクトリーに合う最適な機械の組み合わせを選びました。大規模なクラフトチョコレート・メーカーも私たちが試した機械の組み合わせ（またはその機能を組み合わせたもの）を使っています。ただし、私たちは異なった方法や組み合わせでそれを使用します。ボールミルでカカオをある程度細かくして砂糖を加え、ロールリファイナーで全体的に細粒化するチョコレート・メーカーもあれば、ボールミルですべてのリファイニングをおこなうメーカーもあります。また、ニブをプレ・リファイニングしてカカオバターを放出させる（液化させる）メーカーや、メランジャーに直接ニブを投入するメーカーもあります。実際、私たちはオプティカルソーター（光学式選別機）をカカオ豆の選別に使うのに対し、ラーカ・チョコレート（Raaka Chocolate, ニューヨーク州ブルックリン）は未焙煎の豆のハスクを除くウィノウイングに使っています。

　つまり、機械について誰もが同じ結論を出すわけではありません。私たちもカカオバターや副材料を加えたチョコレートバーを作るとしたら、機械を全面的に見直すことになるでしょう。ミルクチョコレートとダークチョコレートの両方を作るメーカーは、アレルゲンが混入しないようにバッチごとに簡単に掃除できる設備を望むかもしれません。カカオバターを多く使用するメーカーは、テンパリングしたチョコレートを私たちほど（めちゃくちゃ）振動させて気泡を取り除く必要はないかもしれません。焙煎していないカカオ豆で作るロー（生の）チョコレートの場合、生の豆は砕きにくいので、強力な粉砕方法が必要です。新しい機械の導入を考えるときは、まずどんなチョコレートを作りたいかを明確にして、それに合うものを選んでください。製造量を増やすと製造工程も変わるため、今使っている設備とまったく違うものになる可能性もあります。ファクトリーが成長すると何事も複雑になります。私たちにとってスケールアップ（量産する）とは、製造量が増えても今までと同等またはそれ以上の品質を可能にする新しい技術の選択を意味します。

メランジャーからチョコレートを出すとき、裏ごし器を通して残った幼根などの大きな粒子を取り除く。

SCALING UP (AND DIVING DEEP) 203

多くの人が抱く予想とは裏腹に（予想どおりになることもありますが）、スケールアップすることは必ずしも品質の低下にはつながりません。チョコレートの世界では、大規模な機械で小さな職人用の道具と同品質のチョコレートを作ることができますし、多くの場合、よりよくすることができます。ボールミルで作るチョコレートはおいしくないという意見を聞きますが、大手のチョコレート・メーカーがボールミルを使っていると知っているからでしょう。あなたの設備は道具のひとつです。さまざまな使い方によって、幅広い結果を出せます。ゴルフはクラブではなく、ゴルファーの腕次第ということです。

新しい技術を使いこなすまでには時間がかかります。私たちがロースターを大型のものに変えたとき、もともと使っていたコーヒー・ロースターの改良版のサイズを大きくしたものを購入しました。当時、「同じ仕様ならサイズが大きくなっても何も変更する必要はないだろう」と話し合ったのを覚えています。新しいロースターを半年使ったあと、それは間違いだったと気づきました。大きなロースターでは熱の入り方が違っていて、ロースト・パラメーターの変換は非常に難しかったのです。単純に焙煎する量が5kgから50kgに増えただけでも、タイミング（そ

れに伴う焙煎曲線）が大きく変わります。しかも、大きなロースターは環境の変化（暑さや寒さなど）に影響を受けやすいので、とても興味深い難題に直面することになります。

どれほど多くを学んでも、チョコレートは相変わらずミステリアスです。私たちは何度も実験をおこないますが、科学者ではなく、科学を使う現実主義者にすぎません。ふたつの原材料で作るチョコレートについて日々学び、異なる技術のなかでどのように作用するのかを解明している途中です。私たちはわずかな経験、ほかのチョコレート・メーカーとの情報交換、たくさんの支離滅裂なトライアンドエラーをもとにチョコレートを作っています。テイスティングしてフレーバーをよくする場合、そのフレーバーになった理由がわからない場合もありますが、気に入ったらそれを維持するよう努力します。この本に載っていないことを知りたければ、食品科学者のハロルド・マギーに聞いてください。彼ならおそらく知っているでしょう。

とはいえ、リファイナーとコンチェがチョコレートに及ぼす影響について、私たちが学んだことはお伝えできます。どのタイプの機械が最適かを判断するのは、あなた自身です。

焙煎をスケールアップする

この本ではリファイナーとコンチェのスケールアップについて詳しく説明しますが、
私たちは1種類のロースターしか使っていないため、ロースターのスケールアップについては、
正直なところお伝えできる知識があまりありません。しかし、これだけはいえます。
大きなロースターに変えた場合、焙煎に大きな熱量が必要になるため、
時間が余分にかかることを考慮してください。私たちのテスト用ロースターは
ビーモア1600で、1回に1.1kgの豆（目いっぱい入れた状態で）を処理できます。
少量製造用ロースターは5kg、大量製造用ロースターは70kg処理できます。
テスト結果によると、少量製造用は焙煎時間を6分（つまり、増量1kgにつき約90秒）
延長する必要があることが分かりました。これはカカオ豆を4kg増やした場合に相当する熱量です。
この数値を出すことよって同じ味を維持できるとは限りませんが、実験のスタートとしてはいい基準です。
そこからちょうどいい値を探るといいでしょう（⇒ p.58）。
しかし、焙煎する量を5kgから50kgに増やす場合、熱量の計算はもっと複雑になります。
そのため、そのロースターについて経験のあるチョコレート・メーカーに相談するといいでしょう。
焙煎中、ロースターの温度曲線をよく観察することも重要です。
できるだけ細かい調節ができるロースターを選んで、
バーナーと空気の流れの特性を上手につかみ、あなたの求める温度曲線を再現しましょう。

GETTING GOOD TEXTURE
いい質感のために

　いいフレーバーは、カカオ豆がもともと持っている風味と豆の品質、そして製造プロセスによって決まりますが、質感のよさを大きく左右するのは設備です。"いい質感"はチョコレート・メーカーによって定義が違います。伝統的な石臼の技術を使った昔ながらの素朴なチョコレートを作るメーカーは、"ザラザラした"質感のチョコレートバーを目指しているかもしれません。よりクリーミーでヨーロッパ風のチョコレートを作るメーカーは、究極のなめらかさを求めているかもしれません。では、"いい質感"はどうすれば得られるのでしょう？　すでにお話ししたとおり、それは設備次第ですが、まずカカオ豆の成分であるカカオ固形物とカカオバターについて理解することから始めましょう。

　カカオ豆は種子なので、ほかの種子と同じように比較的大量の油脂を含んでいて、それはカカオの若木が光合成を始めるまでの栄養分となります。未熟な豆でもとてもおいしいです。カカオ豆を細かく十分に砕くと、細胞構造が壊れて油脂が流れ出し、ペースト状の"カカオリカー"になります。カカオリカーは、カカオバター（油脂）の中にカカオ固形物（カカオ豆から油脂を除いた成分すべて）が漂っている状態です。このたくさんの粒子が漂う油脂のペーストを、別の言葉で油脂混合物といいます。チョコレートの質感は油脂混合物内の粒子の大きさと形、またその粒子がどのくらい均一に分布しているかで決まります。

　質感を調整する方法は次のふたつです。ひとつは油脂混合物の成分を変えること、もうひとつは油脂混合物の状態を操作することです。チョコレート・メーカーの大半はほかの材料、

左から右：3つのリファイニング状態：粒子が小さくなるにつれ、チョコレートはなめらかに

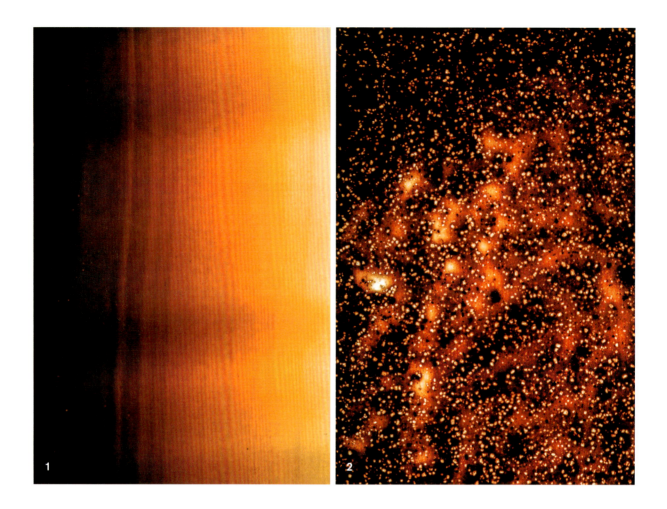

すなわちカカオバターやレシチンのような乳化剤を加えることで油脂混合物の成分を変えます。チョコレートが扱いやすくなるうえ（油脂が多いほどカカオの粒子が流動するスペースが増える）、一般的にコスト効率がよいからです。しかし、私たちはチョコレートにカカオと砂糖以外の材料を加えないため、油脂混合物の状態を操作するというもうひとつの選択肢しかあり

ません。それを機械を使ってどのようにおこなうかということです。私たちの場合、粒子をほぼ同じくらいの小さなサイズにし、丸みのあるなめらかな形に整え、カカオバター全体に漂わせます。そうすると、チョコレートの粒子が細かくなり、質感が溶けてなくなるので、カカオのフレーバーをじっくりと楽しむことができます。実際は口で言うほど簡単ではありませんが。

1. 同じ光学倍率で比べると、粒子サイズの違いが顕著になる　2. リファイニングが不十分なチョコレートは砂糖の結晶、ニブの粒子、カカオバターが混在する

REFINING AND CONCHING
リファイニングとコンチング

リファイニングの目的は、大きな粒子を小さく砕くことです。カカオ豆の細胞構造が壊れ油脂が放出されると、油脂固形物の懸濁液、すなわちチョコレートを形成しはじめます。さらにリファイニングするとチョコレートはなめらかになります。私たちのようにふたつの原材料だけでチョコレートを作る場合、粒子を細かく砕くことはもちろん、粒子の形を整えることも大切です。たとえ粒子が細かくてもギザギザで不規則な形をしていると、油脂の中で粒子同士が流れにくくなり、チョコレートの粘度が高くなります（その結果、作業が大変になります）。口に入れると、ザラついて感じるかもしれません。そこでコンチングをするのです。

コンチングは粒子の形を整え、揮発性物質を酸化し、固体粒子の間に油脂を行き渡らせるという3つの役割があります。コンチングはフレーバーを作り出すのに不可欠な工程ですが、リファイニングとコンチングのふたつの機能を備えた機械もあるので、ここでは質感の観点からお話しします。

質感と粘度の5つの要素

ニブと砂糖はさまざまな方法で一緒に砕くことができ、その方法によって質感と粘度は変わります。私たちが考える質感とは、チョコレートを2本の指か舌と口蓋で挟んで押したときの感覚です。一方、粘度とはチョコレートの濃度、注ぎやすさ、流れ方のことです。質感と粘度は別物とはいえ関連が深く、どちらかを切り離して語ることはできません。

チョコレートのなめらかさと濃度という異なるものを指すため、質感と粘度を通常は分けて考えますが、次の5つの要素に共通して影響を受けます。

1. 油脂含有量
2. 油脂の種類
3. 水分
4. 粒子の形状
5. 粒子の大きさと分布

5つの要素はすべてチョコレートのなめらかさと濃度に作用します。なめらかなチョコレートは口の中で簡単に溶け、スッキリとしたなめらかな後味が残ります。質感が調整されていないと、舌や頬の内側にザラザラとした感触が残ります。チョコレートの粒子が小さくきれいな丸い形をしているとなめらかな口当たりになりますが、粒子が不揃いだったり、油脂が少ないと、チョコレートが重くなり機械で扱いにくくなります（粘度が高すぎると機械が壊れることも）。チョコレートに多くの油脂が含まれていると、よりなめらかな液状になり、粒子がギザギザで不規則な形をしていると、粘度がやや高まります。すばらしい質感が最終目標ですが、品質維持のため粘度には気を配らなければなりません。

一般にチョコレート・メーカーは、作業効率を考えて粘度を低くすることを目指します。チョコレートの粒子が小さく、丸くて形が均一な場合、粘度は低くなり質感はなめらかになります。しかし、粘度の低さとなめらかさは必ずしも同時に得られるとは限りません。それらは機械で制御できますが、カカオ豆に元から含まれる脂肪酸の量や種類などはコントロールできません。理想のフレーバーを維持するため、正しいリファイニング（およびコンチング）技術によりそのほかの要素を調整します。粘度の高いチョコレートはナッツバターのようにドロドロしており、粘度の低いチョコレートは生クリームのようにカップから注ぐことができます。また、粘度の高いチョコレートはテンパリング・マシンの詰まりや破損の原因になります。チョコレートの気泡を抜いたり、型枠の隙間や隅に流し込むのも難しくなります。粘度の低いチョコレートは型枠の隅まで流れ込み、機械のローラーやボール、ブレード、オーガースクリューにも詰まらずスムーズに流れます（ただし、サラサラしすぎていると型枠にくっつかず、オーガースクリューでチョコレートを送り出すことができないこともありますが、それは極端なケースです）。

質感をなめらかにし粘度を低くするために私たちのようにカカオバターを入れない場合でも、先に挙げた5つの要素はさまざまに調整することができます。

これからリファイニングの方法と機械を紹介しますが、機材について深く知る前に機械の選択がチョコレート作りにどう影

響するかを知っておきましょう。まず質感と粘度を、次にこのふたつに影響を与える条件をコントロールする方法を学びます。

油脂含有量

油脂が多いと、チョコレートの粘度は低くなります。それは、固体粒子が移動する媒体が増えるからです。固形物の間に潤滑剤が多いほど、チョコレートは口の中でも機械の中でもスムーズに流動します。たとえば、たくさんのゴムボールが入った箱があったとして、そのボールにオリーブオイルを塗ればスムーズに動くと思いませんか? 試したことはありませんが、イメージはつかんでもらえたでしょう。

油脂含有量は、質感のなめらかさを出すほかにテンパリングにおいて重要な問題です。チョコレートの濃度が高くテンパリングできなければ、常温保存可能なチョコレートバーになりません。テンパリングで実際に調整するのは油脂なので、油脂が多いとテンパリングしやすくなります。そして、チョコレートの粘度が低い場合もテンパリング・マシンの詰まりや破損のリスクが下がります。ファクトリーでテンパリング・マシンが故障するのは大変なことで、それがクリスマス・シーズンなら最悪しょう。

油脂含有量はコントロールできないため、脂肪分の多いカカオ豆を意図的に選ぶしかありません。私たちはカカオ豆と砂糖以外に油脂や乳化剤を加えないので、栽培や加工の状態に左右されるカカオ豆本来の脂肪分が影響します。メリディアン・カカオ (Meridian Cacao) 社のジーノが分析に出したところ、タンザニアとトリニダードの豆 (私たちの扱うチョコレートでテンパリングしやすい種類) は、57 〜 58％の脂肪分を含んでいることがわかりました。これまでもっとも濃厚だと思っていたエクアドルの豆は、収穫時期によって違いはあるものの52％程度にとどまっていました。一般的に赤道から遠ざかるほど、そして天候が穏やかになるほど、豆には多くの脂肪分が含まれます。カカオ豆を選ぶときは、豆に含まれる脂肪分の割合とこの一般的な法則を考慮に入れてください。

油脂の種類

チョコレートに含まれる油脂の種類をコントロールする方法はありませんが、カカオバターを別の油脂と入れ替えることはできます。圧搾機でカカオ固形物とカカオバターに分け、カカ

オ固形物に別の油脂を加えるか、またはココアパウダーと油脂を加えます。小規模のチョコレート・メーカーはさまざまな理由であまり使いませんが、実際に質感と粘度に影響を与える方法なので、ここでは記しておきます。

チョコレートの油脂を入れ替えることは、世界中の大手チョコレート・メーカーでは常識です。大手メーカーはカカオバター (化粧品業界向けに正価で販売しているもの) よりも安価な油脂や、気温の変化に影響を受けにくい油脂を探し求めています。カカオバターを抽出し別の油脂と完全に入れ替えられない場合、大手メーカーでは常温での保存性を高めるためカカオバターにほかの油脂を加えることもあります。カカオバターは適切な環境ではすばらしい質感を作り出しますが、気温の変わりやすい状態では結晶が安定しません。たとえば、あなたが作ったチョコレートがタイのお店の棚に半年間置かれると想像してください。ブルームを起こさない油脂はとても魅力的ですよね。大手メーカーはカカオリカーに大きな圧力をかけて圧搾し、カカオバターとカカオ固形物を分け、カカオバターに別の油脂を合わせます。入れ替えたり追加したりするのは、たいていパーム核油のような安価な油脂です。カカオバターは高価な化粧品にも使用されるので、パーム油を使ってチョコレートを常温で長く保存できるなら、化粧品会社とウィンウィンの関係を築けるかもしれませんね (あなたの目標にもよりますが)。

小規模のチョコレート・メーカーは、カカオバターを圧搾して再び混ぜ合わせることはしていません。その作業には、大型で高価な機械が必要だからです。それにチョコレートの成分を分ける理由もありません。チョコレートの扱いやすさを改善したければ、たいていはカカオバターかレシチンを加えるでしょう。カカオバター以外の油脂は、チョコレートの質感を変えます (ブルームが生じない油脂は、V型の美しい結晶を作ることもありません⇒95頁)。豆の生育環境や公正な賃金にこだわり、豆の自然なフレーバーを大切にする私たちのようなスモールバッチ製造のチョコレート・メーカーには、おおよそ論外です。

カカオ豆に含まれる天然の油脂を生かす利点は、カカオバターがチョコレートになめらかでリッチな口溶けを与えることです。そのためには、繊細で複雑なプロセスであるテンパリングが不可欠です。

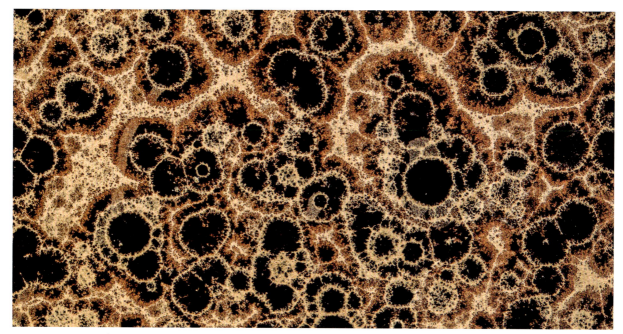

チョコレートのファット・ブルーム

水分

　水分はあらゆる形態において、チョコレートの大敵です。コントロールするには、チョコレートから水分を遠ざけるしかありません。液状のチョコレートに水を少しずつ注ぐと、希釈されて濃度が低くなると思うかもしれませんが、実際には予想に反してチョコレートは硬まり、粘度が高くなります。スティーヴン・ベケットの著書『チョコレートの科学──その機能性と製造技術のすべて』（光琳、2007年）では、水分がチョコレート内の砂糖を溶解し、砂糖粒子の表面で粘着が生じるため粘度が高くなるとあります。これが事実なら、砂糖を含まないカカオ100％のチョコレートは水を入れても硬くならないことになります。私たちが"カミーノ・ベルデ、エクアドル100％"でテストしたところ、すぐに重くなって凝固したので、ベケット氏の説は揺らいでしまいました。認めたくありませんが、結局何が原因なのかわかりません。ただ、水が油脂混合物のバランスを崩すのではないかと推測しています。つまり、少量の水分がチョコレートを完全に凝固させることはないとしても、硬くなる原因にはなるということです。いずれにせよ、水分はチョコレート・メーカーにとっていいものではありません。

　ちなみに、この謎に対して新説があります。チョコレートに十分な量の水（重さの20％程度）を加えた場合、チョコレートに流動性が生まれるというのです。フランスの分子ガストロノミーの権威であるエルヴィ・ティス氏が考案したムースのレシピでは、226gの溶かしたチョコレートに170gの水を入れて冷やしながら強く混ぜると、驚くことにムースができあがります。ところが、水の量が少なすぎるとチョコレートは水に溶かしたセメントのように硬くなってしまいます。

　とにかく、油脂混合物を理解するのは難しいということと、チョコレートには水分を近づけないことを覚えておいてください。実際私たちはニブ内部の水分を蒸発させるため、砕いたニブをあたたかい環境に一晩置いて馴らします。必須ではありませんが、些細なことでも最適化するためには有効です。

粒子の形状

　チョコレートの中の粒子の形状は、変化する要素のなかでももっともコントロールすべきもので、とりわけ機械を選ぶときに考慮する必要があります。きれいな丸いなめらかな粒子は、チョコレートをなめらかで流動的にするので、扱いやすい粘度になり口当たりもよくなります。

　すでにお話ししたとおり、油脂の量が多いと固体粒子が動

きやすくなりますが、それは粒子の形状で変化します。傾斜したテーブルにオレンジを並べ、その間にバナナを転がすとします。チョコレート・メーカーとしては粒子をすべてオレンジにして、互いに転がりやすくしたいのです。

ですから、機械を選ぶときはチョコレートに含まれる油脂の量とそのほかの要素以外に、粒子を丸く形作る機能が重要だということを覚えておいてください。チョコレートの粘度を低くし、扱いやすさを向上させるからです。ほかの油脂を加えるなら、この機能はそれほど問題ではありません。結果的に、正しいリファイナーの選択は粒子の形状に影響を与えますが、最終的な成形はコンチェの能力によります。スピードは早いけれど作業が荒いリファイナーを選び、残りの作業をコンチェに任せてもいいでしょう。あるいは、なめらかさを大切にしたいかもしれません。あなたが何を重視するか、そして機械をどのように組み合わせたいかによって、選び方は変わってきます。

粒子の大きさと分布

丸い粒子はチョコレートの流動性を高め、粒子が同じ大きさになればなるほど流動性はよくなります。また、粒子が私たちの味蕾が受け入れやすいサイズに揃えば、もっとなめらかな口当たりになります。リファイニングとコンチング・マシンを選ぶとき、ひとつの変化に着目してほかの要素を見落とすと、ゴールまでの途中で問題が出てくるかもしれません。

まず考慮に入れるのは粒子の大きさで、次は粒子の大きさの分布です。

質感に関していうと、カカオニブを可能な限り小さなサイズにすれば、最高になめらかでシルキーなチョコレートができると思うかもしれません。ところが、それではリファイニングしすぎであることが実験でわかっています。粒子の大きさが平均5ミクロン（1セント硬貨の厚みのおよそ300分の1）の場合、チョコレートはベタベタして不快に感じます。私たちの経験上、もっとも心地よい大きさは10〜20ミクロンで、この範囲の粒子は口の中でなめらかに感じられます。また、味蕾がフレーバーを最高においしく感じるのです。たとえ粒子の大きさの平均がこの範囲内でも、全体の粒子の大きさが10〜40ミクロンもしくは15〜50ミクロンといった広い範囲に分布していると、おそらくザラザラした感触と粘り気を感じるでしょう。

ここで、もう一度オレンジを思い浮かべてみましょう。

まん丸のオレンジがたくさん入った箱に自分の手を入れると想像してください。オレンジは簡単に動きますね。では、その隙間を小さなミカンで埋めて、もう一度手を入れてみてください。入りにくいですよね（実際に試した人は写真を送ってください）。とにかく、オレンジは隙間が埋まっていると動きません。この場合のオレンジは固体以外の何物でもありません。

同じように、チョコレートでもさまざまな大きさのカカオの粒子が混在していると、大きな粒子の間に小さな粒子が入り込むため粒子が流れる速度が遅くなります。そのため私たちは、粒子の大きさの分布（PSDと呼んでいます）を狭くすることを目指しています。これは"バッチの中に粒子がいくつあるか"という基準で、粒子の多くが狭い範囲内（たとえば、90%の粒子の大きさが10〜20ミクロン）にあれば、粘度を低くできるわけです。私たちは、粒子の集中の割合と分布に目を向けています。リファイナーのなかには、粒子の大きさを狭い範囲内に分布できるものがあり、また機械の組み合わせで実現できる場合もあります。

私たちはPSDについて2通りの方法を試しました。まず、値段が手頃で、精度の高い測定ができそうなマイクロメーターを使用しました。ふたつの測定面の間に素材を挟み、測定面を動かして止まったところで目盛りを読みます。残念ながら、これでは最大の粒子の大きささしか測れませんでした。その後、ほかのチョコレート・メーカーからヒントを得て、粒度計を使い始めました。粒度計は表面に傾斜した溝がついた金属性のブロックです。チョコレートを溝のもっとも深いところにのせ、スクレーパーで浅いほうへ引くと、溝の中にチョコレートが残ります。そのパターンで粒子の大きさの分布がわかります。この金属片で粒度が正確に測れるとは驚きです。

リファイナーの種類

リファイナーにはたくさんの種類がありますが、チョコレート業界の機械の主流は大量生産用に設計されています。たとえば、1時間に0.5トンまでリファイニングするファイブ・ロールミル（これについてはあとで説明します）は、あまり目にすることはないでしょう。これは、ダンデライオンで最初の2年間に作ったチョコレートの量に相当します。私たちは創業時、3日で4kg、1時間にすると50gしか作れないメランジャーを使っていました。でも、この章はスケールアップについてです。夢は大きく持ちましょう！

粒度計は粒子の大きさの分布を知るのに便利。粒度計を読むには、チョコレートの色が暗めから明るめに変わる点に注目する。色が消える点が大多数の粒子の大きさを表す。全体の範囲を測定するため、色が消え始める点から色がなくなる点を追う。写真では、粒子の大きさの範囲はおよそ15 〜 25ミクロン

SCALING UP (AND DIVING DEEP) 213

粒度計に少量のチョコレートをのせる

　変動する要素をコントロールするのに役立つリファイナーがあります。マッキンタイア（MacIntyre）社のリファイナー・コンチェや、私たちが使っている小型で円柱状のメランジャーは、リファイニングとコンチングの両方に使えますが、ロールミルやボールミルはリファイニングのみです。しかし、一石二鳥の機械は粒子の大きさやフレーバーに影響する変化を正確にコントロールすることができません。単一機能の機械なら、より正確に制御できるでしょう。

　リファイナーは新品でも中古でも手に入ります。新品の利点は、購入前に試せることです（もしくは、すでに使用しているファクトリーへ案内してくれます）。欠点は価格です。中古の機械は価格が手頃なのが魅力的ですが、修理が必要なことも多いので、いいものを購入できるかどうかは賭けです。当初は私たちもよさそうだと思って中古品を買いましたが、今はただの飾り物になっています。中古品を手に入れたいなら、機械の買い替えや規模の拡大を検討しているチョコレート・メーカーに相談するといいでしょう。このコミュニティには機器が余っていますから。

　すべてのリファイナーについていえることですが、使用による磨耗は避けられません。一般的に、リファイナーはリファイニングすると素材は磨耗します。リファイナーの材質が金属や石であっても、リファイニングによって素材は徐々にすり減り、チョコレートに混ざってしまいます。幸いリファイナーは長時間使用に堪えられるように作られていて、概して素材片は非常に小さいうえ、多くのリファイナーには混入を防ぐための安全装置が組み込まれています。私たちは定期的にチョコレートをメッシュ（400ミクロンのフィルター）で漉して素材片をチェックしていますが、大きな問題になるような物質は見つかっていません。唯一の例外はニッケルです。ニッケルにアレルギーがあって、チョコレートでアレルギー反応が出たなら、高速のボールミルが原因かもしれません。

　次頁からは私たちがよく使うリファイナーの詳細です。ダンデライオンと同じ規模のチョコレート・メーカーでも使われています。

ユニバーサル

概要：リファイニングとコンチングの両方ができる機械

規模と価格：小さいものは一度に20kg、新品で30,000ドル程度。何トンも処理することができ、人が中に入って立てるほど大きいものもあります。何百万ドルもするうえ、掃除がものすごく大変。

機能：リファイニングとコンチング

動作の仕方：さまざまなユニバーサルがありますが、マッキンタイア社がもっとも一般的。内側に鎧状の凹凸が施された金属製ドラムで、シャフトに取り付けたブレードが回転して材料を砕き、空気にさらされて揮発性物質を消散させます。

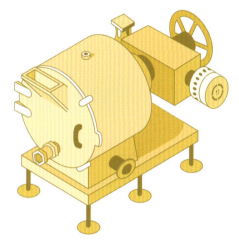

長所：すべての材料を一度に入れて素早くリファイニングできる。

短所：音がうるさい。メランジャーやロールミルとは違う、怒り狂うドラゴンの叫び声のよう。リファイニングとコンチングの機能を併せ持つため便利な反面、オプションに制限があります。

　ユニバーサルはバークレーのビスー・チョコレート（Bisou Chocolate）や、ニューヨーク州北部のフルイション・チョコレート（Fruition Chocolate）が使っています。彼らは"ユニバーサルは速くて効率的で、場所を取らない"と愛用しています。

メランジャー

概要：湿式・乾式グラインダーは運転コースに関係なく、乾いた素材から湿った素材まで対応できるよう設計されています。金属のシリンダー内にある花こう岩の基盤の上をふたつの花こう岩のローラーが回転します。

規模と価格：小さな卓上型は数百ドルで買えるため、新しいチョコレート・メーカーに好まれています。メランジャーの多くはリファイニングとコンチングの両方に使用できます。一度に20〜60kg処理でき、価格は10,000〜20,000ドル。

機能：リファイニングとコンチング

動作の仕方：メランジャーは何百年、何千年も前からある石臼と同様、ふたつの石の間で材料を砕く機械。機械は美しくシンプルで、粒度はローラーと回転する基盤との間の圧を変えることで調節できる。両手で粘土を丸めてボールを作るように、粒子はローラーと基盤との間で転がって形作られます。

長所：シンプルで、比較的手頃で使いやすい。リファイニングとコンチングを同時におこなうことができる。使ったあと掃除が簡単なので、シングルオリジンのチョコレートのように清潔な石板を必要とするチョコレート・メーキングに最適。チョコレートに副材料を加えるなら、おそらくもっとも混ざりやすい。オープン・トップの回転式チョコレート・プールは"チョコレート・ファクトリー"ならでは。大きく開いた上部から中をのぞくと、数時間で砂のようにザラザラした材料がなめらかで光沢のある様子に変化するのがわかります。質感が変化するときの香りは、完成したチョコレートがボールミルからバケツに出てくるときの香りとは別物。だからこそ私たちはメランジャーが好きなのです。

短所：メランジャーで精錬すると、私が知る限り粒子の大きさの分布がもっとも広くなります。おそらく、チョコレートのすべての粒子が同じ場所を流れるわけではないからでしょう。1日中ドラムの側面やローラーに張り付いている粒子もあります。十分にこそげれば、大部分の粒子を同じリズムで精錬できますが、完全に同じサイズにすることはできません。リファイニングとコンチング、両方の機能を持つ便利な機械は、もろ刃の剣といえます。それぞれの機能を個別の精度でコントロールするのは不可能です。

ボールミル

概要：大きなタンクの中でアームが回転し、金属製ボールが移動して、材料を効率よく粉砕する。音はうるさい。

規模と価格：1時間に10kgから数トン処理できる。小さな機械で数万ドル。

機能：リファイニング

動作の仕方：シリンダー内の複数のアームが大量のボール・ベアリングを動かし、すき間を通過する粒子を粉砕します。

長所：作業が驚くほど速い。私たちが持っているロースピードのボールミルは、メランジャーが数日かかる作業を数時間で終えます。入口から入ったチョコレートがリファイニングされて、出口から出てくる連続式ミルもあります。

短所：ボールミルは粒子をせん断するのではなく叩くことによって粉砕するため、ほぼ同じサイズにできますが、粒子の形が粗くなります。ボール・ベアリングにチョコレートがたくさん残り、掃除が大変です。私たちのミルは材料の30％が残りますが、同じ種類のチョコレートなら次のバッチと混ぜても問題ありません。シングルオリジンのチョコレート・メーカーは、バッチごとに石板もミルもきれいにする必要があるので、一番簡単な方法はカカオバターで流し、次のバッチに加えることです。しかし、私たちのようにカカオバターをチョコレートに加えない場合、掃除する方法はただひとつ。オリジンが変わるごとに機械に残った材料を処分することです。どのくらいのチョコレートが無駄になるか想像できるでしょう。

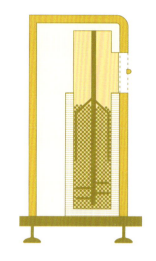

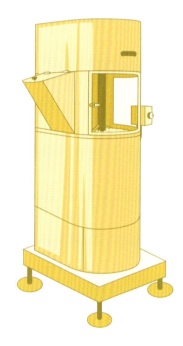

　チョコレート業界には、大規模なチョコレート・メーカーのために大量のカカオリカーを生産する"グラインダー"と呼ばれる会社があります。彼らは継続的に手早く作業できる高速ボールミルを好んで使用します。一方、同じ原理でパワーの弱い（温度も低くなる）低速ボールミルは、チョコレートに金属が混入するのを抑えられます。どちらのボールミルも、循環するチョコレートがフィルターと超強力磁石を通るため、そのリスクは緩和されています。

　私たちはカカオをリファイニングし、グラインド・チョコレートを作るためにボールミルを使い始めました。グラインド・チョコレートはペストリー・キッチンやカフェでホットチョコレートを作るとき大量に必要で、多くの場合オリジンも同じです。将来もっとたくさんのチョコレートバーを作る必要があれば、そのためにボールミルを使うかもしれません。

ロールミル

概要：複数の巨大なローラーを持つミル。温度制御されたローラーが正確に配置されていて、それぞれが急速回転します。

規模と価格：ロールミルは1時間当たりの処理量によって価格が決まりますが、何をリファイニングするかによって評価が変わります。中古のロールミルは10万ドル以下、新品のバウエルマイスター（Bauermeister）社のファイブ・ロールミルは付属品を合わせ100万ドル。

機能：リファイニング

動作の仕方：チョコレートを片側から入れると、ローラーにくっつき、ローラーとローラーの隙間を順番に通っていきます。最後のローラーからチョコレートのかたまりを薄いブレードではがし取ります。狭くなっていく間隔に素材を通して押し潰すという物理的なプロセスは、粒子をシンプルかつ簡単に求めるサイズに近づけるため、この方法は理にかなっています。ボールミルは一定量の素材が一定数のボールの中で一定のスピードで動くと、ほぼすべてのカカオ豆がリファイニングされます。統計的に動作するボールミルに対して、ロールミルは素材を隙間に通すだけで求める粒子サイズになります。ロジックは基本的ですが、ロールミルは単純ではありません。ローラーは加速しながら回転し、素材が次のローラーへ移るようになっていて、仕上がりが正確になるよう温度とローラーの間隔を細かくコントロールする必要があります。

長所：ロールリファイナーはこの本で紹介しているほかのリファイナーと比べ、粒子の大きさの分布の幅を狭めることができます。（ロンギチューディナル・コンチェはより幅を狭められる。コンチングについては後述）。ロールミルは大型で重量があり（私たちのものは8トン）、大量の素材をスピーディーにリファイニングできます。動作中、素材がほとんど機械に付着しないため、オリジンを変えても掃除の必要はありません。大きくて頼もしい機械です。

短所：ロールミルは、ほかの機器に比べて少し危険を伴います。ローラーの隙間に何かが巻き込まれると、間違いなくローラーの力が勝るでしょう。大量の素材を回し続けるには3〜5個のローラーがあり、スピードは摩擦と熱を生むため、何らかの方法で冷やし続ける必要があります。金属が加熱、冷却されるとローラーは拡張、収縮するため、ローラーの間隔を適宜調整しなければなりません（ローラーが変形すると間隔を自動調節する油圧式ロールミルもある）。課題はロールミルは一定数のズレがあるということ。ロールミルに1度通すだけで粒子をある程度微細化できますが、粒子をもっと小さくするには複数回動作させなければならないので、ボールミルを長時間動かすのに比べて、労力が必要です。

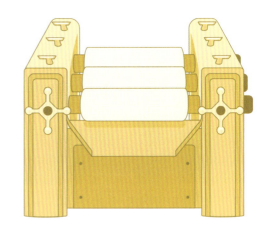

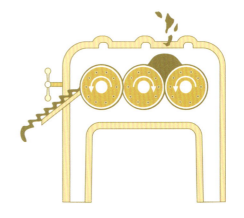

バレンシア・ストリートのファクトリー＆カフェのメランジャー

SCALING UP (AND DIVING DEEP) 219

コンチング

チョコレートのコンチングには3つの要素があります。

チョコレートの粒子を整え、均質に分布させ、揮発性物質を消散させて望みどおりのフレーバーにすることです。リファイニングで満足のいくサイズの粒子ができても、技術によっては多少ザラザラとして調整できていないことがあります。粒子の粗い角を丸く削ると口当たりがなめらかになり、チョコレートの流れがよく、粘度も低くなります。さらにチョコレートを空気に晒すので、揮発性物質が消散し、発酵時の酸味を消したり酸化させたりします。チョコレートの状態とどのようなフレーバーにしたいかで、コンチングの方法と使う機器は変わります。

伝説が正しければ、1870年代に偶然、最初のコンチングが発明されました。スイス人の発明家でチョコレート起業家でもあったロドルフ・リンツが彼の不注意でミキサーの1台を一晩中動かしたままにしたのです。朝になっても動き続けた機械によってチョコレートは攪拌されていました。リンツはチョコレートを攪拌するとなめらかでシルキーになると悟りました。これは私の想像ですが、彼は顔をゆがめながら古風ですばらしい口ひげを指先でつまんだことでしょう。最初のコンチングからリンツは石製のシリンダーを考案し、これ以降のチョコレートはすっかり変わることになりました。

この話が真実なら、注目すべきことがあります。1870年代、ヨーロッパは産業革命のまっただ中でした。チョコレートを粉砕する技術は、クオリティーのためではなく拡大する人口と市場に供給するために開発されました。当時のチョコレートはザラついていて苦かったようです。だからこそ、リンツの発見は驚くべきことでした。一晩中ミキサーを動かし続けたことで粒子が丸くなり、チョコレートが空気に触れてリファイニングされ、口当たりも改善できたのです。

それが19世紀に起こったのはとても興味深いことです。当時、コンチングは質感を改良するものでした。それは、チョコレートのなめらかさが目新しいものだったからです。現在ではフレーバーをよくするのはコンチングだといいますが、それは人びとの優先順位が変わったからです。ここでいう人びとというのは、豆のフレーバーを重視するアメリカのチョコレート・メーカーのことです。伝統的になめらかな口当たりを重視しているヨーロッパのチョコレート・メーカーのことではありません。

今日、コンチングにはおもに3種類の機械が使われており、それぞれ酸化、均質化、成形に対して異なるアプローチをし

ます。

コンチングの技術を検討するなら、ほかの作業で使う機械と組み合わせてどのように機能するか考えてください。あなたが使っているリファイナーがせん断力に優れているなら、酸化とフレーバーを改善するコンチェを購入するといいでしょう。粒子の大きさの分布の幅が広いリファイナーを使っている場合、粒子サイズを狭い範囲にせん断する能力に注目しましょう。これらの機械はすべてチョコレートの成分を十分に均質化するので、あまり心配する必要はありません。

コンチェの種類

ここで紹介する機械のなかにはリファイニングのページに出てきたのもありますが、ここではコンチングに着目し、その場合の長所と短所を紹介します。

メランジャーとユニバーサル

メランジャーとユニバーサルはコンチングのパートでも興味深い箇所でしょう。というのも、メランジャーはもともとはリファイナーだからです。しかし、メランジャーはチョコレート・メーカーがフレーバーをコントロールするために長い時間稼働させ、重要なコンチングもおこなうオール・イン・ワンの機械でもあります。

私はメランジャーはコンチング作業が多少できるリファイナーだと考えています。なぜなら、メランジャーの優先作業はリファイニングで、コンチングがより効率的、かつ有効的におこなえる優れた専門の機械はほかにあるからです。

メランジャーは平底のふたつのローラーと、その下の回転する基盤の間にチョコレートを通すことで、粒子を形作ります。メランジャー内の石が摩擦と熱を生んで酸化が起こり、酸化と蒸発により不安定なアロマが生じます。ユニバーサルは回転するスチール製のシリンダーにブレードをこすりつけることで粒子を形作ります。機械の空間に空気を通して揮発性物質を飛ばします。

ユニバーサルやメランジャーを使うメリットは、ふたつの機能を同時に使えることです。2台の機械でチョコレートをすり潰す手間を省き、1台が2役こなしてくれるのです。どのタイミングでも砂糖を加えることができるので、酸化しにくくなり、フレーバーを和らげたり閉じ込めたりするのが難しいときに便利です。ロールミルやロンギチューディナル・コンチェの場合には、

砂糖を好きなタイミングで加えることができません。なぜならコンチングが終わるまえに砂糖もチョコレートもすべてリファイニングされてしまうからです。理論上はチョコレートを取り出して、また戻すことはできますが、時間がかかります。

ユニバーサルのデメリットは、機械の出力をコントロールしにくいことです。その代わり、好みの質感とフレーバーのバランスが取れたスイートスポットを目指すために、あなたの努力が求められます。

ロータリー・コンチェ

ここではアームが回転し、空気を温める機能があるすべてのコンチェをひとつのカテゴリーに分類しました。このタイプのコンチェは一般的なので、さまざまなバージョンがあります。縦型のシャフト、横型のシャフト、完全な均質性を目指す複数シャフト型もあります。コンチングによっては乾式が向いているもの（たとえば、油脂がほとんど取り除かれているココアパウダー）と湿式が向いているものがあります。しかし、チョコレート（コンチェの作り手には"高脂肪チョコレート"と呼ばれています）を作るうえではどれも十分に機能します。

概要：一般的に、ブレードのついたシャフトがひとつかふたつある水平か垂直の円筒で、均質化するために空気を機械内の空間に通し、揮発性物質を除去しながら素材を撹拌するものです。ほとんどのロータリー・コンチェはせん断する仕組みがあり、回転する円すい形からこすり落とすアームのタイプまで、多岐にわたります。

機能：コンチング

動作の仕方：ブレードまたは円すい状のローラーが動いて粒子をせん断し、形を作りつつ、空気を押し込んで、香りを放つ揮発性物質を除きます。

長所：比較的安価で、サイズや動作の面で非常にフレキシブルです。私は、4トンも50kgも同様に扱うことができるコンチェを見たことがあります。

短所：素材が劇的に変わることはないので、中に入れる素材はきちんと精製されているものでなければいけません。

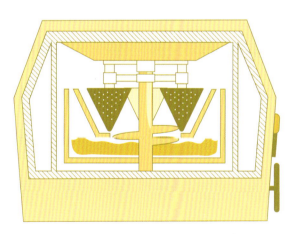

SCALING UP (AND DIVING DEEP) 221

ロンギチューディナル・コンチェ

このクラシックなタイプが最初のコンチェでした。美しいので、展示品として使われてきたほどです（私は実際にこれを使ってチョコレートを作りたいと思っているので、心が痛みます）。多くの企業がより早く効率的な方法があると判断するまで、非常に長い間、業界で使用されてきました。ギラデリ（Ghirardelli）の元従業員のネッド・ラッセル（現在はクラフトチョコレート・メーカーで、チェロ・チョコレートCello Chocolateのオーナー）の話では、ギラデリでは使わなくなった大型で重量がある機械があちこちに放置され場所をとっていたため、最終的に処分したそうです。私はそれらがまだあるかもしれないというわずかな望みをかけ、サンレアンドロ近くのゴミ捨て場を掘り起こしたい気分に駆られます。

概要：重いシリンダー（一般的に石か鉄製）がアームの先にあり、熱せられた石か鉄製のボウル（ポットとも呼ばれます）の中で前後にシリンダーを動かします。シリンダーは非常に重いため、アームを動かすローラーがうまくバランスを取れるように、通常は2本か4本セットでつけられています。

機能：コンチング

動作の仕方：シリンダーは転がるというより、滑る動きをします。シリンダーがポットの中で粒子の上を滑り、スロッシング効果（酸化させるため）とせん断効果が起こります。

長所：見ていて楽しく、また、せん断する動きにより、すばらしい粒子の形を作ることができます。

短所：揮発性物質がなかなか酸化しないため、チョコレートを数日間コンチングする必要があります。たいていは入手が難しく、中古のものしか手に入りません。この本を書いている時点で、新しいロンギチューディナル・コンチェを作っている会社は1社しかありません。ボウルがひとつで80kg入るモデルの価格は10万ドル以上します。

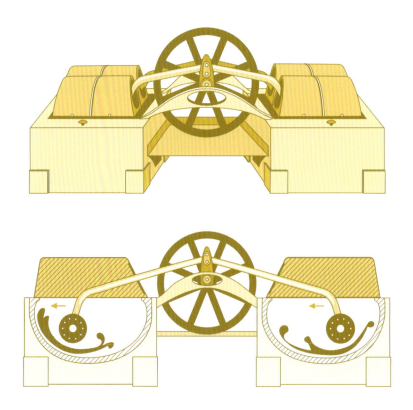

機械の設定が粒子にどのような影響を及ぼすか*

ボールミル

ボールミルの粒子はやや粗く、
大きさは不揃いになる

ロールミル

ロールミルの粒子は、大きさがより均一で、
粗さがなくなる

ボールミル＋ロータリー・コンチェ

ロータリー・コンチェのあとにボールで挽かれた粒子。や
や小さく、丸みを帯びているが、
比較的まだ大きく、大きさもまちまち

ロールミル＋ロンギチューディナル・コンチェ

ロールミル＋ロンギチューディナル・コンチェ
ロンギチューディナル・コンチェのあとにロールで挽かれ
た粒子。かなり小さく、丸くなっていて、大きさに
ばらつきがない（大きなかけらは、ずさんな実験によって
できた粒子で、二次汚染を起こす）

*これらは、我々が実施した1回の非科学的な実験で出た結果なので、調べることはまだたくさんあります。すべてを網羅している
わけではありませんが、異なる機械を組み合わせるとチョコレートにどのような影響が出るかを理解する一助となるでしょう。

TEMPERING

テンパリング

チョコレートは宇宙のようなもので、無秩序なのが自然な状態です。要素を体系化するためにはエネルギーが必要です。第2章では、特定の結晶形の融点の前後で温度を操作し、光沢とスナップ性があり、風味が良くて溶けにくく、保存性のあるチョコレートの製法を学びました。肝心の構造や魔法（また、うまくいかなかった場合にどうなるのかという美しい写真も）を再度ご覧になるには、94頁を参照してください。

プロセスをスケールアップする場合も、原則は変わりません。私たちはカカオバターをV型結晶の安定したパターンに固定したいと考えていますが、たとえば20kg以上のチョコレートを一度にテンパリングする場合は、機械の購入をおすすめします。購入を決めたら、バッチ・テンパリング・マシンと連続テンパリング・マシンの2種類から選ぶことができます。

バッチ・テンパリング・マシン

概要：種結晶を生成するため、撹拌、加熱、冷却機能がついた大きなボウル。種ができると、理論上数日間は温度を保つことができます。

規模と価格：バッチ・テンパリング・マシンには、さまざまな大きさと価格帯があります。

機能：テンパリング

動作の仕方：バッチ・テンパリング・マシンは比較的大量のチョコレートをかたまりごとテンパリングできるよう設計されています。これは撹拌、加熱、冷却という基本的なテンパリングのテクニックを通しておこないます。すべてのチョコレートを一度にテンパリングするためバッチ・テンパラーともいわれ、どんなチョコレートでもマシンに入れると同じV型結晶種の集合体が作れます（理論上は）。種がマシンの中で均質性と濃度を取り戻すのに時間がかかる場合、結晶化されていない（溶けているがテンパリングされていない）チョコレートをあとから追加することもできます。

長所：チョコレートがうまくテンパリングされた状態になると、適切な温度が維持され、新しい結晶ができたり、既存の結晶が溶けたりするのを防ぐことができます。濃厚なチョコレートに有効で、私の知るところではシャーフェン・バーガーが長い間これを使っていました。私たちはバッチ・マシンを大きな規模で使ったことはありませんが、ふたつの原材料で作るチョコレート・メーカーの多くは、バッチ・テンパリング・マシンを信頼しています。

短所：バッチをうまくテンパリングするには時間がかかる可能性があります。失敗するとV型ではない結晶が多くなるので、すべてのプロセスをやり直さなければなりません。タンクの中に入れられる量がバッチ・テンパリング・マシンが処理できる限界です。テンパリングされたチョコレートを大量に処理したいなら（1時間あたり数百kgなど）、これは最良の方法ではないかもしれません。

連続テンパリング・マシン

概要：チョコレートを加熱して冷やすという連続的なプロセスを通してチョコレートを処理し、できあがったものを最後に外に出します。

サイズと価格：バッチ・テンパリング・マシン同様、大きさと価格帯は多岐にわたります。

機能：テンパリング

動作の仕方：連続テンパリング・マシンは、結晶化していないチョコレートを標準的なテンパリング曲線に沿って加熱し、すべての結晶形を融解させ、V形（しばしばより低い形）に冷却し、V型以下のものが全部溶けるよう再び温めます。チョコレートを撹拌するオーガーやスクリューでシャフトを正確に加熱（結晶化を助けます）し、らせん状やネジ状になっている熱せられたシャフトをチョコレートにくぐらせて撹拌（これにより、

結晶化も進みます）します。

長所：すべての結晶がプロセスの中で形成されるため、処理する量に制限がなく、たくさんのチョコレートを完璧にテンパリングすることができます。連続テンパリング・マシンは成型ライン（チョコレートを型に入れ、振動させて冷やし、完全に成型されたチョコレートバーとして出す）に組み込むのに最適です。ラインはチョコレートが入ってくる限り、動き続けます。

短所：チョコレートは連続テンパリング・マシンの中を循環し続けるため、結晶を作り続け、結果的に結晶化しすぎてしまう可能性があります（どろどろになりすぎて、型に入れたり、マシンの中を流れにくくなります）。解決策のひとつは、結晶を壊す（チョコレートを温めて、結晶を再び溶かすことを単に言い換えているだけなのですが）仕組みを追加することです。チョコレートが再循環するまえに結晶が溶けるようにするため、加熱したボウルをラインの中に組み込むチョコレート・メーカーもあります。もうひとつの解決策は、結晶化していない新しいチョコレートを繰り返しテンパリング・マシンのボウルに足して、中の結晶を薄めることです。連続テンパリング・マシンは細かな注意を払わなければならないことが多いのです。ダンデライオンのスタッフがイライラして大声を出しているのを聞いたら、彼らはたいていテンパリング・マシンの前にいるでしょう。

　このようなタイプのマシン（チョコレート・メーキング以外のものでも）はいずれの場合も、電源を入れるだけではあまり意味がありません。チョコレートが適正にテンパリングされた状態になると、その粘性によって作業しにくくなります。カカオバターもしくはレシチンを加えると扱いやすくなりますが、結晶化によりチョコレートが扱いにくくなることと常に葛藤しています。私たちが目指しているのは、チョコレートが十分に結晶化し適正にテンパリングされるスイートスポットです。しかし、そこまで結晶化しないため、私たちのマシンでは処理できません。新しいオリジンのものを初めてテンパリングするときは、そのチョコレートのスイートスポットがどこなのか確認するために、2～3日かけて結晶化の様子を観察し、チョコレートの粘度が高くなる兆候と、太めのヌードルのように滴る状態、もしくは濃いクリームのように沈む状態を確認しながら、一定の温度においてどのように重くなり、結晶化するかを観察します。けれども、もともと粘度があるチョコレートもあるので、確実にテストするには適量を型に入れて冷ましてから、適正にテンパリングされた状態かどうかをチェックすることです。ノズルから流れ落ちるチョコレートの"ヌードル"がなめらかに安定せず、ボタボタと滴って結晶化しすぎたり重くなりすぎていると感じたら、0.2～0.3℃、温度を上げます。あるいは、より温度の高いチョコレートをボウルに入れて結晶を溶かし、分解しやすくすることもあります。チョコレートの濃度が低いままで結晶化していない場合は、その逆を試します。結局のところ、マシンを使う場合も熟練の目と能力、そしてテンパリングをしてたくさんのチョコレートを味わいたいという気持ちがこのプロセスでは必要なのです。

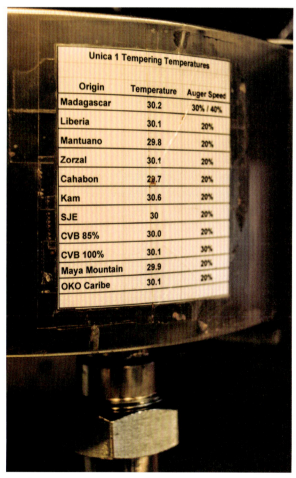

それぞれのオリジンには、マシンごとに微妙に異なるテンパリングの方法がある

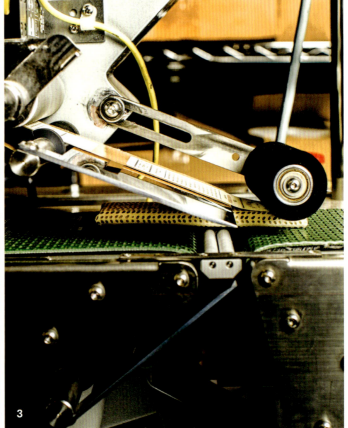

PACKAGING
パッケージング

———

パッケージをスケールアップする方法について、私たちはあまりお話しすることがありません。ダンデライオンができて6年（2017年現在）経ちますが、今もバーを手作業でホイルに包んでいるからです。チョコレート作りが上達してくると、パッケージも同じくらい重要になるでしょう。できる限り密封でき、かつ見栄えのする包装をするため、多くの大手チョコレート・メーカーは一般的に"フロー・ラッピング"というプロセスを用います。フロー・ラッピング・マシンは、連続してラッピングする機械で、チョコレートがベルトの上を動いている間に、その周りの包装材に折り目をつけ、熱で封をします。効率のよさが利点ですが、悪い点は、熱で封をしたビニールラッピングが大量生産のように見えてしまうことです。

早い段階で私たちはバーを包むための機械を購入しました。実際、トッドとキャメロンが初めて買ったオットー・ヘンゼル・ジュニア（Otto Hänsel Jr.）は、1955年のドイツ製で、いまもとても大事にしています。当時、私たちはチョコレートに手作業でふたつの包装をしていました（今はホイルだけ手で包装しています）。バーをまったく傷つけずに、厚いホイルやコットン紙でチョコレートバーを包む方法がわからなかったからです。素材で妥協したくなかったので、ユニオン・コンフェクショナリー・マシーナリー（Union Confectionery Machinery）のジム・グリーンバーグに電話しました。家族経営の会社で、中古の製菓機械を扱うサプライヤーとしては世界有数といっても過言ではありません。ヘンゼルは古きよき機械で、私たちが求めていたものをすべて備えていました。確実性と、紙が破れない単純な仕組み、そして赤く、丸みのあるビンテージっぽい外観は偶然にも私たちのブランドに合っていました。何もかもがぴったりでした……。ドアの前に到着するまでは。

私たちはいろんなことを考えてきましたが、ヘンゼルが届いたとき、あることを見落としていたことに気づきました。機械がファクトリーのドアを実際に通れるのかどうかです。到着した日、安全ガードがない状態で建物の廊下を幅いっぱいに塞ぎ、ドアのフレームよりも、50cm横幅が広かったのです。これはチョコレートを量産する際のもうひとつの教訓です。必ず、購入した機械が実際に工場に入ることを確認してください。

電話しようと思いついた相手は、私たちの電気設備アドバイザーのスヌーキーでした。彼はのちに私たちが信頼する"機械を操る魔法の男"、かつ"組み立てをする常駐の魔法使い"となった人物で、いつもベレー帽を被り、ずっとハリケーンに遭っているような眉毛をした機械技師です。彼は以前2、3度、ちょっとしたトラブルから私たちを救ってくれたことがあったので、心強く思えました。

スヌーキーはボルトを素早くいくつか取り、部品を持ち上げて外し、機械はどうにかドアを通り抜けることができました。その後の数年間、彼にはさまざまな機械のトラブルを解決してもらいました。ついに私たちは自分たちのファクトリーを建てることになるのですが、このときの彼は知る由もありませんでした。スヌーキーがいなければ、私たちのファクトリーはロースターで火事になっていたかもしれません。

ヘンゼルはホイルと紙でバーを包むすてきな機械ですが、紙の包みを開くともう1層の美しい金色の包みが出てきて、その中からチョコレートが現れるという二重の包みを開ける楽しみが、残念ながら一緒に包むことによって軽減されてしまいます。今日の時点では、まだホイルは手作業で包み、その上からヘンゼルで紙の包装をしています。小規模または中規模でチョコレートを作っている限りは、フロー・ラッピング・マシンは必要ないでしょう。ヘンゼルも必要ありません。手さえあれば大丈夫です。ですが、もしどうしても機械が必要ならば、必ずスヌーキーのような人を1人見つけてください。先ほど書いたような人間関係を築いておくことが大切です。

1. オットー・ヘンゼル・ジュニアが、ホイルに包まれたバーを取り、紙に包む　2. バーがホイルで包まれたら、外側の包装に包まれる準備は完了　3. ヘンゼルからバーが出てくると、CVC220がバーの表と裏にラベルを貼る

CHAPTER

---

the
RECIPES
チョコレートを使ったレシピ

---

by LISA VEGA

EXECUTIVE PASTRY CHEF
OF DANDELION CHOCOLATE

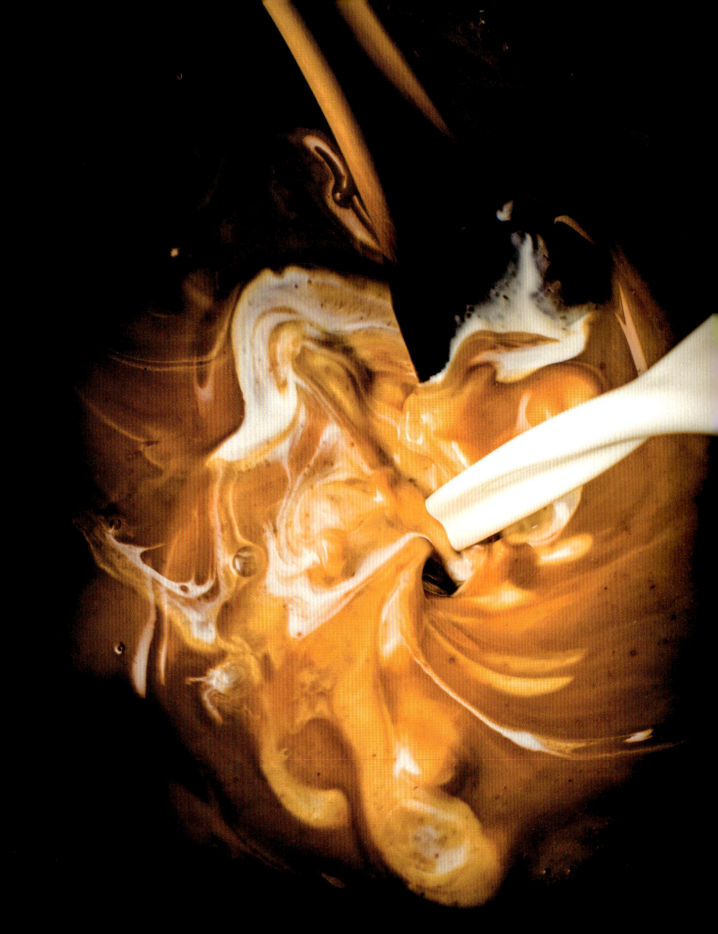

FROM BEAN TO BROWNIE

ビーン・トゥ・ブラウニー

　収穫されたカカオ豆は、数え切れないほどの経路を経て私たちのキッチンに届き、すてきなレシピによってペストリーに生まれ変わります。

　ダンデライオン・チョコレート・ファクトリーの裏にあるペストリー・キッチンの二重扉の中から、それに気づくのは難しいことでした。カカオのサプライチェーンについて知ってはいましたが、エグゼクティブ・ペストリーシェフになって1年後に、初めてグレッグと一緒にベリーズに行くまでは深く理解していませんでした。猛暑のプンタゴルダで、深紅のカカオポッドから柔らかな生豆を取り出してひとくちかじったとき、すぐにそれを吐き出し、口直しのマルガリータを探しながら、「こんな苦いものからブラウニーができるの?」と思いました。そこはサンフランシスコからは遠く離れた場所で、ホエザルが恐竜のように、地面を揺らすほどの鋭い鳴き声をあげているジャングルでした。

　私は豆の発酵トレイに手を突っ込み（中は熱いと聞いていましたが、やっぱり熱かった）、モンスーンにも耐えられる波状のプラスチック屋根の下にある乾燥デッキに豆を広げました。トロピカルな紫色の種であるカカオ豆が香ばしいチョコレートバーに変身するのはとてもロマンチックで、ブラウニーの生地が入ったボウルを見るときは収穫時とあまりにも変わっているカカオ豆に衝撃を受けます。その生地からは発酵中のカカオから出てくる目にしみるような酢の匂いもしないのですから。

　まず、私がこの世界に入ったきっかけをお話ししましょう。私は特にチョコレートに関心があったわけでも、シェフの仕事を自分から選んだわけでもありませんでした。あの日のことは忘れもしません。それは2004年、大学を卒業したばかりの頃です。私の食事はほぼタコスとテキーラでした（どちらも永遠

THE RECIPES　235

にやめられません)。でもその夜は、サンフランシスコの上品なシーフードレストランのファラロンで食事をしていました。私は取得したばかりの英語の学位を活かして教職に就こうと考えていました。そう、メインディッシュを食べ終えるまでは。もしも、エミリー・ルシェッティがそのレストランのペストリーシェフでなければ、私は計画どおりの人生を歩んでいたでしょう。彼女のデザートを食べた瞬間、私の足下の地面はぐらつき、自分の人生設計は音を立てて崩れました。それを"人生を変える瞬間"と呼ぶのでしょうか。私は今でも、彼女が作ったベリーのパンナコッタのやわらかいクリームの味を覚えています。

そのときから、食べ物にかかわる人生が始まりました。私は料理学校に通い、毎週水曜日にLAタイムズの料理記事を読み、料理雑誌を購読し、料理三昧になりました。ミシュランの星付きレストランで修行して腕を上げ、ペストリーの流れ作業もすばやくできるようになりました。新人で下積みのころは、一

日中アイスクリームを丸めたり、ライムガナッシュを詰めたトリュフにトッピングを絞り出したりしたものです。早く出勤して夜遅くまで働き、ランチは常に立って食べていました。私は毎日のように100個のチョコレートスフレを泡立てて焼き、小さなヘアドライヤーを使って温度を保ちながら、トリュフの型として使うチョコレートをテンパリングし、夜にはテーブルや道具についたチョコレートを擦り取る作業をしていました。睡眠は少なく仕事はハードでしたが、細部まで仕上げにこだわることにやりがいを感じていました。私は毎日チョコレートを扱い、何でも作ることができました。でも、それも昔の話です。

そこでは良質のチョコレートを使っていましたが、現在ダンデライオンで使っているものとは違っていました。当時、キッチンの棚には、85％、70％、ミルキーチップ、コーティング用ペレット、ホワイトチョコレートなど、さまざまなチョコレートがストックされていました。私たちはテイスティングのために時間を取ったりしませんでしたが、正直にいうと、それらは多かれ少なかれすべて同じような味だったのです。茶色の濃淡はあってもフレーバーは単一で、唯一の選択肢はカカオの濃度でした。

厨房で私たちスタッフは材料の産地のことをよく話しました。ラディッシュを育てている農家や、鮭を獲ってくれる漁師さんを知っていましたし、大好きなルバーブが育つ畑を訪ねたいとも思っていました。メニューには肉や農産物の産地の名前が書かれていました。でも、私たちはずっとチョコレートがどこから来るのか考えたことがなかったのです。

ご存知のように、ダンデライオンのチョコレートのテイストは豆のオリジンがすべてです。それがすべてを物語っているからです。ファクトリーからキッチンに届いたできたてのチョコレート・ブロックやチョコレートが入ったバケツは、何千kmもの距離を何週間もかけて旅をし、何百時間もの労働時間がかかっています（私は生の材料と呼んでいます）。チョコレートが作られるこうした旅を忘れてしまったときは、キッチンのそばの豆の保管部屋へ行って、日に焼けて山積みにされた、農園の干し草のかけらがあちこちについた麻袋を眺めることにしています。ここバレンシア・ストリートの真ん中で目覚めのコーヒーを飲むとき、失敗したブラウニーの生地に悪態をつくとき、その干し草のかけらは私たちになぜこの仕事をしているのかを思い出させてくれます。それをときどき思い出すのは、私たちにとってとても大切なことです。

GETTING TO KNOW
A NEW KIND OF CHOCOLATE
新しいタイプのチョコレートを知る

—————

ダンデライオンに来るまで、私はテンパリングされていないチョコレートを見たことがなく、チョコレートが粉末になるところも見たことがありませんでした。しかし、本当に驚いたのは、ふたつの原材料でできたシングルオリジンのチョコレートのフレーバーと、そのときそのときの変わりようです。そこには何のルールもなく、それぞれが個性的なものでした。

チョコレートの状態はそれぞれ違い、収穫によってフレーバーも異なります。豆のローストやリファイニングの途中で現れる小さな変化は、キッチンでチョコレートを扱うときの反応の仕方に大きな変化を生みます。新しいチョコレートが届いたとき、それを溶かすとどんな状態になるのかは予測がつかないのです。

一般的にガナッシュは同量のクリームとチョコレートで作ります。ダンデライオンにある異なるオリジンのチョコレートでガナッシュを作るとしたら、その差は歴然です。クリームのようにトロトロになったり、粘度が高くてスプーンから落ちないものもあります。同じことがブラウニーの生地にも起こります。ドロッとしてかたまりが残るものもあれば、ナッツバターのようにやわらかくなるものもあります。"カミーノ・ベルデ、エクアドル"で作ったチョコレートを溶かすと、数あるチョコレートの中でも一番粘度が高くなりますが、ガナッシュにするともっとも軽くなります。それはなぜかはわかりません。誰にもわからないのです。

ですから、このようなチョコレートを使ってお菓子を焼くには慣れが必要です。私は初めてペストリーシェフのテストを受けるまえ、試作のために大量のチョコレートを家に持ち帰りました。チョコレート・バーボン・パンナコッタを作って、トッドに最初に試食してもらおうと思ったのです。パンナコッタは繊細で軽いデザートですが、このチョコレートで作ると濃厚なプディングになりました。私はゼラチンを取り出し、もう一度挑戦しました。それでもうまくいかないので自分自身に不信感がわき、自

分のレシピでうまく作れることを証明するために、市販のミルク・チョコレートチップを持って試食テストに戻りました。そのチップが入っていたホイルの袋は、パントリーの一番上の棚に、私の"汚点"として飾っています。かつてチョコレート作りにどれだけ苦労したかを思い出すために。

ありがたいことに、試行錯誤しているうちに少しはうまくできるようになってきました。最後の試食テストでは、フルーティーなマダガスカル産チョコレートを使って軽いスフレ・ブラウニー（⇨324頁）を作り、ピーナッツバターとラズベリー・ガナッシュを層にしたPB&Jバーを作りました。これはラッキーなレシピでした。私はこのときまだ、トッドがピーナッツバターに目がないことを知らなかったからです。そんなこんなで、私はこの仕事を手にしました。新しいエプロンをつけ、ふたつの原材料でできたシングルオリジンのチョコレートという予測のつかない代物に立ち向かっていく気持ちが固まったのはこのときです。

それから4年経ちますが、チョコレートがペストリー・キッチンでどのように変身するのか、チョコレートを使ってどんなお菓子が作れるのか、ほぼ毎日新しいことを学んでいます。日々の実践で多くのことがわかってきましたが、この章では最初に学ぶとよかったと思われることをできる限りお話しします。そしてもちろん、私たちのカフェのお気に入りレシピも紹介します。

書かれているアドバイスやコツは、ふたつの原材料で作られたダンデライオンのシングルオリジン・チョコレートに関するものです。カカオバターやレシチン、複数の産地の豆、またはそれ以外のチョコレートの変化に影響を与えるような材料が含まれているクラフトチョコレートには当てはまらないかもしれません。ここで紹介するコツと魔法は、そのようなチョコレートで作るときも役に立つでしょう。ただし、添加されている材料によっては、ペストリーの質感や味わいが変わる可能性があることを覚えておいてください。

THE QUIRKS AND PLEASURES
OF WORKING WITH TWO-INGREDIENT,
SINGLE-ORIGIN CHOCOLATE

ふたつの原材料でできたシングルオリジンのチョコレートを使う楽しみ

シングルオリジン・チョコレートはペストリー・キッチンに多くのものをもたらしてくれます。何種類ものフレーバー、季節ごとのバリエーション、そしてチョコレートを新しい方法で加工するインスピレーションなどです。しかし、カカオ豆ときび砂糖といったふたつの原材料では、従来のような扱いやすいチョコレートにはなりません。シングルオリジン・チョコレートをエキサイティングにしている違いや特徴が、思いもよらないことをもたらします。ここでは、そんなチョコレートをあなたのキッチンで扱うときに遭遇しそうな問題点とその解決策を説明します。

粘度

たいていのチョコレートには、カカオ豆の成分（カカオ固形物とカカオバター）と砂糖以外のものが含まれています。レシチンや余分なカカオバター、そして大量生産のチョコレートの中にはパーム油や大豆油といったほかの油脂が入っています。第3章で学んだように、カカオバターを追加する理由はいくつかありましたね。バターのようになめらかな口当たりが生まれ、さらに（ここがポイントです）チョコレートの粘度が低くなります。滑りをよくする媒体が増え、カカオ固形物が中で移動しやすくなるからです。安価な添加油脂ほどこの傾向があります。粘度が低いと溶かしたチョコレートの濃度が低くなり、機械で扱いやすくなります。大豆レシチンのような乳化剤もチョコレートの流動性をよくして、保存期間を長くします。特にカカオバターを加えると、チョコレートがテンパリングしやすくなります。

粘度が低いチョコレートのほうがテンパリングに向いています。テンパリングするとチョコレートは重くなるので、最初から粘度の高いチョコレートを使うと、テンパリングできないことがあります。つまり、光沢のあるトリュフや、ナッツやイチゴにつけるチョコレート・ディップには不向きです。手の中で溶けないツヤのあるおしゃれなチョコレート（アーモンド・ブリトルや柑橘類の皮のチョコレートがけなど）を作るときは、テンパリングする必要があります。

私たちはカカオバターや乳化剤を加えないので、チョコレートに含まれる天然の油脂量に左右されます。豆の産地により

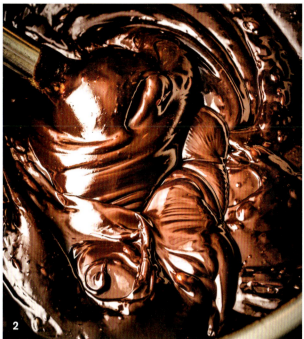

ますが、油脂は49〜58％の間です。私たちのカカオ70％チョコレートは、カカオバターの割合が34〜41％になり、油脂が50％近く含まれる一般的な製菓用チョコレートと比較してかなり低いのです。油脂の量が少ないため、溶かしたチョコレートは泡立て器の動きを止めてしまうほどです。

　私たちが扱うチョコレートのなかで、粘度が高いためにテンパリングできないのは、唯一、"カミーノ・ベルデ、エクアドル"です。バランスがよく、すばらしい味を持つ豆で、カカオ100％のバーに使っています。ファッジーでほのかにナッツが香るブラウニー生地のようで、キャラメルの後味が感じられます。ファクトリーの人気商品ですが、70％チョコレートを作るには粘度が高すぎるので、テンパリング・マシンのオーガーが詰まってしまいます。そのため、キッチンでは湯せん鍋とゴムベラを使ってテンパリングしますが、生乾きのセメントのように濃厚なペーストになって固まってしまいます。

　ふたつの原材料で作るチョコレートを探求するうえで、このようなチョコレートに遭遇したり、作ったりしても心配はいりません。テンパリングせずに利用する方法がたくさんあります。私たちはカミーノ・ベルデのテンパリングしていないブロックを細かく砕いて、テンパリングが不要なレシピ（ガナッシュやブラウニー、ケーキなど）や、ほかの材料と一緒に混ぜられるレシピに使います。

　この本で、テンパリングしたチョコレートが必要なレシピは、クッキーやケーキだけです。通常"チョコレートチップ"と呼ばれますが、私たちは"テンパリング済みの刻んだチョコレート"と呼んでいます。それが私たち独自のチョコレートチップの作り方だからです。テンパリングしたチョコレートを天板の上に流し、冷ましてから粗く刻みます。あるいは、このようなチョコレートチップをクラフトチョコレート・メーカーから購入することもできますが、扱っているメーカーは多くありません。テンパリングしていないチョコレートチップを入れてお菓子を焼くと、オーブンから出したときにブルームができ、クッキーの中で口当たりがよくしっとりしたチョコレートチャンクになりません。ボロボロと砕けたチョコレートでは、それほど満足できないでしょう。テンパリングしたチョコレートはオーブンから出してもしっとりした食感が続きます。テンパリングしていないチョコレートでは粉々になってしまいます。

1. ドゥルセ・デ・レチェ・バーのベースの上にガナッシュを注ぐ　2. ガナッシュの濃さは、カカオ豆の産地によって大きく異なる　3. オーブンから出したクッキーはボロボロに砕けたりせず、しっとりした食感のままなので、テンパリングしたチョコレートチップとの相性は抜群

THE RECIPES　239

ココアパウダーを手放し
新しいチョコレートの世界を開く

私たちのキッチンは、おそらくサンフランシスコで唯一、ココアパウダーがないペストリー・キッチンでしょう。私のお気に入りのチョコレート・デザートには、ココアパウダーを使うものがありますし、みなさんもお使いになっていると思います。

ココアパウダーは万能の材料です。甘みを加えることなく、濃厚な風味と色味を与え、小麦粉やケーキやクッキー用のミックス粉など、ほとんどのものに混ぜることができます。また、チョコレート・シロップを作るときにも使われます。基本的に粉砕したカカオ豆で、非常に高い圧力でカカオバターを搾って取り除いたものです。油脂を一滴残らず搾り出すためには膨大な圧力を必要とするため、ココアパウダーにも通常11％ぐらいの油脂が残っています。つまり缶入りのココアパウダーの89％は、正真正銘のカカオ固形物です。対照的に、ふたつの原材料で作るカカオ70％のチョコレートバーは、油脂が約35％、カカオ固形物が約35％、残りの30％が砂糖です。ほとんどの小規模なチョコレート・メーカーはココアパウダーを使わないうえ、ココアパウダーを作るための設備も持っていません。けれども、数字からわかるように、ココアパウダーをすり潰したチョコレートに置き換えるだけでは実際にはうまくいかないのです。

私が作った初めてのレシピ、デビルズフード・ケーキで、私たちはレシピの変換に挑戦しました。チョコレートに含まれるカカオバターはココアパウダーよりも多く、砂糖も補えるため、計算上は置き換えが可能のように思えました。理屈は完璧ですが、ケーキは失敗でした。生地が膨らまず、食感も硬く、甘味がほとんどありませんでした。そこから私たちは、日々学んでいる途中なのだという大きな教訓を得ました。そしてそれからは計算しなくなりました。

実際、ふたつの原材料だけで作ったシングルオリジンのチョコレートで好みのレシピを作ろうとするとき、方程式やわかりやすいコツ、信頼できる測定基準など存在しないからです。

私はこの課題が大好きになりました。新しいお菓子を作るたびに、新たな気持ちになるからです。でも、あなたがデビルズフード・ケーキのレシピをエクアドルのチョコレートバーで作ってみたいなら、最初にフードプロセッサーやスパイス・グラインダーでチョコレートを砕き、溶け始めるまでチョコレートを砕いてください。置き換えるときは、ココアパウダーより細かく砕いたチョコレートを使います。ココアパウダーに含まれるカカオ固形物の割合と合わせるためです。おそらく、砂糖とバターの比率がめちゃくちゃになってしまいますが、作るたびにあれこれ変えてみてもいいでしょう。あるいは、私たちのように実際のチョコレートに合わせてレシピを開発することもできます。

より多くの課題に取り組むまえに、まず、ココアパウダーを手放し、ふたつの原材料で作るチョコレートの世界へ旅立つメリットをお教えしましょう。それは、広大で変化に富んだフレーバーの実験という新しい世界が開かれるということです。ペストリー・キッチンにとって、本当にエキサイティングなことだと思います。

HOW WE TEMPER IN OUR KITCHEN
ダンデライオンのテンパリング方法

　この本の38頁から始まる第2章の"チョコレートを作るためのクイック・スタートガイド"をご覧になりましたか？ そのセクションを最初から最後まで読まれたら、私たちのテンパリングのテクニックだけでなく、伝統的な手法もいくつかご存じですよね。私たちのペストリー・キッチンでは、従来のテンパリング・プロセスのある部分を省略する型破りな方法を採用しています。省略するのはチョコレートの温度をIV型結晶が溶ける32.2℃まで戻す工程で、私たちのプロセスでは効果があります。手短にいえば、チョコレートを48.9℃まで温めてから、32.2℃まで温度を下げ、シリコン製のベーキングマットかクッキングシートを敷いた天板の上に流し込んだら作業は終わりです。模範的なテンパリングのように完璧な弾力や光沢が出ないかもしれないという意味では、必ずしも優れたテンパリングではないものの、その状態に限りなく近づきます。

　確かに、私たちはプロダクション・チームほど細かな温度にこだわりません。ペストリー・キッチンで作るものの賞味期限は1〜3日で、チョコレートはチョコレートチップとしてクッキーに埋め込んだり、ニブ・トフィーのキャラメル層の上に流し込んだりするので、光沢を1年間保つ必要があるチョコレートバーを作るときほど温度を細かく気にしないのです。とはいうものの、光沢のあるシェル・チョコレートやトリュフを作るときは、美しく仕上げるためにこの迅速な方法でテンパリングします。トリュフは数日以内に食べることを想定しています。ここで注意してほしいのは、オリジンによってテンパリングに最適な温度が私たちの設定温度と微妙に異なる場合があるということです。32.2℃でテンパリングが完了するチョコレートもあれば、その温度の前後1〜2℃（ほとんどの場合、30℃から32.8℃の間）で完了するものもあります。私たちのチョコレートのなかには、29.4℃という低い温度でテンパリングが完了するものもあります。そのため、あなたのチョコレートのテンパリングが完了したときの温度（私たちは"作業温度"と呼びます）を記録して、今後の作業ではそれを基準値として使いましょう。

キッチンの
クイック・テンパリング・メソッド

用意するもの

    ピーナッツの大きさに刻んだチョコレート
    片手鍋
    片手鍋より幅が広いスチール製のボウルか湯せん鍋
    ゴムベラ
    赤外線温度計
    シリコン製のベーキングマットと天板、または型

　チョコレートの3分の2を片手鍋か湯せん鍋に入れ、湯せんにかけて溶かします。このとき48.9℃まで温めます。

　ボウルを湯せんから外し、残りのチョコレートを3回に分けて加え、32.2℃まで温度を下げます。加えたチョコレートが完全に溶けるまでしっかりかき混ぜてから、次のチョコレートを追加します。カカオのオリジンによって、チョコレートのテンパリングが完了する温度は30℃から32.8℃の間で異なります。

　32.2℃になったらスプーンテストをおこないテンパリングの仕上がりを確認します。スプーンをチョコレートにさっと浸して

左から右へ：結晶化していない／テンパリングしていないチョコレート、結晶化しているものの、テンパリングが完了していないチョコレート、十分にテンパリングされたチョコレート

固まるまで置き、3分後にチェックします。チョコレートを触ったとき硬くなってうっすらとツヤがあり、筋が残らなければテンパリング完了です。固まって白い筋が見られたり、触ったときにベトベトしたり液状なら、さらに数分放置します。この状態が5分後も変わらなければ、そのチョコレートはテンパリングできていません。チョコレートを触ったときに硬くなっていても、見た目がくすんだ色だったり、色あせた渦が見られる場合は、チョコレートの温度が高すぎるか低すぎる、またはテンパリングの過程でしっかり混ざっていなかったことが原因です。チョコレートを温めて48.9℃まで戻し、もう一度やり直しましょう。スプーンテストのスピードを上げるには、スプーンを冷蔵庫の中で最長で2分間冷やし、同じ兆候を探ります（下の写真を参照）。

　チョコレートの最適な作業温度を見つけるか、あるいはその温度に達するまでチョコレートを混ぜ続けましょう。いったん適切な温度に達したら、チョコレートを型に流し込み、完全に固まるまで冷蔵庫で冷やします。このとき必ずチョコレートの作業温度を記録して、今後の基準値として活用しましょう。

問題解決のヒント

　チョコレートが最適な作業温度に達しても、チョコレートのかたまりが残っている場合は、湯せん鍋に入れるか湯せんにかけて30秒間温めます。そして2分間かき混ぜましょう。必要に応じてかたまりが溶けるまで繰り返します。このときチョコレートの温度が33.1℃を超えないようにします。

　混ぜている間にチョコレートの温度が33.1℃を超え、ボウルの中のチョコレートが完全に溶けていれば、ひと握りのチョコレートを追加して、温度を下げます。

VARIABILITY
収穫年度や産地による変化

カカオ豆は収穫のたびに、また地域によっても変化するので、私たちは常にシングルオリジンのチョコレートをどのように扱うか見直しています。それぞれの産地の核となるフレーバーはそのまま残る傾向があり、華やかなシトラスの特徴やチョコレートらしい風味が感じられることもありますが、ニュアンスは変わります。また、油脂の含有量も影響します。前述した"赤道から遠ざかるほど豆に含まれる油脂が多くなる"ということを覚えていますか。油脂の含有量は毎年の天候にも左右されるため、私たちのキッチンのドアを通ってくる新しいチョコレートがどんなチョコレートなのかは想像がつきません。でも、それも楽しみのひとつです。

オリジンの異なるチョコレートは粘度とフレーバーも異なるため、どんなチョコレートにも合うレシピの考案はできません。その代わり、そのチョコレートから始めてそこから考えを進めていくのです。

そのつど変わるということはある意味厄介ですが、同じレシピでも別々のチョコレートを使うことで、いろいろなフレーバーが楽しめるといった利点もあります。私たちのブラウニーのレシピを例に挙げましょう（⇒324頁）。マダガスカルのアンバンジャのチョコレートを使うと、生地は赤色になり、チェリーの香りがします。パプアニューギニアのラエは、濃厚な色の生地にチョコレート・レーズンの香りとスモーキーな風味があります。グアテマラの生地の香りは、クラフトのパルメザンチーズを連想します（いい意味で！）。初めて全部並べて調べたときには、とても興奮しました。ひとつのレシピでこのように変化するものがほかにあるでしょうか。

変化に富み予測が不可能なため、柔軟なアプローチが必要です。チョコレートが変われば、私たちの取り組み方も変わります。"耳を傾け、流れに身を任せる"というふうに考えると、少しロマンチックな気分になりますね。

ふたつの原材料で作ったシングルオリジンのチョコレートを使って私たちのレシピでブラウニーを作ろうとすると、生地が分離したり、クッキーが石のように硬くなったりするなど、途中でつまづくかもしれません。327頁に便利なトラブルシューティングを掲載しています。私たちが直面した問題はほとんど解決しました。キッチンで徹夜したり、優秀な仲間の存在があったからです。ここからは、そんなチョコレートに取り組むときの考え方をいくつかお話ししましょう。

ガナッシュの濃度は、オリジンとチョコレートに含まれる天然の油脂量に左右される
左から右へ：マダガスカルのアンバンジャ、パプアニューギニアのラエ、エクアドルのカミーノ・ベルデ

THE RECIPES　243

CHOOSING WHAT ORIGIN TO USE
チョコレートの産地を選ぶ

あなたが産地を選ぶこともあれば、産地があなたを選ぶこともあります。シングルオリジンのチョコレートをレシピに取り入れるために、ほかのフレーバーについて考えてみましょう。ベリーや柑橘系のフルーツを使う場合、それらの特徴が反映されたフルーティーなチョコレートがよく合うかもしれません。いわば、フルーティーな点が強調されるのです。パプアニューギニアのチョコレートは、豆を発酵させたあとの乾燥方法の影響でスモーキーなことが多く、私たちはスモアに使います。キャンプファイヤーのときのように、バーナーを使ってマシュマロをあぶり、香ばしいキャラメル状にします（⇒317頁）。これらは似たようなものの組み合わせです。

けれども、チョコレートは意外な組み合わせでもしっくりとおさまります。ピーナッツバター＆ジェリーと同じようなベリーの風味は、チョコレートらしいチョコレートのうち温かいファッジーなトーンに合うかもしれません。ラズベリーのピューレが小麦粉を使わないチョコレート・ケーキと相性がいいのと同じです。フルーティーなチョコレートとスモーキーな風味がよく合うのは、バーベキューで熟したピーチを焼くとおいしく感じるのと同じ感覚です。

ですから、味わって、考えて、体験して、フレーバーのバランスがどうなっているかを確認しましょう。果実らしさを出したいなら、フルーティーなチョコレートを選びます。あるいは、フルーティーな特徴をベースにしたいなら、ロースト感があってナッティーなチョコレートを選びましょう。ルールなどありません。学ぶことも大きな楽しみのひとつです。

NIBS IN
THE KITCHEN

キッチンの中のニブ

　当初、私はニブに対して気後れしていました。私にとって未知のもので、ときおりオレンジのような酸味やコーヒーの味がするローストしたナッツのように思えました。それをどう使えばいいのでしょう。最初はタルトやスコーンの上に軽く振りかけていたのですが、ここ数年の間にニブは何にでも使えることがわかり、クッキーの中に入れてみたり、スコーンにのせてみたりと実際にいろいろと試してみました。あらゆるブレンド・ドリンクにも入れてみました。やわらかいスコーンにカリッとした食感を与え、ドリンクに土のような、香ばしい、フルーティーなフレーバーをもたらします。そして、突然ひらめきました。温めたクリームにニブを浸すと、クリームがニブのフレーバーを吸収して、スプーン1杯のバターのような白いクリームができ上がりました。その味はまるでミルクチョコレートのようです（⇒341頁ニビー・パンナコッタ、262頁カカオニブ・クリーム）。私はすっかり気に入りました。

　ニブはとてもクリエイティブな材料です。あまりに気に入ったので、自分のノートパソコンに「ニビー・ベイビー・J」と名前をつけたほどです。ニブを使ったお菓子作りに慣れるには、ニブをナッツのように扱うことです。実際にナッツの味がすることもありますが、よりロースト感が強く複雑な味がします。そして合わせるものが何であっても、ニブはナッツと似たような質感とフレーバーをもたらします。ニブをナッツと組み合わせた場合、ナッツが持つ木の実の香りが強調されることがあります。アーモンドやヘーゼルナッツが入ったニビー・オルチャータ（263頁）のような感じです。しかし、レパートリーにニブを取り入れるのにもっともよいのは、フレーバーと質感のふたつの点から考えられることです。別のフレーバーを加えたり、ニブからフレーバーを抽出しなければ、たいていはフレーバーと質感の両方をレシピに加えられますが、あなたの好みでどちらか一方だけを活用する方法もあります。

質 感

　ニブそのものは硬くてアーモンドのような歯ごたえがあり、何に入れてもその質感が加わります。私はバター入りのやわらかいスコーンやトフィーに入れたときのカリッとした歯ごたえが気に入っています。ソフトクッキーの真ん中に混ぜ込むのも好きです。夏野菜、ソフトチーズ、フルーツを合わせたサラダに入れると美しいバランスをもたらします。カボチャなどのローストした野菜の上にのせたり、サワー種で作ったパン生地に混ぜ込むこともできます。まずは、相反する質感と組み合わせることから始めましょう。クリーミーなヨーグルト、やわらかいマフィン、ガナッシュ入りの濃厚なトリュフなどです。

　ニブは砕かずに使います。刻んだり砕いたりすれば、異なる食感が楽しめます。お好みの粗さにできますが、液化する手前でやめましょう（放っておくとすぐに液化することもあります）。ニブを刻むには、ナイフを使ってナッツの山を刻むように細かくします。ニブをすりつぶすには、スパイス・グラインダーやフードプロセッサー、ブレンダーを使って粉状に粉砕します。

様子を見ながら液状になりはじめるまえに停止します。かたまりができ、油脂が出てきて湿ったようになることでわかります。

　ニブを刻んだり、すり潰して表面積を広げると、ガリガリした食感を和らげ、フレーバーを引き出すことができます。使い方はニブを丸ごと使用するときと同じですが、刻むとやわらかい食感になります。粉末にすると、メキシコのアトレに入れるマサや細挽きのポレンタのように、ザラザラしたおもしろい食感を与えてくれます。あるいは、スムージーやミルク・シェイクと一緒にブレンダーに入れると、粒っぽい食感のおいしさが楽しめます。

フレーバー

　ニブのフレーバーの強さは使い方によって変わります。ニブのフレーバーは、苦みや渋み、チョコレートの香りのする土っぽいものから、木の実、牛乳、ワイン、スパイスの風味まであらゆる範囲に及びます。すべてはオリジンによります。基本的にはチョコレートのフレーバーですが、砂糖やそのほかの材料によって希釈されていないと、フレーバーが強くなることがあります。一方、非常に万能でもあります。チョコレートは甘いですが、ニブは甘くありません。シュトロイゼルに振りかけてもいいですし、すり潰してサラダのドレッシングに混ぜ込んでもいいでしょう。

　ニブのフレーバーに慣れるには丸ごと食べたり、あるいは砕いて粉末やカカオリカーにすると強烈なフレーバーを感じるでしょう。熱湯にひと握り入れて、アロマやフレーバーを浸出させる方法もあります。実際に異なるオリジンのフレーバーを並べて比較する際に効果的な方法です。

　純粋なフレーバーを抽出するには、ニブを温かい乳製品かアルコールに入れてください。驚くほど濃いフレーバーが出ます。温めた濃いクリームにニブを浸したとき、私は初めてそこ

1. ニブはスコーンのやわらかさに歯ごたえを加える　2. クリームに浸したニブは、フレーバーを引き出すのに最適

246　MAKING CHOCOLATE

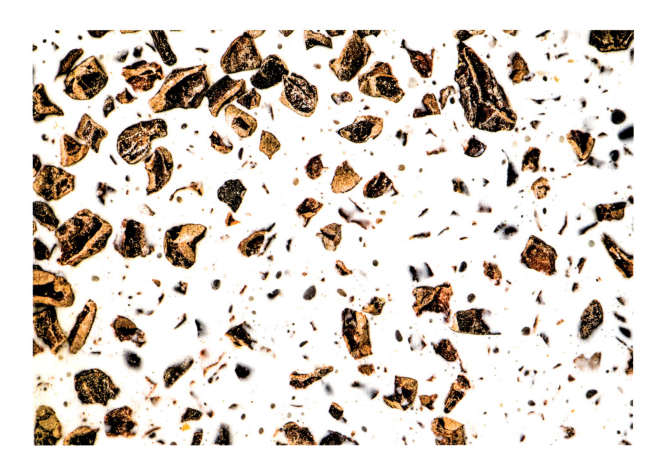

に秘められたフレーバーを理解しました。ニビー・パンナコッタ（⇒341頁）という、見た目はバニラ・プディングなのに味はチョコレートという、現実離れした夢のようなデザートを作ったときでした。温かい牛乳やクリームにニブを入れても同じ効果があります。アイスクリームの材料や、ウイスキーやジンに入れるのもいいですね。私たちはカクテル用にニブのバーボンを作ることもありますが、それはビターなカカオの味がします。油脂とアルコールはニブのフレーバーを引き出す最適な方法です。

　計画通りにできるなら、ニブのフレーバーのコントラストをつけたり、引き立てることを考えましょう。フルーティーで強めのニブは、イチゴやブラック・カラントやバルサミコ・ヴィネガーと合わせて夏のサラダを作ったり、ベリーと合わせてコーヒー・ケーキを作ったりするといいでしょう。対照的に、バニラ・パンプディングやクレーム・ブリュレなど濃厚なデザートにフルーティーな刺激を加えることもできます。チョコレートらしい、土のような、ナッティーなフレーバーのニブは、コブラー（フルーツを使ったパイ）に使う酸味のあるリンゴとバランスを取ったり、クラシックなブラウニーにより深みを加えたりするのにいいでしょう。

　私たちのキッチンでは、ニブを砂糖漬けにしています。そうするとツヤのあるきれいな仕上がりになり、苦味も取り除いてくれるのです。シンプルなシロップで20分煮詰めます。それを乾かして油で揚げると、ザクザクした食感になります。

　ニブは自宅で楽しむメニューにもぴったりです。すり潰して、ステーキやカモ肉などにすり込んでください。ニブのフレーバーにもよりますが、シナモン、オールスパイス、フェンネル、アニス、タイム、ローズマリーなどどんなスパイスやハーブとも相性がいいでしょう。ニブがラムのソーセージのピザにのっていたり、サラダのドレッシングに入っているのを見たことがあります。ローストされた風味や、土のようなナッティーな広がりを加えたいときに使ってください。

オリジンによってガナッシュは濃厚でドロドロになったり、サラサラで滴ることもある

A WORD ABOUT GANACHE
(AND HOT CHOCOLATE)
ガナッシュとホットチョコレートについてのお話

オリジンによってはテンパリングすると重くなるものがあり、そのようなチョコレートはガナッシュの性質も変わってきます。不思議なことに、もっとも濃度の高いチョコレートがもっとも濃厚なガナッシュになるわけではありません。実際のところ、まったく関係がないようです。作りたいガナッシュと、チョコレートの濃度や性質は一致しません。

私たちのエクアドルのチョコレートは残念なことに濃度が高いのですが、実は非常に軽いガナッシュになります。マダガスカルやパプアニューギニアやドミニカなど、エクアドルほど濃厚でないチョコレートで作ったガナッシュよりも軽いのです。マダガスカルのチョコレートはそれ自体が重く、その濃厚さがガナッシュになっても残っています。ドミニカのチョコレートはどちらも軽いまま、パプアニューギニアはテンパリングすると重くなりますが、ガナッシュになるとやや加工しやすくなります。どうしてこうなるのかはわかりません。

通常、ガナッシュは同量のクリームとチョコレートが必要です。ほとんどのチョコレートはふたつの原材料で作るチョコレートよりも油脂が多めなので、私たちは一般的な分量よりも少し多めにクリームまたは牛乳を入れます。ガナッシュの理想的な濃度は使い道によります。濃度が低いものはケーキに塗り広げるのに適していて、トリュフのフィリングには濃厚なガナッシュがいいでしょう。必要以上にガナッシュが濃厚になったら、クリームか牛乳を少し足して軽く混ぜます。軽くなりすぎたら、チョコレートを少し足して調整します。これは謎を解き明かさなくても対処できますね。

それから、常に作りたてを使います。早く作りすぎてしまった場合、ふたつの原材料のシングルオリジン・チョコレートで作ったガナッシュは元通りにできません。一般的なチョコレートなら、冷やして固めたガナッシュを温め直して混ぜるとなめらかな質感を取り戻し、パイピングに使うことできますが、私たちのチョコレートの場合、新鮮なものを冷やすと油脂と固形分が分離しはじめるため、作り直すことは不可能です。この状態をブロークン・ガナッシュと呼んでいて、指を滑らせるとわかります。新鮮なガナッシュはなめらかで平坦ですが、一度壊れてしまうと、粗くて少し砂っぽく、波紋とひびが入っていて、表面の質感はザラザラして、容器の側面にくっつかずにすべり落ちます。

ブロークン・ガナッシュをケーキのパイピングに使ったりクッキーに入れようとすると、絞り袋に油脂の粒が残り、なめらかに絞り出せずに噴き出します。カカオバターの球状分子が縮んで沈殿するからです。かき混ぜながら温め、油脂をさらに加えると、たいていの場合うまくいきます。

私たちはレシピの多くでガナッシュを使用します。実は、ホットチョコレートは全部ガナッシュから作っています。チョコレートに少し牛乳を加え、そのあと牛乳をさらに加えるとホットチョコレートができますが、先にガナッシュを作っておくと便利なときもあります。シチューや肉やクッキー生地と同じように、寝かせることでガナッシュのフレーバーもよくなります。フレーバーに深みを出すには一晩置けば十分です。また、新鮮なガナッシュもすばらしく、たとえばケーキの上にのせる場合のように、ガナッシュの見た目が重要なときは、新鮮なガナッシュを使います。ホットチョコレートやクッキーの中に練り込んだりする場合は、寝かしたガナッシュで楽しんでもいいでしょう。

レシピ

ここで紹介するレシピは、私たちのファクトリーで作るチョコレートのために開発しました。もちろんあなたのキッチンにはダンデライオン以外のチョコレートもあると思うので、違うものも使っていろいろ試してください。特に自分で作ったチョコレートで。

どのレシピにもおすすめのフレーバーのプロファイルと割合を紹介していますが、あなたの好みで私たちの提案を参考に自由に試してください。また、適切な温度や時間はお使いの機器によって異なります。記載している数値を目安として、適宜調整してください。

THE RECIPES　249

DRINKS

EUROPEAN DRINKING CHOCOLATE

ヨーロピアン・ドリンキング・チョコレート

できあがり：120ml×5杯

おすすめのチョコレート・プロファイル：チョコレートらしい、ナッティー、濃厚なファッジ・ブラウニー

　このレシピはオリジンの異なるチョコレートを同時にテイスティングするときに最適です。草のような素朴なバーの香りや、やわらかいシトラスのようなベリー風味のチョコレートの後味など、チョコレートだけでは感じられないような味を、温めた牛乳とブラウンシュガーがフレーバーを強く引き出します。通常はクラシックなチョコレートらしくてまろやかなものをおすすめしていますが、酸味のあるチョコレートは、温かいドリンクでは強いフレーバーがさらに強まるので、あなたのお好みのものをどうぞ。

　このホットチョコレートは人気のあるドリンクのひとつで、溶かしたチョコレートバーのピュアな味を存分に味わうことができます。このレシピは、ハウス・ホットチョコレート（⇒254頁）およびミッション・ホットチョコレート（⇒258頁）と同じく、私たちの最初のペストリーシェフ、フィル・オギエラが考案しました。パリのさらっとしたホットチョコレートと、ほぼプディングに近い濃さのイタリア風ホットチョコレートの中間くらいで、少しずつ飲む濃厚なチョコレートです。以前、あるイタリアのお客様が自分の家にあるものよりもこちらのほうがいいとほめてくれました。では、彼の言葉を信じて先に進みましょう。

◆INGREDIENTS 材料

牛乳　480ml
ライト・ブラウンシュガー　10g
カカオ70%チョコレートを刻んだもの　240g
トッピング用マシュマロ（お好みで）⇒270頁

◆DIRECTIONS 作り方

大きめの耐熱ボウルに牛乳240mlとライト・ブラウンシュガーを入れ、沸騰したお湯の入った湯せん鍋で温める。ときどきかき混ぜながら湯気が立つまで温める。

湯せんにかけながら、温かい牛乳にチョコレートを入れる。ツヤのある乳状になるまで、さらに3分混ぜる。この時点でガナッシュはかなり濃厚に見えるかもしれません。

残りの牛乳を少しずつゆっくりと加えながら混ぜる。ときどきかき混ぜ、混ざったものから湯気が立つまでさらに4〜5分温める。

お湯の入った鍋からボウルを外し、ホットチョコレートをマグに注いだら、すぐにサーブする。お好みでマシュマロを2、3個添えるのもおすすめ。

THE RECIPES　253

HOUSE HOT CHOCOLATE

ハウス・ホットチョコレート

できあがり：210ml×4杯

おすすめのチョコレート・プロファイル：チョコレートらしい、ナッティー、フローラル、土のような、濃厚なファッジ・ブラウニー

　このホットチョコレートは、アメリカ人ならみんな大好きだと思います。ヨーロピアン・ドリンキング・チョコレート（⇒253頁）はとろみがあって濃厚ですが、こちらはまろやかで軽く、親しみやすいでしょう。無脂肪乳を使うとチョコレートが引き立ち、だいたい2対1の割合にすると、よりさっぱりして（さらにお子さま好みの味になります）、たくさん飲めるようになります。私たちはそれが利点だと考えています。私たちのカフェでは、チョコレート・ショートブレッド（⇒288頁）やマシュマロ（⇒270頁）を添えて、ポットで提供しています。

　ヨーロピアン・ドリンキング・チョコレートと同じく、さまざまなプロファイルのフレーバーに合いますが、エクアドルのチョコレートのクラシックなブラウニー生地のフレーバーが私たちのお気に入りです。これも、異なるオリジンのものを同時にテイスティングするのに非常によいレシピなので、いろいろなお好みのフレーバーのチョコレートで試してみてください。でも、温めたミルクが渋みや酸味を強調し嫌味な味になってしまうことがあるので、酸味のあるチョコレートや渋いチョコレートはおすすめしません。

◆ INGREDIENTS 材料

無脂肪乳　600ml

ライト・ブラウンシュガー　20g

カカオ70％チョコレートを刻んだもの　240g

トッピング用マシュマロ（お好みで）　⇒270頁

◆ DIRECTIONS 作り方

大きめの耐熱ボウルに無脂肪乳240mlとライト・ブラウンシュガーを入れ、沸騰したお湯の入った湯せん鍋で温める。ときどきかき混ぜながら湯気が立つまで温める。

湯せんにかけながら、温かい無脂肪乳にチョコレートを入れる。ツヤのある乳状になるまで、さらに3分混ぜる。この時点ではかなり濃く見えるかもしれません。

残りの無脂肪乳を少しずつゆっくりと加えながら混ぜる。ときどきかき混ぜ、混ざったものが温まるまでさらに4〜5分温める。

お湯の入った鍋からボウルを外し、ホットチョコレートをマグに注いだら、すぐにサーブする。いつものように、お好みでマシュマロを2、3個トッピングするのもおすすめ。

GINGERBREAD HOT CHOCOLATE
ジンジャーブレッド・ホットチョコレート

できあがり：240ml×5杯

おすすめのチョコレート・プロファイル：スパイシー、チョコレートらしい、ナッティー、濃厚なファッジ・ブラウニー

　ホリデーシーズンのメニューにのせる、ハウス・ホットチョコレート（⇒254頁）をアレンジしたこのホットチョコレートは飛ぶような売れ行きです。スパイスと糖蜜が相まって深みを増し、子どもの頃に食べたジンジャーブレッドの懐かしさを呼び起こします。

　このレシピのスパイス層のベースには、昔ながらのチョコレートらしいチョコレートが合いますが、"マンチャーノ、ベネズエラ70％"のようなスパイシーな特徴を持つチョコレートを使うと深みが出るので私は好きです。キャラメリゼしたオレンジや、煮たり乾燥したりしたフルーツの特徴を持ったバーや、酸味が強すぎないバーを使うとうまくいくでしょう。

　このレシピでは、実際に必要な量より多めのスパイスを準備します。スパイスミックスが残ったら、コンテナやジャーに入れておけば長く保存できるので、クッキーやリンゴジュース、焼き菓子などに入れてお使いください。

◆INGREDIENTS 材料

ジンジャーブレッド・スパイスミックス

シナモンパウダー　15g
ジンジャーパウダー　25g
ナツメグパウダー　5g
クローブパウダー　3g

ホットチョコレート

無脂肪乳　956ml
ライト・ブラウンシュガー　10g
カカオ70%チョコレートを刻んだもの　227g
糖蜜　17g
ジンジャーブレッド・スパイスミックス（上記）　3g
トッピング用マシュマロ（お好みで）⇒270頁

◆DIRECTIONS 作り方

ジンジャーブレッド・スパイスミックスを作る

シナモン、ジンジャー、ナツメグ、クローブを小さなボウルに入れ、合わせておく。

ホットチョコレートを作る

大きめの耐熱ボウルに無脂肪乳240mlとライト・ブラウンシュガーを入れ、沸騰したお湯の入った湯せん鍋で温める。ときどきかき混ぜながら湯気が立つまで温める。

湯せんにかけながら、温かい無脂肪乳にチョコレートを入れる。ツヤのあるポマード状になるまで、さらに3分混ぜる。

糖蜜とジンジャーブレッド・スパイスミックスをボウルに入れ、混ぜ合わせる。

残りの無脂肪乳を少しずつゆっくりと加えながらときどき混ぜ、ホットチョコレートから湯気が立つまで約10分温める。

お湯の入った鍋からボウルを外し、ホットチョコレートをマグに注ぎ、すぐにサーブする。お好みでマシュマロを2、3個添えてもよい。

THE RECIPES 257

MISSION HOT CHOCOLATE

ミッション・ホットチョコレート

できあがり：240ml×5杯

おすすめのチョコレート・プロファイル：ピリッとした、フルーティー、酸味、ナッティー

　スパイスの効いたわずかにピリッとするホットチョコレートは、1950 ～ 60年代に布教活動の
ために移住してきたメキシコ系アメリカ人へのオマージュです。彼らは今日なお残るラテン文化
を確立しました。何千年も前からニブとスパイスを挽き、チョコレート・ドリンクを飲んでいたア
ステカ、オルメカ、マヤの伝統を彷彿させるフレーバーです。レシピにあるチリパウダーが酸味
のあるフルーティーなチョコレート（カフェではもっとも酸味がありフルーティーなマダガスカル産
を使用しています）を引き立てます。無脂肪乳と牛乳を無糖のアーモンドミルクに置き換えると、
ヴィーガンの方もおいしく召し上がれます。

◆ INGREDIENTS 材料

ライト・ブラウンシュガー　60g

シナモンパウダー　3g

オールスパイス・パウダー　1g

赤唐辛子パウダー　0.5g

パシーヤ　3g

バニラ・ビーンズ　1本

無脂肪乳　240ml

カカオ70％チョコレートを刻んだもの　240g

牛乳　960ml

トッピング用マシュマロ（お好みで）⇒270頁

◆ DIRECTIONS 作り方

ライト・ブラウンシュガー、シナモン、オールスパイス、赤唐辛子、パシーヤを小さなボウルに入れて混ぜ下準備をしておく。

バニラ・ビーンズを果物ナイフで縦半分に切り、ナイフの背を使ってさやの中から種をこそげ取る。

大きめの耐熱ボウルに無脂肪乳を入れ、沸騰したお湯の入った湯せん鍋で温める。湯気が出始めたらチョコレートをボウルに入れる。チョコレートがすべて溶けて、ガナッシュがずっしりと重くなりツヤが出るまで約3分混ぜる。

ここでライト・ブラウンシュガーとスパイスを混ぜたもの、バニラ・ビーンズの種をガナッシュに加え、温めながら混ぜ続ける。

ガナッシュに牛乳をゆっくりと流し込み、よく混ぜる。ホットチョコレートをときどきかき混ぜながら、湯気が出るまで温める。

お湯の入った鍋からボウルを外し、マグにホットチョコレートを注ぎ、すぐにサーブする。お好みでマシュマロを2、3個添えてもよい。

FROZEN HOT CHOCOLATE
WITH COCOA NIB CREAM

フローズン・ホットチョコレート、カカオニブ・クリームを添えて

できあがり：240ml×8杯分

おすすめのチョコレートとニブのプロファイル：ナッティー、ファッジ・ブラウニー、チョコレートらしい

　サンフランシスコにはいわゆる“真夏”と呼べるものがありません。でも、年に数日は爽やか で、上着を脱いで芝生に横になりたくなるような日もあります。そんな日のために冷たいチョコ レート・ドリンクを作りたかったのです。冷たいけれど、私たちのホットチョコレートらしさが強く 感じられるもの。なめらかで冷たい、風味豊かなホットチョコレートと氷のドリンクはどうしたら 作れるのでしょうか。私たちは結局、ミルクシェイクとクラシックなホットチョコレートの濃厚な風 味を組み合わせました。コツ？ それは濃厚なチョコレートシロップを作って、氷と混ぜることで す。これこそが完璧なフローズン・ホットチョコレートだと私は考えています。

　ベースとなるシロップには良質でチョコレートらしいチョコレートが合います。よりファッジーな もののほうがいいでしょう。ナッツや糖蜜、ブラウニー生地のように温かみのあるチョコレートな ら、クラッシュした氷とのバランスが取れます。私たちは古き良き“カミーノ・ベルデ、エクアドル 70％”を使います。

◆INGREDIENTS 材料

水　180ml

牛乳　600ml

砂糖　220g

ライト・コーンシロップ　22g

カカオ70％チョコレートを刻んだもの　315g

カカオ100％チョコレートを刻んだもの　97g

トッピング用カカオニブ・クリーム　⇒262頁

◆DIRECTIONS 作り方

水、牛乳、砂糖、コーンシロップを大きめの鍋に入れ、中〜 強火で煮立たせる。

チョコレートを2種類とも鍋に入れ、中火にする。

チョコレートが溶けるまで混ぜる。溶けたら弱火にし、完全に 混ざって、シロップにツヤが出るまで2〜3分かき混ぜたら、 火からおろして冷ます。チョコレートシロップはすぐに使えるが、 残ったものは冷蔵庫で保存する。

1杯につき240gの氷と120mlのチョコレートシロップをミキ サーに入れ、20〜30秒、濃厚なミルクシェイクのような質感 になるまで撹拌する。カカオニブ・クリームをトッピングして、す ぐにサーブする。

THE RECIPES 261

COCOA NIB CREAM
カカオニブ・クリーム

できあがり：約2カップ

おすすめのチョコレート・プロファイル：チョコレートらしい、ナッティー、温かみのある

◆ **INGREDIENTS** 材料

生クリーム　480g
砂糖　30g
カカオニブ　60g

◆ **DIRECTIONS** 作り方

小さな片手鍋に生クリームと砂糖を入れ、中〜強火にかけて沸騰させる。沸騰したら火を止め、ニブを加えて混ぜる。30分放置してニブを浸す。浸出させすぎると苦みが出るので時間に注意する。

目の細かいストレーナーで漉し、ニブを取り除く（もしくはたい肥に使う）。温かいクリームは泡立たないので、クリームが冷めるまで冷やす。

泡立て器を取り付けたスタンドミキサーで（もしくはハンドミキサーで）クリームに軽くツノが立つくらいまで泡立てる。サーブするまでは冷やしておき、1日で使い切る。フローズン・ホットチョコレートの上にスプーンたっぷり1杯分をのせる。

NIBBY HORCHATA
ニビー・オルチャータ

できあがり：240ml × 6杯

おすすめのニブ・プロファイル：チョコレートらしい、ナッティー、温かみのある

　伝統的なラテンアメリカのオルチャータは、甘くてすっきりした軽いドリンクです。お米とアーモンドのクリーミーでミルキーな食感にシナモンの風味が加わり、まるでライスプディングを冷たい飲み物にしたかのようです。私たちは"カミーノ・ベルデ、エクアドル"のニブとヘーゼルナッツを加えて、オリジナルのオルチャータを作っています。濃厚でチョコレートらしい、かすかにナッティーなドリンクは、氷を入れてサーブするとぴったりです。

　このレシピはチョコレートではなくニブを使います。ヘーゼルナッツやアーモンドと調和するものがいいでしょう。ナッティーなニブはナッツの風味を際立たせるので、私たちも気に入っています。どんなニブを使っても温かみのあるフレーバーが感じられるでしょう。

◆INGREDIENTS 材料

アーモンド　75g

ヘーゼルナッツ　60g

タイ米（長粒米）　105g

カカオニブ　90g

シナモンスティック　1本

水　960ml

砂糖　210g

無糖のアーモンドミルク　240ml

◆ **DIRECTIONS** 作り方

オーブンを180℃に予熱する。天板の上にアーモンドとヘーゼルナッツを重ならないよう均等に並べ、黄金色になるまで5〜8分焼く。

大きなボウルに焼いたアーモンドとヘーゼルナッツ、米、ニブ、シナモンスティックを入れる。

水と砂糖を中くらいの片手鍋に入れ、強火で沸騰させシロップを作る。鍋を火からおろし、ナッツ、米、ニブとシナモンが入ったボウルにシロップを流し込み、混ぜる。

高速ブレンダーでなめらかな液状になるまで混ぜる（私たちはバイタミックスを高速で3分使います。一般的なブレンダーなら最低でも5分混ぜましょう）。シナモンスティックは液の中でやわらかくなるため、ブレンダーを使う際に取り出す必要はない。

目の細かいストレーナーをピッチャーの上に置いて、注ぎ入れる。できる限り漉したら、ゴムベラやスプーンでかたまりを押して搾る。ストレーナーに残ったかたまりは捨てる。

漉した液をブレンダーに戻し、高速で2分回す。先ほどの手順でさらに液を漉す。

それをアーモンドミルクに混ぜ入れ、氷の上に注ぐ。残ったものはフタをして冷蔵庫で1週間保存できる。

COCOA NIB COLD-BREW COFFEE

カカオニブ・コールドブリュー・コーヒー

できあがり：240ml×8杯

おすすめのニブ・プロファイル：チョコレートらしい、フルーティー

　このコールドブリューは、古くは南北戦争時代までさかのぼるアメリカ南部ニューオリンズ・スタイルの伝統的なアイスコーヒーです。当時、不足していたコーヒーにチコリを加え、安価にして市場に出回りました。今日でも、ルイジアナ州やサンフランシスコでは、このスタイルで砂糖と牛乳を混ぜて提供するカフェが存在します。長い間私たちのカフェの相談役でありマネージャーだったマーベリックは、ローストしたニブが似たような温かみとチョコレートの複雑な香りをコーヒーに加えられると考え、今ではカフェの主役となったこのコールドブリューを生み出しました。

　このレシピに最適なニブは、コーヒーのフレーバー・ノートによります。私たちは、ご近所のフォーバレル・コーヒー（Four Barrel Coffee）のエスプレッソを引き立たせるフルーティーなチョコレートらしいニブが好きなので、"アンバンジャ、マダガスカル"と、チョコレートらしい"カミーノ・ベルデ、エクアドル"を使っています。まずはコーヒーをテイスティングして風味のバランスを確認することから始めましょう。コーヒーに酸味があるなら、チョコレートらしい、ナッティーなニブがいいでしょう。ダークか、土っぽいものなら、フルーティーなニブが鮮やかさをもたらしてくれます。

◆**INGREDIENTS** 材料

エスプレッソ・コーヒー豆（⇒NOTE）　180g

カカオニブ　60g

冷水　1920ml

牛乳（お好みで）

砂糖（お好みで）

NOTE：私たちはフォーバレルのフレンド・ブレンドを使用していますが、おいしいエスプレッソ・コーヒー豆ならどれでも結構です。もちろんお好みの濃いめのコーヒー豆でも代用できます。

◆**DIRECTIONS** 作り方

コーヒー豆をフレンチプレス用に粗めに挽き、ニブも同様のサイズにスパイス・グラインダーで挽く。

2リットルの容器にコーヒー豆とニブを入れる。冷水を加え、豆とニブ全体が浸るようにする（必要なら振ったり混ぜたりする）。容器にフタをして12〜24時間、好みの味になるまで浸出する。長時間浸すほど味が強くなる。

好みの状態になったら、目の細かいストレーナーで漉す。透明度を求めるなら、ストレーナーの代わりにペーパーフィルターを使い、ゆっくりと漉す。牛乳（もしくは水）で割り、好みで砂糖を加える。氷を入れてサーブする。

THE RECIPES 267

NIB CIDER
ニブ・サイダー

できあがり：240ml × 8杯

おすすめのニブ・プロファイル：チョコレートらしい、土っぽい、ナッティー

　ニブを使ったマルド・サイダーで、毎年秋になるとカフェメニューに加えているものです。このレシピに使うニブはリンゴのやわらかな酸味に繊細なチョコレートの香りを加え、チョコレートコーティングされたキャラメル・アップルを思い出させます。チョコレートらしい "カミーノ・ベルデ、エクアドル" のニブと、ナッティーな "マンチャーノ、ベネズエラ" のニブを使います。フルーティーな特徴のあるニブは思ったよりも酸味が出るので、土っぽくてナッティーな温かいニブがいいでしょう。秋の気配を感じたら、たくさん作っておくことをおすすめします。

◆INGREDIENTS 材料

ニブシロップ

水　960ml
砂糖　210g
カカオニブ　120g

ニブサイダー

ニブシロップ（上記参照）　960g
アップルサイダー（⇒NOTE）　960ml
シナモンスティック　1本
ホールクローブ　3本
ナツメグパウダー　ひとつまみ

NOTE: 私たちはカリフォルニア州セバストポルのラツラフ・ランチ（Ratzlaff Ranch）のアップルサイダーを使っていますが、オーガニックで低温殺菌処理がされていない無糖のアップルサイダーならどれでも結構です。

◆DIRECTIONS 作り方

ニブシロップ

大きな鍋に水と砂糖を入れて、強火で沸騰するまで加熱する。沸騰したら鍋を火からおろし、カカオニブを温めた砂糖水に入れて混ぜる。

高速ブレンダーでニブの粒が見えなくなり、なめらかになるまで5分混ぜる。目の細かいストレーナーをピッチャーの上に置き、シロップを漉す。できる限り漉したら、ゴムベラやスプーンでかたまりを押して搾る。ストレーナーに残ったかたまりは取り除く。

漉した液をブレンダーに戻し、高速で2分回す。先ほどの手順でさらに液を漉す。2回漉したらできあがり。

ニブ・サイダー

ニブシロップ、アップルサイダー、シナモンスティック、クローブ、ナツメグを大きめの片手鍋に入れ、強火で煮立たせる。火を弱め、サイダーとスパイスを約20分、ゆっくりと煮詰める。サイダーを漉してシナモンとクローブを取り出す。サーブする前に温め直してもよい。

MARSHMALLOWS
マシュマロ

できあがり：2.5cmのマシュマロ約175個

　ダンデライオンでは、1日に2回（ときに3回）フレッシュなマシュマロを作ります。私たちが決して変えないカフェの特徴のひとつは、ファクトリー前の巨大なボウルに取り放題のマシュマロを提供することです。子どもたちがリュックサックをマシュマロでいっぱいにしたり、大人の男性がポケットに詰めたりしていることもあります。そしてほとんどの人がホットチョコレートの上にたくさんマシュマロを積み上げていきます。私たちのマシュマロは市販のものより軽くてフワフワで（そして防腐剤は不使用）、多少べたつきがありますが、コーンスターチと粉砂糖を練り込んだ新鮮な味です。レシピは難しそうに見えても、大丈夫。すべてのステップを慎重にこなす必要がありますが、慣れると簡単にできます。

◆ **SPECIAL TOOL** 必要な道具

料理用温度計（高温まで測れるもの）

◆ **INGREDIENTS** 材料

クッキングスプレー（オーブン皿用）
粉末ゼラチン　37.5g
冷水　180ml
バニラ・ビーンズ　1本
グラニュー糖　705g
ライト・コーンシロップ　320g
水　240ml
卵白　4個分
バニラ・エクストラ　15g
粉砂糖　68g
コーンスターチ　68g

◆ **DIRECTIONS** 作り方

30cm × 43cmのオーブン皿（最低5cmの深さ）を用意し、底にシリコン製のベーキングマットを敷き、底や側面に丁寧にクッキングスプレーを吹きかけておく。

小さなボウルで冷水とゼラチンを混ぜてふやかす（ゼラチンがしっかり固まるよう、水をよく冷やしておく）。5 〜 10分後、ゼラチンがスライスできるほどの硬さになったら、果物ナイフで2.5cmのさいの目に切る。

バニラ・ビーンズを果物ナイフで縦半分に切り、ナイフの背を使ってさやの中から種をこそげ取る。

中くらいの鍋に、グラニュー糖、コーンシロップ、水を入れてよく混ぜ合わせる。料理用温度計の先端を注意深く鍋の中に入れる。砂糖が溶けるようにときどきかき混ぜながら、強火にかけて沸騰させる。砂糖のシロップが127℃になるまで火にかける（約10分）。

泡立て器を取り付けたスタンドミキサーのボウルに卵白を入れる。火にかけているシロップの温度が121℃になったら、卵

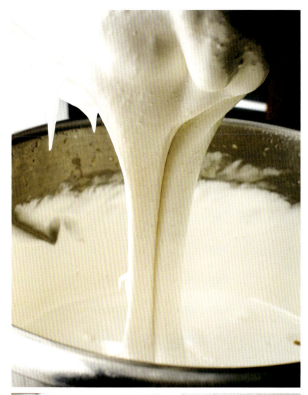

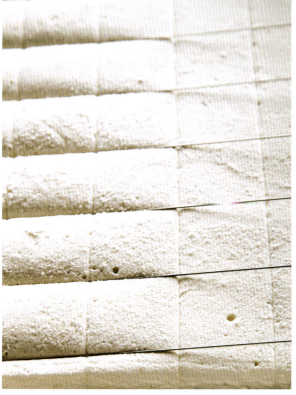

白を中速で泡立て始める。卵白のかさは徐々に増えるが、完全なホイップ状にはならない。

シロップが127℃に達したら、すぐに鍋を火からおろす。料理用温度計を静かに取り出す。スタンドミキサーを低速に下げて、ゆっくりと卵白にシロップを加える。卵白に熱が伝わらないようにゆっくりと糸状に少しずつ流し込む。回転中の泡立て器にシロップが当たって飛び散らないよう注意する。シロップを全部入れたら、ミキサーのスピードを高速に上げる。数分後、全体の量はおよそ2倍に増える。

全体にツヤが出てきたら、温かいうちにミキサーを低速に下げる。すぐにさいの目に切ったゼラチンを少しずつ加え、そのあとバニラ・エクストラとバニラ・ビーンズを加える。ゼラチンが溶けてバニラが完全に混ざるまで、1～2分ミキサーを低速に保つ。

ミキサーを高速に上げる。全体的にとても固くなり、量が3倍になるまで4～6分攪拌する。

粗熱が取れたらミキサーを止めて、オーブン皿に速やかに注ぎ、パレットナイフを使って均一に広げる。マシュマロは数分で固まってしまうため、この作業は素早くおこなう。オーブン皿に広げたマシュマロは、固まるまで室温で2時間ほど寝かせる。

大きなボウルで粉砂糖とコーンスターチを混ぜ合わせる。マシュマロを好みの大きさ（私たちは2.5cm角のサイコロ型に切ります）にカットし、粉砂糖が入ったボウルの中で軽く転がし、くっつかないよう全体にコーティングする。マシュマロは密閉容器に入れて室温で3～4日、冷蔵庫で2週間保存できる。

COOKIES

MAYBE THE VERY BEST
CHOCOLATE CHIP COOKIES

ダンデライオン・チョコレートチップ・クッキー

―――――

できあがり：とても大きいクッキー 20枚

おすすめのチョコレート・プロファイル：チョコレートらしい、ナッティー、濃厚なファッジ・ブラウニー

　世界一おいしいチョコレートチップ・クッキーを作る（少なくとも試してみる）ために、私たちはサンフランシスコで最高のチョコレートチップ・クッキーを選んで集めました。お気に入りのお店で8種類のチョコレートチップ・クッキーを見つけ、キッチンでブラインド・テイスティングしました。チョコレートチップ・クッキーは分厚くてやわらかいのがいいとか、パキッとしてサクサクしているほうがいいなど、さまざまな意見があります。チョコレートチップの量や、クッキーのサイズについてもそうですね。私たちは試行錯誤の末、外側のサクサク感と中のやわらかさの理想的なコンビネーションに辿り着きました。手作業よりも効率的なテンパリングの手法を開発するまで、私たちは長い間チョコレートチップをファクトリーのキッチンで手作りしていました。チョコレートを溶かしてテンパリングし、天板に流し込み、冷やし、そして四角に切ります。この方法は242頁をご覧ください。もしくは、クラフトチョコレート・メーカーから購入してもいいでしょう。キャラメリゼしたブラウンシュガーのようなクッキーの香りは、ナッティーでクラシックなチョコレートらしい香りと見事に調和し、これ以上のものはないというほど最高の組み合わせです。フルーティーなフレーバーや土のようなフレーバーも試す価値はありますが、この完璧な組み合わせに勝るものはありません。

◆INGREDIENTS 材料

無塩バター（室温）　240g

グラニュ 糖　210g

ライト・ブラウンシュガー　165g

卵　1個

バニラ・エクストラ　4g

中力粉　375g

ベーキングソーダ　3g

ベーキングパウダー　3g

塩　3g

テンパリング済みのカカオ70％チョコレートを
　　刻んだもの　240g

THE RECIPES　275

◆ DIRECTIONS 作り方

スタンドミキサーにパドルを取り付け、バターと2種類の砂糖を中速で約3分攪拌しクリーム状にする。次に卵とバニラ・エクストラを加え、低速にしてよく混ぜ合わせる。

別のボウルに中力粉、ベーキングソーダ、ベーキングパウダー、塩を入れて混ぜる。これをスタンドミキサーのボウルに2回に分けて加え、そのつど低速で完全に混ぜ合わせる。ボウルの側面に生地がついたらゴムベラでこそげ落とす。完全に混ざるまで低速で約2分混ぜ続ける。刻んだチョコレートを加え、クッキー生地全体にチョコレートがゆきわたるまで低速で混ぜ続ける。

すぐにクッキーを焼くこともできますが、私たちのおすすめは生地を一晩冷蔵庫に寝かすこと（少なくとも数時間はクッキー生地を冷やすと、生地も伸びやすく、歯ごたえのよい、色がきれいで風味豊かなクッキーになります）。焼く準備ができたら、生地を60gずつすくって転がし、ボール形にして上から軽く押し潰す。

オーブンを180℃に予熱する。クッキングシートかシリコン製のベーキングマットを敷いた天板を2枚用意し、クッキー生地を並べる。焼くと膨らんでかなり窮屈になるため、間隔を詰めすぎないようにする。1枚の天板に並べる生地は6個までがよい。

クッキーの縁が黄金色になるまで12分焼く。焼き色が均一につくよう、途中で天板の前後を入れ替える。クッキーは温かいままでもおいしく、天板の上で完全に冷ましてから密閉容器に入れて、2日間保存できる。

"NUTELLA"-STUFFED
CHOCOLATE CHIP COOKIES

ヌテラ入りチョコレートチップ・クッキー

———

できあがり：24枚

おすすめのチョコレート・プロファイル：チョコレートらしい、ナッティー、濃厚なファッジ・ブラウニー

これはダンデライオンのメニューに載った最初のチョコレートチップ・クッキーです。メレディス・ハスがペストリー・アシスタントとして私たちと仕事を始めたころ、このレシピを開発しました。そのころ、ダンデライオンではさまざまなシェフが週替わりでカフェのキッチンを担当する"ペストリー・ポップアップ"を開催していました。彼女はアシスタントとして、メランジャーに入れられるものはなんでも投入したり、クッキー生地にいろいろなものを混ぜて試していました。ときには材料を焦がすこともありましたが、そのような実践から、ダンデライオン自家製のヌテラ風チョコレート・ヘーゼルナッツ・スプレッドが生まれたのです。焦がしバターを使ったチョコレートチップ・クッキーにこの魔法のフィリングを詰めると、クッキーは瞬く間に人びとの心をつかみました。いまは店頭に出ていませんが、常連のお客さまからはこのクッキーをメニューに戻すようリクエストされています。

"マンチャーノ、ベネズエラ"はこのクッキーとの相性が抜群です。トーストしたアーモンドのような特徴と、クラシックでチョコレートらしいアンダートーンはヘーゼルナッツに一層深みを与えます。また、私たちはファッジーなチョコレートの香りがヘーゼルナッツとよく合う定番の"カミーノ・ベルデ、エクアドル70%"を使うのも大好きです。

このレシピに出てくるヌテラは自分で作ることができますし、お好きなものでアレンジしてもいいですね（もちろん市販のヌテラでも）。ヌテラは密閉容器に入れて、室温で2～3週間保存できます。

◆INGREDIENTS 材料

無塩バター　480g

ライト・ブラウンシュガー　540g

グラニュー糖　105g

卵　2個

卵黄　2個

バニラ・エクストラ　15g

クレーム・フレーシュ　30g
　（牛乳200mlにレモン汁15gを入れ、
　常温で15分置いたもので代用可）

中力粉　660g

ベーキングソーダ　20g

塩　2g

オールスパイス・パウダー　0.5g

テンパリング済みのカカオ70%チョコレートを
　刻んだもの　510g

チョコレート・ヘーゼルナッツ・スプレッド　1/2カップ
　（⇒280頁）

フレーク状の塩（トッピング用）

◆DIRECTIONS 作り方

大きめの片手鍋にバターを入れ、中火にかけて溶かす。絶えず混ぜながら加熱すると、バターが泡立ち始める。溶けたバターの中に、徐々に黄金色の粒（焦げた乳固形分）が現れ、ナッティーで香ばしい香りがしてくる。バターが茶色くなるまで加熱を続ける（色はすぐに変わるので、5分以上はかかりません）。鍋を火からおろし完全に冷ます。

冷ました焦がしバターと2種類の砂糖をパドルを取り付けたスタンドミキサーで、完全に混ざるまで中速で2分攪拌する。卵、卵黄、バニラ・エクストラ、クレーム・フレーシュを加えて中速で約1分混ぜる。

別のボウルに中力粉、ベーキングソーダ、塩、オールスパイスを入れて混ぜる。これをスタンドミキサーのボウルに2回に分けて加え、そのつど低速で完全に混ぜ合わせる。クッキーを焼く準備ができるまで、冷蔵庫に入れて生地を寝かせる。

クッキングシート、またはシリコン製のベーキングマットを敷いた天板を用意し、チョコレート・ヘーゼルナッツ・スプレッドを小さじ1杯ずつ丸く落として、24個並べる。固まるまで冷蔵庫か冷凍庫で約30分冷やす。

別の天板にクッキングシート、またはシリコン製のベーキングマットを敷く。アイスクリームスクープでクッキー生地を大さじ2杯分ずつすくい取り、丸い生地を手で押しつけて平らな円盤型にする。生地は厚さ13mm、直径51～76mmになるようにする。これを48個作り、そのうちの半分（24個）を準備した天板に5cm以上間隔をあけて並べる。

天板に並べた生地の中心に、冷えたチョコレート・ヘーゼルナッツをそれぞれひとつずつのせる。残り半分の円盤型の生地を、天板に並べたフィリングの上にひとつずつのせてサンドする。手で押し固めてクッキーの縁をしっかりと閉じ、フィリングを完全に包むようにする。できあがった生地はラップして冷蔵庫で一晩冷やす。冷やすことで風味が増し、クッキーを焼いている間にフィリングが漏れ出るのを防ぐ。

オーブンを180℃に予熱する。クッキー生地の上にひとつまみ塩をふりかける。12～16分、黄金色になるまで焼く。焼き色が均一につくよう、途中で天板の前後を入れ替える。焼き上がったクッキーは密閉容器に入れて室温で数日保存できるが、オーブンから取り出したらすぐに食べるのがいちばんおいしい。

CHOCOLATE-HAZELNUT SPREAD

チョコレート・ヘーゼルナッツ・スプレッド

――――

できあがり：約2カップ

おすすめのチョコレート・プロファイル：チョコレートらしい、ナッティー、ファッジ・ブラウニー

◆INGREDIENTS 材料

湯通ししたヘーゼルナッツ　150g
カカオ70％のチョコレートを溶かしたもの　210g
砂糖　105g
塩　2g

◆DIRECTIONS 作り方

オーブンを180℃に予熱する。ヘーゼルナッツを天板の上に重ならないように並べて、黄金色になるまでオーブンで8〜10分焼く。完全に冷めたら、ナッツを粗く刻む。

高性能のフードプロセッサーで、ヘーゼルナッツ、チョコレート、砂糖、塩をなめらかになるまで完全に混ぜ合わせる。これでできあがり。フードプロセッサーに長くかけるほど、フィリングはなめらかになる（少なくとも5分間は高速で混ぜることをおすすめします）。密閉容器かフタつきのジャーに入れて室温で数週間保存できる。トーストやワッフルに塗ったり、スライスしたフルーツに塗ってお楽しみください。

NOTE：ダンデライオンではオリジナルの"ヌテラ"をミニ・メランジャーで作っています。もしメランジャーをお持ちなら、すべての材料をストーン・グラインダーに入れて最低30分回すとできあがります。

DOUBLE-SHOT COOKIES

ダブル・ショット・クッキー

────────

できあがり：12枚

おすすめのチョコレート・プロファイル：チョコレートらしい、ナッティー、ファッジ・ブラウニー、淡いベリーの香り

　アリス・メドリックの "Chewy Gooey Crispy Crunchy Melt-in-Your-Mouth Cookies"（Artisan、2010年）というすばらしい本の中で、私たちはビタースイート・デカダン・クッキーに出会いました。そこからインスピレーションを得て、近所にあるフォーバレル・コーヒーのお気に入りのエスプレッソ・ブレンドを使い、これまでになくリッチでねっとりとした、チョコレートらしいクッキーを開発しました。エスプレッソに深いモカのフレーバーが混ざり合います。このクッキー10枚でコーヒー1杯分のカフェインが含まれています。朝に食べるといいでしょう。

　このレシピにはコーヒーと相性がいいチョコレートが向いているので、私たちはチョコレートらしいクラシックなモカフレーバーのものを使います。けれども、ナッティーなチョコレートや、ベリーのような淡いフルーツの特徴を持ったチョコレートを試してもいいでしょう。ストロベリーとチョコレートらしいアンダートーンの "ココア・カミリ、タンザニア70％" のようなチョコレートがおすすめです。

◆INGREDIENTS 材料

中力粉　38g
ベーキングパウダー　1g
塩　0.75g
細挽きのエスプレッソ豆　10g
カカオ70％チョコレートを刻んだもの　210g
無塩バター　30g
卵　2個
砂糖　105g
バニラ・エクストラ　4g
テンパリング済みのカカオ70％チョコレートを
　刻んだもの　180g

◆DIRECTIONS 作り方

オーブンを180℃に予熱する。クッキングシートかシリコン製のベーキングマットを天板に敷く。

中力粉とベーキングパウダー、塩、エスプレッソを小さめのボウルで混ぜ合わせておく。

大きめの耐熱ボウルに刻んだカカオ70％のチョコレート210gとバターを入れ、沸騰したお湯の入った湯せん鍋にセットする。このときボウルの底がお湯につかないよう気をつける。チョコレートが溶けてなめらかになるまで混ぜ続ける。ボウルを湯せん鍋から離し（お湯は沸騰したまま、鍋は火からおろさない）、少し冷ましておく。

卵、砂糖、バニラを別の大きな耐熱ボウルに入れ、沸騰したお湯の入った湯せん鍋にかける。砂糖が溶け、温かく感じるまで1〜2分混ぜ続ける。

卵と砂糖を混ぜたものをチョコレートとバターを合わせたボウルに加え、混ぜ合わせる。しばらくすると、ツヤが出て少し温かい状態になる。これを粉類と十分に混ぜ合わせ、テンパリング済みのチョコレート180gを入れる。

手早く大さじ2杯ずつすくい、用意した天板に最低5cmずつ間隔をあけて並べる。焼き時間は8〜10分。焼き色が均一につくよう、途中で天板の前後を入れ替える。表面にツヤが出てひび割れた状態になったらできあがり。密閉容器に入れて、室温で2〜3日保存できる。

NIBBY OATMEAL COOKIES
ニビー・オートミール・クッキー

できあがり：24枚

おすすめのチョコレートとニブのプロファイル：チョコレートらしい、ナッティー、ピリッとした、スパイシー、土っぽい、フルーティー

　このクッキーには大きめに刻んだチョコレートとカカオニブ、食感を出すためのココナッツ、少量のシナモン、そしてドライクランベリーが入っています。大切なのはサイズを惜しまないこと。このレシピは、私がオートミールクッキーを作り始めた子どものころを思い出させます。クエーカー・オーツ（Quaker Oats）のフタに書かれたレシピを見ると、このレシピと似ていることに気づくでしょう（内緒ですよ）。サンフランシスコのカフェでは、中力粉をアーモンドプードル50％とグルテンフリー粉50％（私たちは「Cup-4-Cup」の製品が好きです）に置き換えて、グルテンフリー・バージョンを作っています。

　このクッキーはもともとフレーバーが多様なので、さまざまなチョコレートと合います。ピリッとしたチョコレートがココナッツやシナモンの甘みを引き立て、チョコレートらしいナッティーなバランスはクランベリーの酸味を際立たせます。スパイスナッツのように、ニブはシナモンとの相性がいいでしょう。

◆INGREDIENTS 材料

無塩バター　240g
ライト・ブラウンシュガー　210g
グラニュー糖　120g
卵　2個
バニラ・エクストラ　4g
中力粉　210g

ベーキングソーダ　7g
塩　1.5g
シナモンパウダー　8g
オールドファッション・ロールドオーツ　360g
ココナッツ・ロング　60g
ドライクランベリー　90g
カカオニブ　60g
テンパリング済みのカカオ70％チョコレートを
　刻んだもの　255g

◆ DIRECTIONS 作り方

オーブンを180℃に予熱する。クッキングシートかシリコン製のベーキングマットを敷いた天板を2〜4枚用意する。

バター、ライト・ブラウンシュガー、グラニュー糖をパドルを取り付けたスタンドミキサーに入れ、クリーミーになるまで中速で約3分攪拌する。卵とバニラを加え、完全に混ざるまで中速で混ぜる。

中力粉、ベーキングソーダ、塩、シナモンパウダーを別のボウルで合わせる。粉類をバターと砂糖を合わせたボウルに2回に分けて加え、そのつど低速で完全に混ぜ合わせる。生地がボウルのへりについたら、ゴムベラでこそげ落とす。低速で約30秒混ぜ合わせる。そこにオーツ麦、ココナッツ、クランベリー、カカオニブ、チョコレートを加え、均等に混ざり合うまで低速で攪拌する。

生地を60gずつすくい、天板の上に並べる。間隔が狭くならないよう注意する。1枚の天板に並べる生地は6個までがよい。明るい黄金色になるまで12〜14分焼く。焼き色が均一につくよう、途中で天板の前後を入れ替える。密閉容器に入れて、室温で2〜3日保存できる。

CHOCOLATE SHORTBREAD
チョコレート・ショートブレッド

できあがり：42枚

おすすめのチョコレートとニブのプロファイル：チョコレートらしい、ナッティー

    私たちのカフェでは週に何千杯ものチョコレート・ドリンクを提供していますが、ドリンクには小さなショートブレッドを添えています。このクッキーはチョコレートのフレーバーが抑えられていて甘さも控えめで、ドリンクに合うやさしい味わいですが、ショートブレッドだけでも十分なおいしさです。

    このクッキーはバターがベースになっているので、どんなフレーバーともよく合います。スモーキーなチョコレートを使えばパンチの効いた独特なクッキーに。フルーティーなニブを散りばめると、素朴でナッティーなチョコレートが引き立つでしょう。

◆INGREDIENTS 材料

無塩バター　240g

粉砂糖　120g

バニラ・エクストラ　7g

溶かして冷やしたカカオ70%チョコレート　120g

中力粉　285g

塩　2g

カカオニブ　60g

◆ DIRECTIONS 作り方

バター、粉砂糖、バニラをパドルを取り付けたスタンドミキサーで、軽くフワフワのクリーム状になるまで、中高速で2〜3分攪拌する。そこに溶かしたチョコレートを加え、低速で約1分混ぜ合わせる。

別のボウルで中力粉と塩を合わせる。合わせた粉類をバターと砂糖を合わせたボウルに2回に分けて加え、そのつど低速で完全に混ぜ合わせる。ニブを少しずつ加え、生地にニブが均等にゆきわたるまで低速で約1分攪拌する。

生地を半分に分け、それぞれの生地を長さ43cm、直径4cm弱の棒状に丸める。それぞれをクッキングシートできっちりくるみ、冷凍庫か冷蔵庫で最低2時間冷やす。

オーブンを180℃に予熱する。クッキングペーパーかシリコン製のベーキングマットを敷いた天板を2枚用意する。冷やしておいた棒状の生地からクッキングシートをはがし、約13mmの厚さにスライスする。生地を天板の上に5cm以上の間隔をあけて並べる。焼き時間は8〜10分。焼き色が均一につくよう、途中で天板の前後を入れ替える。密閉容器に入れて、室温で1週間程度保存できる。

NIBBY SNOWBALLS
ニビー・スノーボール

できあがり：18個
おすすめのニブ・プロファイル：ナッティー、チョコレートらしい

　　ナッティーなニブの入った甘いクッキーの香りがオーブンから漂ってくると、ダンデライオンのペストリー・キッチンでは12月の訪れを感じます。私の母は毎年クリスマスにこのクッキーを作っていました。母はカカオニブではなくピーカンナッツを使い、私はナッツを砂糖の中に入れるのを手伝ったものです。昔も今も、このクッキーが大好きです。粉砂糖をまぶした丸い形は雪玉のようで、ホリデーシーズンのクッキーにぴったりです。柔らかくて、軽くて、チョコレートのニュアンスを感じるニブのカリッとした食感。子どもと一緒に作るには最適のクッキーで、山盛りにして友だちや家族に振る舞うといいですね。このクッキーに含まれるフレーバーはシンプルでニュートラルなので、どんなニブでもいいでしょう。ナッティーなニブはナッツパウダーをちょっぴり引き立てますし、チョコレートらしいニブもよく合います。

◆INGREDIENTS 材料

中力粉　150g
全粒粉　105g
アーモンドプードル　60g
ヘーゼルナッツプードル、
　またはヘーゼルナッツパウダー　105g
砂糖　105g
塩　3g
粗く刻んだカカオニブ　120g
無塩バター（冷やして1.3cm角に切る）　240g
バニラ・エクストラ　7g
粉砂糖　240g

◆DIRECTIONS 作り方

オーブンを180℃に予熱する。クッキングペーパーかシリコン製のベーキング・マットを敷いた天板を用意する。粉類、砂糖、塩、ニブをパドルを取り付けたスタンドミキサーで、低速で攪拌する。バターとバニラを加え、濡れた砂のようになるまで低速で混ぜる。生地はボロボロとしているように見えるが、手でつかむとまとまる。

生地を60gずつすくって（50ccのアイスクリームスクープを使うのがベスト）用意した天板の上に並べる。焼き時間は16分。焼き色が均一につくよう、途中で天板の前後を入れ替える。

クッキーがまだ少し温かいうちに（熱すぎないこと）天板からおろし、粉砂糖が入ったボウルに入れてクッキーにまぶす（しっかりつくように、私たちは2回まぶします）。金網の上に載せ、クッキーを完全に冷ます。密閉容器に入れて、室温で1週間保存できる。

MALT SANDWICH COOKIES

モルト・サンドイッチクッキー

できあがり：16枚

おすすめのチョコレート・プロファイル：チョコレートらしい、ナッティー、濃厚なファッジ・ブラウニー

　モルトとチョコレートは私が好きなフレーバーの組み合わせです。子どものころ、モルトボール・チョコレートが大好きだったので、それに似たクラシックでファッジーなチョコレートの風味が好きなのだと思います。ダンデライオンの創業当初から人気を誇るこのサンドイッチクッキーを作るには、時間といくつかの特別な材料が必要です。このレシピに挑戦すると、外はカリカリで中はチョコレートの歯ごたえが楽しめる、モルト好きにはたまらないサンドイッチクッキーができあがります。このレシピには、後味がビターになってしまうためフルーティーなチョコレートは合いません。共同創業者のキャメロンは、子どものころに夢中になったリトル・デビーのオートミール・クリームパイを思い出すので、このクッキーが大好きだそうです。

◆INGREDIENTS 材料

カカオ100％チョコレートを刻んだもの　60g

無塩バター（室温）　180g

砂糖　375g

卵　1個

バニラ・エクストラ　7g

クレーム・フレーシュ　60g
　（牛乳200mlにレモン汁15gを入れ、
　常温で15分置いたもので代用可）

お湯　60g

中力粉　360g

モルトパウダー　45g

ベーキングソーダ　7g

塩　1.5g

モルトガナッシュ（⇒295頁）

◆DIRECTIONS 作り方

スパイス・グラインダーを使ってチョコレートを挽く。途中で止めながら短い間隔でグラインダーを回し、液状に見えたら注意して止める。チョコレートが粉状になったら、大きなかけらをふるい落とす。

バターと砂糖をパドルを取り付けたスタンドミキサーで、色の淡いフワフワなクリーム状になるまで中高速で約2分攪拌する。スピードを落として卵を加え、ゴムベラでボウルのへりについた生地をこそげ落とす。バニラを加え、ダマがなくなるまで中速で約30秒混ぜる。

クレーム・フレーシュとお湯を加え、中速で攪拌する。生地がバラバラで分離しているように見えても大丈夫。ボウルの側面についた生地をゴムベラでこそげ落としながら、中速で3〜4分、生地が均質でなめらかになるまで混ぜる。

THE RECIPES　293

中力粉、粉状のチョコレート、モルトパウダー、ベーキングソーダ、塩を別のボウルに入れて混ぜる。

合わせた粉類をバターと砂糖が入ったボウルに2回に分けて加え、そのつど低速で完全に混ぜ合わせる。生地が完全に混ざるまで、さらに約1分攪拌する。生地をラップで包み、固まるまで冷蔵庫で3時間以上冷やす。

オーブンを180℃に予熱する。クッキングペーパーかシリコン製のベーキングマットを敷いた天板を用意する。生地を30gずつすくい、天板の上にのせる。クッキーは焼き上がると膨らむので、5cm以上間隔をあける。

焼き時間は10〜12分。焼き色が均一につくよう、途中で天板の前後を入れ替える。天板の上でクッキーが完全に冷めたら、ゴムベラでクッキーを外す。このクッキーは表面がフラットで、外はカリカリ、中は歯ごたえのある食感に仕上がる。バターナイフか小さなパレットナイフで小さじ2杯分のモルトガナッシュをクッキーの平らな面に塗る。ガナッシュを塗っていないクッキーと合わせてサンドする。密閉容器に入れて、室温で3日保存できる。

MALT GANACHE
モルトガナッシュ

できあがり：クッキー 16 枚分
おすすめのチョコレート・プロファイル：チョコレートらしい、ナッティー、濃厚なファッジ・ブラウニー

◆ INGREDIENTS 材料

カカオ 70％チョコレートを刻んだもの　240g
砂糖　105g
コーンシロップ　20g
生クリーム　240g
モルトパウダー　68g

◆ DIRECTIONS 作り方

大きな耐熱ボウルにチョコレートを入れておく。

砂糖、コーンシロップ、生クリーム、モルトパウダーを小さめの片手鍋に入れて中火～強火にかけ、混ぜながら沸騰させる。沸騰したらチョコレートの入ったボウルに注ぎ入れ、チョコレートが溶けるまで約 1 分置いておく。泡立て器かフード・ブレンダーを使って混ぜる。ガナッシュは冷めると固まり、光沢が出て、塗り広げられるようになる。余ったガナッシュは、密閉容器に入れて 1 週間冷蔵庫で保存できる。

CHOCOLATE FOR BREAKFAST

CHOCOLATE CANELÉS
チョコレート・カヌレ

――――――

できあがり：12 〜 14 個
おすすめのチョコレート・プロファイル：チョコレートらしい、ナッティー、濃厚なファッジ・ブラウニー、
バニラやコーヒーの香り、キャラメル

　カヌレは伝統的な朝食メニューというわけではありませんが、ダンデライオンでは朝いちばん早く売り切れてしまいます。私たちは1日の始まりにホットチョコレートと一緒に食べるのが大好きです。おいしいカヌレを作る秘密はボルドー地方のどこかにある金庫に隠されている、というのがもっぱらの噂です。このカスタードの入った手のひらサイズのケーキは、ふたつの対照的な食感が調和しています。うまく焼けたカヌレは光沢があってヒビが入り、外側はパリッとして焦げたようなカラメルに覆われ、中はやわらかくてしっとりしています。

　ここで紹介するカヌレにはちょっと変わったふたつのアイテムを使います。銅製の型とミツロウ（食べられます！）です。このふたつを使えばカヌレにツヤがでて、カリっとした食感になります。

　おいしいカヌレを作るにはいくつかコツがありますが、まずは5cmの銅製の型を使うことです。これに代わるものはありません。新しい銅の型を使う場合は、植物油をハケでやさしく塗って油をなじませ、150℃のオーブンで1時間空焼きすることをおすすめします。オーブンから型を取り出したら完全に冷まし、型の内側を清潔なふきんで拭いておきます。これで準備はできました。型にバターとミツロウを薄く均一に塗ると、カヌレの外側に穴が開いたり気泡ができるのを防いでくれます。中のカスタードを焼きすぎることなく、外側はカリカリに仕上がります。焼きあがったら、熱いうちにカヌレを型から外します。

　カヌレの生地は少なくとも焼く前日までに作っておきましょう。生地を一晩寝かせ冷やすことによって中の空気が抜け、強く深みのあるフレーバーになるからです。当日に作った生地を使ってカヌレを焼くと、生地がオーブンの中で溢れてベトベトになってしまいます。伝統的なカヌレはバニラを使いますが、私たちのカヌレはもちろんチョコレートを使います。

　ラム、チョコレート、バニラがこのレシピのおもなフレーバーなので、ファッジ、コーヒー、ブラウンシュガーやカラメルの温かみのある特徴のチョコレートとの組み合わせがそれらをもっとも引き立てると思います。フルーティーなチョコレートや酸味のあるチョコレートは、ラム、チョコレート、バニラのすばらしいバランスを崩してしまうことがあります。

◆INGREDIENTS 材料

カヌレ生地

バニラ・ビーンズ　1本
牛乳　480ml
無塩バター　60g
カカオ70％チョコレートを刻んだもの　210g
卵　4個
卵黄　1個
粉砂糖　270g
中力粉　105g
ゴールド・ラム　75g

カヌレ型のコーティング

純度100％のミツロウ　240g
無塩バター　240g

NOTE：カヌレを焼いたあと、型は決して洗わないでください。使ったあとは毛羽立たない布で拭くだけにしましょう。

◆ **DIRECTIONS** 作り方

カヌレ生地を作る

バニラ・ビーンズを果物ナイフで縦半分に切り、ナイフの背を使ってさやの中から種をこそげ取る。

牛乳とバターを中くらいの片手鍋に入れ、取り出しておいたバニラ・ビーンズをさやと一緒に加える。バターが溶けるまで弱火にかけて混ぜる。このとき沸騰させないように気をつける。鍋を火からおろし、チョコレートを入れて溶けるまで混ぜ、しばらく置いて冷ましておく。

その間に卵、卵黄、粉砂糖を大きめのボウルに入れて泡立て器で混ぜる。かたまりが残ってよく混ざっていないように見えても大丈夫。ここに牛乳、バター、バニラ、チョコレートを合わせたものを加えて混ぜる。中力粉を加え、完全に混ぜ合わせる。目の細かいストレーナーで漉したら、ゴールド・ラムを加えて混ぜる。ラップをして24時間以上冷蔵庫で冷やす。生地は密閉容器に入れて冷蔵庫で1週間保存できる。

カヌレ型の準備

150℃に予熱したオーブンで空焼きする（必ず型に油をなじませておく⇒299頁）。

カヌレのコーティングを作る

ミツロウとバターを入れた小さめの片手鍋を弱火にかけ、やさしくかき混ぜながら溶かす。バターを焦がさないよう、火加減に注意しながら温める。型をオーブンから取り出す。鍋つかみやトングで型をつかんで取り出しながら、ハケを使ってバターとミツロウを混ぜたものを型の内側に塗る。金網の上に型を逆さまにして置き、余分なコーティングを落とす。コーティングを固めるため、冷凍庫に10分入れる。余ったミツロウのコーティングは室温で保存し、使うときは弱火で再加熱する。

カヌレを焼く

カヌレの生地を24時間寝かし、型をコーティングしたらカヌレを焼く準備は完了。オーブンを190℃に予熱する。型の上から1cmのところまで生地を入れる。天板に並べてオーブンで45分焼く。焼き色が均一につくよう、途中で天板の前後を入れ替える。型をオーブンから出し、すぐにトングを使って金網の上でひっくり返すとカヌレが簡単に型から外れる。10分冷ましたらできあがり。

コーヒーやホットチョコレートと一緒に温かいうちに食べましょう。焼いたその日のうちに食べるのがおすすめです。

COFFEE CAKE WITH NIB STREUSEL, CHOCOLATE, AND BERRIES

チョコレートとベリーのコーヒーケーキ、
ニブ・シュトロイゼルを添えて

―――――

できあがり：16個
おすすめのチョコレートとニブのプロファイル：チョコレートらしい、酸味、ベリーのような香り、シトラス、フルーティー

　　このやわらかいケーキには、酸味のあるフルーツによく合う"アンバンジャ、マダガスカル70%"の強く華やかな特徴を持った香ばしくナッティーなシュトロイゼルをあしらいました。このコーヒーケーキは、どんなオリジンのチョコレートやフルーツでも作れますが、私たちのおすすめは夏に採れる鮮やかな色のベリーと、それと同じようなプロファイルを持つチョコレートです。このケーキの魅力はひとくちごとに大きなチョコレート・ピースが楽しめること。チョコレートチップは大きめにしましょう。

◆INGREDIENTS 材料

トッピング用のニブ・シュトロイゼル

ライト・ブラウンシュガー　73g
薄力粉　58g
アーモンドプードル　42g
ヘーゼルナッツプードル　17g
塩　3g
シナモンパウダー　1g
カカオニブ　30g
無塩バター（冷やして1cm角にカットしたもの）　50g

コーヒーケーキの生地

無塩バター（室温）　112g
砂糖　200g
卵　2個
バニラ・エクストラ　1g
中力粉　200g
ベーキングパウダー　7g
ベーキングソーダ　4g
塩　3g
クレーム・フレーシュ　227g
　（牛乳200mlにレモン汁15gを入れ、
　　常温で15分置いたもので代用可）
テンパリング済みのカカオ70%チョコレートを
　刻んだもの　160g
熟した新鮮なベリー（大きなものは半分に切る）　227g

◆ DIRECTIONS 作り方

トッピングのニブ・シュトロイゼルを作る

ライト・ブラウンシュガー、中力粉、塩、シナモンパウダー、カカオニブを合わせ、パドルを取り付けたスタンドミキサーで、低速で30秒攪拌する。冷やしたキューブ状のバターを加え、低速でそぼろ状になるまで約4分混ぜる。ポロポロでも手でつかんでまとめられるくらいになったら、シュトロイゼルはできあがり。使うまでラップをして冷蔵庫で冷やしておく。

コーヒーケーキの生地を作る

オーブンを180℃に予熱する。グラシン紙を敷いたマフィン型を16個用意する。

バターと砂糖をパドルを取り付けたスタンドミキサーで、中速でなめらかなクリーム状になるまで約2分攪拌する。卵はひとつずつ、ひとつ目の卵が完全に混ざってからふたつ目を加える。バニラ・エクストラを加えて混ぜる。

中力粉、ベーキングパウダー、ベーキングソーダ、塩を中くらいのボウルで合わせる。バターと砂糖を合わせたものに粉類とクレーム・フレーシュを2回に分けて交互に入れ、低速で攪拌する。ボウルの側面に生地がついたらゴムベラでこそげ落とす。刻んだチョコレートを加えて混ぜる。

マフィン型に生地を60gずつ入れる。5〜6個のベリー（半分にカットしてもよい）をカップにのせ、指でやさしく押さえ生地に固定させる。

コーヒーケーキを焼いて仕上げる

シュトロイゼルを16等分し、かたまりにまとめる。コーヒーケーキの生地を完全に覆うよう均一に散らす。シュトロイゼルは豆からサイコロくらいの大きさにする（思ったより大きいかもしれません）。焼いている間や焼いたあとにシュトロイゼルがケーキからはがれないように生地に軽く押し込む。

コーヒーケーキは25〜30分、もしくは刺したつまようじに生地がつかなくなるまで焼く。焼き色が均一につくよう、途中でマフィン型の位置を入れ替える。サーブする前に最低10分冷ます。焼いたその日のうちに食べるのがおすすめです。

NIBBUNS

ニブバン

できあがり：12個

おすすめのチョコレートとニブのプロファイル：チョコレートらしい、ナッティー、ファッジー、スパイシー

　ダンデライオンのニブバンほど贅沢な朝食はありません。ニブがちりばめられ、砂糖でコーティングされたモーニングバンは、チョコレート・カスタードが真ん中までグルグルと渦巻いています。このレシピは生地とカスタードを前日までに準備しなければならないため、週末のお楽しみになるでしょう。フィリングとシナモン・ニブシュガーは事前に作っておくことができますが、バンに加えるのは食べる当日まで待ちましょう。

　シナモンとイーストの生地には、コーヒーの香りとスパイシーでナッティーなフレーバー・プロファイルがよく合います。このレシピには砕いたニブを使いますが、砕くことによってニブの印象は少し強まります。そのため、はっきりした酸味があり、強いフレーバーのフルーティーなニブはあまり使いません。とはいえ、試してみるとおもしろいかもしれませんね。また、ナッティーでチョコレートらしい、スパイシーな特徴のニブは、温かみのあるスパイスと生地を引き立ててくれるのでおすすめです。

◆ **INGREDIENTS** 材料

バンの生地

ドライイースト　3g

砂糖　42g

ぬるま湯　110ml

卵　1個

生クリーム　110g

中力粉　385g

中力粉（打ち粉用）　少々

塩　1.5g

挽いたナツメグ　ひとつまみ

溶かした無塩バター　42g

溶かした無塩バター（仕上げ用）　少々

クッキングスプレー（ボウル、マフィン型用）

チョコレートカスタード

カカオ70％チョコレートを刻んだもの　113g

卵　1個

バニラ・エクストラ　1g

牛乳　150ml

シナモンパウダー　0.5g

フィリング

ライト・ブラウンシュガー　110g

カカオニブ　60g

THE RECIPES　307

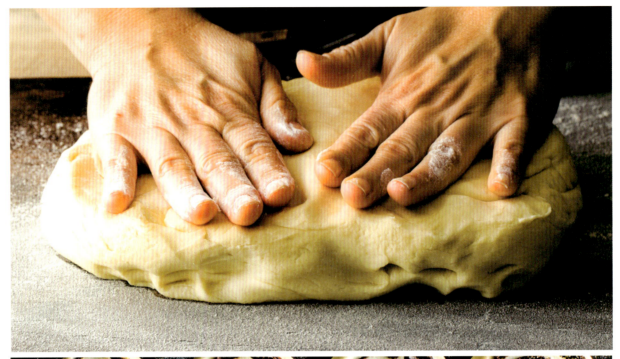

シナモン・ニブ・シュガー

カカオニブ　30g
砂糖　200g
シナモンパウダー　8g
塩ひとつまみ

◆ **DIRECTIONS** 作り方

生地を作る

小さめのボウルにドライイースト、砂糖、ぬるま湯を入れて泡立て器で混ぜ、泡立つまで約10分置く。

小さめのボウルかカップで卵と生クリームを混ぜ、別のボウルで中力粉、塩、ナツメグを合わせる。

活性化させたイースト、粉類をフックを取り付けたスタンドミキサーで、生地がまとまり始めるまで中速で攪拌する。そこに卵と生クリームを混ぜたものを入れ、溶かしバターを加える。生地に弾力が出てなめらかになり、ボウルの内側につかなくなるまで約6分混ぜる。

生地をボウルから取り出し、大きめのミキシングボウルまたは容器に移す（クッキングスプレーを吹きかけるか、薄く油を塗っておく）。生地はかなり大きく膨らむので、2倍の大きさに膨らんでも余裕のあるサイズにすること。ボウルにラップをかけ、冷蔵庫でひと晩寝かせる。寝かせることによってフレーバーに深みが出て、生地に弾力が増す。

チョコレート・カスタードを作る

チョコレートを中くらいの大きさのボウルに入れ、沸騰したお湯の入った湯せん鍋にセットし、ときどきかき混ぜながら溶かす。チョコレートが溶けたら、湯せんから外す。

卵とバニラ・エクストラを別の中くらいのボウルに入れ、卵黄がよく混ざるまで泡立て器で混ぜる。

牛乳とシナモンパウダーを小さめの片手鍋に入れて中火にかけ、沸騰する直前まで温める。それを卵液の中にゆっくりと少量ずつ入れ、卵が固まらないように攪拌する。これを片手鍋に戻し、弱火にかけてカスタードを作る。耐熱性のゴムベラを使い、鍋の底を擦るように混ぜ続ける。熱くなりすぎるとダマになってしまうので気をつける。カスタードクリームがゴムベラの裏側に貼りつく程度の硬さになるまで火にかける。

カスタードを火からおろし、すぐに溶かしたチョコレートに加える。完全に混ざるまでかき混ぜ、それを目の細かいストレーナーで漉す。カスタードが硬くなったり分離した場合は、ハンドブレンダーで乳化させる。カスタードを密閉容器に入れ、12時間から一晩、冷蔵庫で寝かせる。

フィリングを作る

小さなボウルにライト・ブラウンシュガーとニブを合わせておく。

シナモン・ニブ・シュガーを作る

コーヒーグラインダーか小さめのフードプロセッサーにカカオニブを入れて、細かくなるまで潰す。大きめのボウルに目の細かいストレーナーを使ってニブをふるい入れ、ニブパウダーとライト・ブラウンシュガーを合わせたもの、シナモン、塩を入れて混ぜ合わせる。

成形、カット、バンを焼く

マフィン型にクッキングスプレーを吹きかけておく。一晩寝かせて生地が十分に発酵したら、冷蔵庫から出して室温で20分以上休ませる。

軽く打ち粉をした作業台の上に生地を出し、大きさ30cm × 40cm、厚さ6mm程度の長方形にのばす。

パレットナイフかゴムベラを使って、生地の上に均一になるようチョコレート・カスタードを広げる。生地の端から1cm空けて塗る。カスタードの上にライト・ブラウンシュガーとカカオニブを混ぜたものを全体に散らす。

長方形の長い辺を下にして、生地をきつく巻いて棒状にする。生地を5cm幅でカットし、渦巻きが見える断面を上にして、ひとつずつマフィン型に入れる。30分間、二次発酵させる。

オーブンを180℃に予熱し、20分または黄金色の焼き色がつくまで焼く。焼き色が均一につくよう、途中で天板の前後を入れ替える。

オーブンから取り出したら、マフィン型に入れたまま10分冷ます。小さなボウルに溶かしバターを入れ、ハケを使って型から出したバンに薄く塗る。すぐにシナモン・ニブ・シュガーを入れたボウルの中でバンを転がし、全体にまぶす。焼きたてをサーブする。

NIBBY SCONES

ニブ・スコーン

できあがり：18個

おすすめのチョコレートとニブのプロファイル：チョコレートらしい、ナッティー、フローラル、土っぽい、スパイシー

　このスコーンは、外は焼き色がついてカリッとしていますが、中はふんわりやわらかです。甘さは控えめで、ちょっとリッチなチョコレートとニブが入っています。ペストリーチームは、スタッフの朝食用にこの秘密の生地をいつも冷凍庫にストックしているんですよ。初期のバージョンはニブとチャンクチョコが入ったシンプルなもので、ジャムを添えてサーブしていました。それから何度も中身を変更し、イチジク、クランベリー、チェリー、デーツ、パンチェッタなどを試しました。気になったらまずは試してみてください。

　このスコーンは、どんなニブやチョコレートでもおいしくなります。私たちは季節に合わせて、イチジクやパンチェッタ、メープルシロップやバターナッツを入れたりします。このことを心に留めて相性のよいニブとチョコレートを選んでください。クランベリーとオレンジの皮を加えるならフルーティーなチョコレートを。カボチャやピーカンナッツには、"ソルサル、ドミニカ共和国"のチョコレートに香るブランデー漬けチェリーの風味を合わせるのがとても好きです。あなたの好みで、相性を比べてみてください。

◆INGREDIENTS 材料

中力粉　495g

グラニュー糖　100g

ベーキングパウダー　20g

塩　4.5g

無塩バター　240g（1.2cm角にカットして
　冷蔵庫で冷やしておく）

卵　1個

牛乳　120ml

テンパリング済みのカカオ70%チョコレートを
　刻んだもの　60g

カカオニブ　45g

ドライフルーツ（イチジク、アプリコット、チェリー、
　クランベリー、ブルーベリーなど）　105g
　1.2cm角に切っておく

生クリーム　60g

クリスタルシュガー　50g

◆ **DIRECTIONS** 作り方

オーブンを180℃に予熱する。天板にクッキングシートかシリコン製のベーキングマットを敷く。

スタンドミキサーにパドルを取り付け、中力粉、グラニュー糖、ベーキングパウダー、塩を合わせておく。冷やしたバターを一度に加え、全体がそぼろ状になり、バターが豆くらいのサイズになるまで低速で撹拌する。

小さなボウルに卵と牛乳を入れ、フォークを使ってやさしく混ぜる。これを粉類のボウルに加え、低速で30秒撹拌する。次にチョコレート、カカオニブ、ドライフルーツを加える。生地がボウルの側面にくっつかず、ひとまとまりになるまで約1分低速で混ぜる。混ぜすぎないように気をつける。

大きなアイスクリームスクープを使って、スコーン生地を半球型に成形する。すぐに焼く場合は、平らな面を下にして天板に5cm間隔で並べる。並べたものを冷凍庫に保存し、焼くときに出して使ってもよい。

スコーンを焼く

ハケを使って、スコーンの表側に生クリームを塗り、クリスタルシュガーを上から散らす。オーブンで25分、黄金色になるまで焼く。焼き色が均一につくよう、途中で天板の前後を入れ替える。天板にのせたまま10分冷ましたらできあがり。焼いた当日がいちばんおいしいので、すぐに食べましょう。

THE RECIPES　313

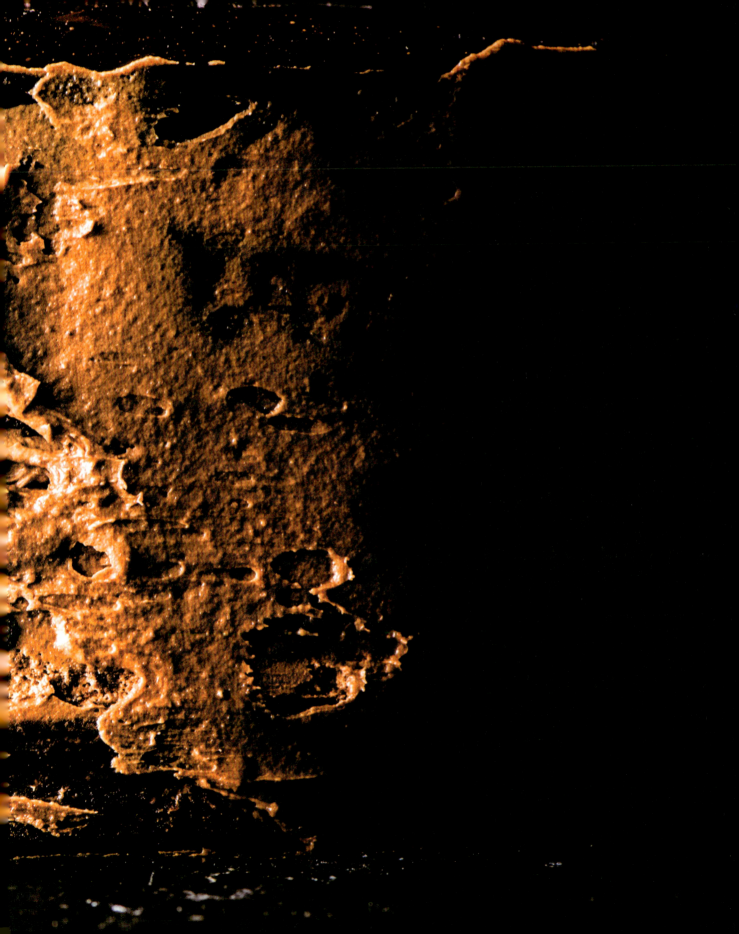

TREATS

S'MORES

スモア

できあがり：24個

おすすめのチョコレート・プロファイル：スモーキー

　スモーキーなプロファイルは、パプアニューギニア産のカカオ豆によく見られる特徴です。薪を燃やして豆を乾燥させているため、その匂いが豆にうつっているからです。カフェで提供しているスモアは、"パプアニューギニア70%"のチョコレートを使用し、自家製のグラハムクラッカーにガナッシュとマシュマロをのせています。ガナッシュ本来のスモーキーな香りを引き立たせるため、注文が入ってからバーナーでマシュマロをあぶってお出しします。カフェのメニューはシーズンごとに変わりますが、スモアは一年中いつでもあります。私たちも大好きなメニューで、なくなったらトッドは生きていけません。

◆SPECIAL TOOL 必要な道具

調理用バーナー

◆INGREDIENTS 材料

グラハムクラッカー

無塩バター（室温）　300g
ライト・ブラウンシュガー　165g
グラニュー糖　30g
中力粉　150g
中力粉（打ち粉用）　少々
薄力粉　150g
全粒粉　120g
ベーキングソーダ　3g
塩　1g
シナモンパウダー　1g
ハチミツ　15g

チョコレートガナッシュ

マシュマロ　レシピの1/2量
　（→270頁。カットとコーティングのプロセスは除く）
カカオ70%チョコレートを刻んだもの　225g
生クリーム　240g

THE RECIPES　317

◆DIRECTIONS 作り方

グラハムクッカーを作る

バターに2種類の砂糖を加え、パドルを取り付けたスタンドミキサーで、軽くふわっとしたクリーム状になるまで中速で3〜5分攪拌する。

中力粉と薄力粉、ベーキングソーダ、塩、シナモンパウダーを別のボウルに入れて合わせる。真ん中にくぼみを作り、その中にハチミツを入れる。こうするとボウルの側面にくっつかずにミキサーでうまく混ぜ合わせることができる。これをバターと砂糖が入ったボウルに3回に分けて加え、低速で混ぜる。すべての材料がしっかり混ざり合うように、ゴムベラでボウルの側面をこそげ落とす。

ボウルから生地を取り出してラップの上に置き、厚さ2.5cmの長方形にする。生地をラップで包み、2時間以上冷蔵庫で寝かせる。

オーブンを180℃に予熱し、天板にクッキングシートかシリコン製のベーキングマットを敷いておく。作業台に軽く打ち粉をし、めん棒で生地を35cm×22cm、厚さ3mm程度の長方形にのばす。正方形のクッキー型か包丁を使って、生地を5cmの正方形にカットし、2.5cm間隔で天板に並べる。焼き色がつくまで約12分焼き、天板の上で冷ます。クラッカーは密閉容器に入れて室温で3日間保存できる。

チョコレートガナッシュを作る

ガナッシュを作るまえにマシュマロを並べて用意しておく。中くらいの耐熱ボウルにチョコレートを入れる。生クリームを小鍋に入れ、強火で沸騰させチョコレートの上に注ぐ。30秒経ったら、全体が乳化しツヤが出てなめらかになるまで泡立て器で混ぜる。

オーブン皿に並べたマシュマロに直接ガナッシュをかけ、パレットナイフを使って均一にならす。ラップをして、冷蔵庫で約30分寝かせる。カットする20分前には冷蔵庫から取り出しておく。

スモアを仕上げる

ガナッシュでコーティングしたマシュマロを5cmの正方形にカットする（各端に2.5cmの余白があります）。ひとつずつ並べたグラハムクラッカーの上にチョコレートの面を下にしたマシュマロをのせる。手持ち式のバーナーを15cmほど離して持ち、マシュマロの上面と側面が焦げ茶のカラメル状になるまであぶる。できあがったスモアは室温で保存できるが、数時間以内に食べるのがいちばんおいしい。グラハムクラッカーとガナッシュコーティングしたマシュマロは、密閉容器に入れて室温で4日間保存できる。

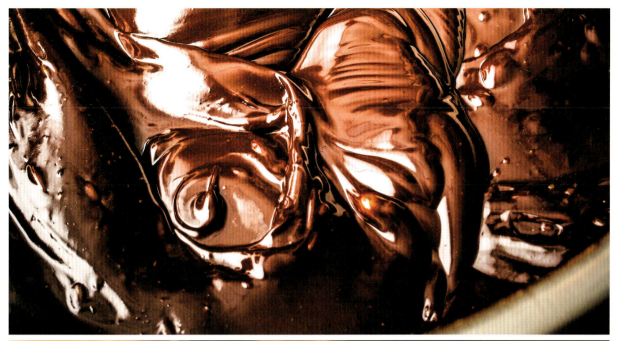

THE RECIPES 319

DULCE DE LECHE BARS

ドゥルセ・デ・レチェ・バー

できあがり：2.5cm×10cmのバー12本

おすすめのチョコレート・プロファイル：チョコレートらしい、ナッティー、濃厚なファッジ・ブラウニー

　このバーはダンデライオンのベストセラー・ペストリーで、大人のためのリッチなクッキーバーです。ザクザクしたナッティーなショートブレッドの層に、歯にくっつくような歯ごたえのあるドゥルセ・デ・レチェが重ねられ、光沢のあるチョコレート・キャラメルガナッシュがトッピングされています。大粒のマルドン・シーソルトをあしらうと、甘いガナッシュと対照的にバランスがとれた味わいになります。

　私はこのレシピのアーモンドとヘーゼルナッツ風味のサブレクッキーと、そのフレーバーを引き立たせるナッティーで温かなチョコレートを組み合わせるのが好きです。"カミーノ・ベルデ70％"か、"マンチャーノ"、"サン・ファン・エステート"のチョコレートはどれでも合います。

◆INGREDIENTS 材料

アーモンド・ヘーゼルナッツ・クラスト

無塩バター（室温）　160g

無塩バター（オーブン皿用）　少々

ライト・ブラウンシュガー　130g

アーモンドプードル　100g

ヘーゼルナッツプードル　65g

中力粉　130g

塩　3g

ドゥルセ・デ・レチェ・フィリング

無塩バター　160g

グラニュー糖　105g

ライト・コーンシロップ　80g

コンデンスミルク　420g

塩　2g

チョコレート・キャラメルガナッシュ

カカオ70％チョコレートを刻んだもの　270g

砂糖　105g

生クリーム　300g

マルドン・シーソルト　ひとつまみ

THE RECIPES　321

◆DIRECTIONS 作り方

アーモンド・ヘーゼルナッツ・クラストを作る

オーブンを180℃に予熱する。約22cm × 33cmのオーブン皿に、バターを塗るかクッキングスプレーを吹きかけておく。

バター160gとライト・ブラウンシュガー、中力粉、塩を合わせ、パドルを取り付けたスタンドミキサーで攪拌する。材料がすべて混ざり、バターのかたまりが完全に消えてクリーム状になるまで低速で約4分混ぜ合わせる。用意した型に生地が厚さ1cm程度で平らになるように入れる。表面が黄金色になるまで16分焼く。焼き色が均一につくよう、途中で天板の前後を入れ替える。型を金網にのせて、そのまま完全に冷ます。

ドゥルセ・デ・レチェ・フィリングを作る

バター、グラニュー糖、コーン・シロップ、コンデンスミルク、塩を中くらいの鍋に入れ、中火にかけて混ぜる。沸騰したときに鍋底が焦げつかないよう、底も擦るようにする。約10分混ぜ続けると、全体にとろみがつき、うす茶色に変化してくる。そのキャラメルをすぐに冷ましておいたクラストのうえに注ぎ、大きなパレットナイフを使って均一に広げる。ラップをして、キャラメルが固まるまで冷蔵庫で30分休ませる。

チョコレート・キャラメルガナッシュを作る

チョコレートを大きなボウルに入れておく。

砂糖を大きくて厚手の水気のない片手鍋に入れ、弱めの中火で熱する。底の砂糖が溶けてくるので、目を離さないようにする。周りが茶色くなり始めたら耐熱性ゴムベラで周りの砂糖を中央に寄せて焦げないようにする。砂糖が完全に溶けて琥珀色に変わるまで、ときどき攪拌する。

片手鍋を火からおろしてすぐに生クリームを鍋にゆっくり注ぎながら混ぜ続ける。キャラメルが激しく泡立ったり、固まったりすることもあるが、問題ないのでそのまま混ぜ続け、生クリームをすべて加えたら片手鍋を火に戻し強火にする。キャラメル液が煮立つと、残っていた砂糖のかたまりは溶ける。キャラメルがグラグラと煮立ったら、すぐにチョコレートのボウルに注ぎ入れ、そのまま30秒放置する。はじめはゆっくりと混ぜ、チョコレートと生クリームが合わさってとろみがついてきたら、力強く混ぜる。ガナッシュはツヤととろみがあり、キャラメルの上に注げるくらいの状態にする。

温かいチョコレート・ガナッシュを、オーブン皿に入れたまま冷やしたキャラメル層の上にかける。パレットナイフを使ってガナッシュを均一に広げる。皿のまま冷蔵庫に入れ、ガナッシュの層が固まるまで約2時間寝かせる。

バーをカットする

バーを縦半分にカットし、10cm幅のバー2本にする。それをさらに2.5cm幅にカットする。上からマルドン・シーソルトを振りかけ室温で保存する。密閉容器に入れると、冷蔵庫で数日間保存できる。

DANDELION BROWNIE

ダンデライオン・ブラウニー

―――――――

できあがり：5cm×5cmのブラウニー24個
おすすめのチョコレート・プロファイル：お好みで！

　　これは、異なる種類のチョコレートを一度に味わうのに最適なレシピのひとつです。カフェでは、"ブラウニー・バイトフライト"という3種類のチョコレートから作ったブラウニーのセットを提供しています。ファッジーな食感はどれも同じですが、それぞれのチョコレートのオリジンの個性がブラウニーにしっかり反映されています。ブラウニーはしっとり濃厚で、とろけるようなチャンクチョコがちりばめられています。ローストされたニブのトッピングは、ナッツと同じようにカリっとして素朴なバランスを与えます。

◆INGREDIENTS 材料

無塩バター　240g

無塩バター（オーブン皿用）　少々

テンパリング済みのカカオ70％チョコレートを
　　刻んだもの　300g

砂糖　420g

卵　4個

バニラ・エクストラ　7g

中力粉　195g

塩　1g

カカオニブ　75g

◆DIRECTIONS 作り方

オーブンを180℃に予熱する。22cm×33cmのスタンダードなオーブン皿にバターを塗るかクッキングスプレーを吹きかけておく。

バターとチョコレート（170g）を大きな耐熱ボウルに入れ、沸騰したお湯の入った湯せん鍋にかける。ときどき混ぜながらチョコレートとバターを完全に溶かす。ボウルを湯せんから外して冷ましておく。

チョコレートとバターのボウルに砂糖を加え、泡立て器でしっかりと混ぜ合わせる。粒々していたり、分離しているように見えても問題ない。卵とバニラをボウルに加え、ボウルの側面からバターがはがれるようになるまで混ぜ続ける。

そこに中力粉と塩を入れて、粉っぽさがなくなるまでゴムベラで混ぜる。残りのチョコレート（130g）を入れて混ぜる。オーブン皿に生地を流し込み、ゴムベラを使って広げ、表面をならす。

表面にニブを散らして、25〜35分焼く。生地につまようじを刺して何もつかない状態になるまで焼く。ブラウニーは型に入れたまま冷ます。まっすぐきれいにカットしたい場合は、型のまま冷蔵庫で数時間寝かせてから5cmの正方形に切る。密閉容器に入れて、数日間保存できる。

生地の
トラブルシューティング

　ほとんどの場合、私たちが直面する問題はチョコレートの変わりやすい粘性と関係があります。それを解決するには、通常材料に油脂（バターやクリーム）を加えます。すると、チョコレートがなめらかになり扱いやすくなります。ところが、使用するチョコレートによってブラウニーの生地が変わることに私たちは気づきました。あなたがふたつの原材料でできたシングルオリジン・チョコレートを使ってブラウニーを作っているなら、生地を作る工程で起こるいくつかの変化に驚き、不安になるかもしれません。ここでは、あなたが遭遇しそうな問題とその解決方法を説明します。

あふれるほどのバター

　ふたつの原材料だけでできたシングルオリジン・チョコレートをバターと一緒に溶かす作業は、ほかのチョコレートよりも多くの根気と体力が必要です。実際に作業すると、あふれるほどのバターがチョコレートと混ざり合わないように見えるかもしれません。どんな生地でもバター（もしくはオイル）がチョコレートから分離している場合、バターが熱すぎて乳化できていないか、単に混ぜ方が不足しているだけです。そんなときには、もっと攪拌するか少し冷やしてみてください。

独特の粘性

　ほかのものと同じように、ブラウニーやケーキの生地は、チョコレートのオリジンによって粘性が増えたり減ったりします。3種類の異なるシングルオリジン・チョコレートを使って"ブラウニー・バイトフライト"を作ると、同じように作っても、それぞれの生地はまったく違うレシピで作られたかのようです。エクアドル産のチョコレートを使った生地は、冷蔵庫から出すと固まってしまうのに対して、グアテマラ産の生地はなめらかです。しかし重要なのは、これらをすべて同じように焼き上げるということです。PB&Jサンドイッチ（⇒328頁）のベースとなるフレンチ・ブラウニーのレシピは、溶かしたチョコレートを泡立てた卵白に軽く混ぜ入れることで、ふっくらとした生地になります。マダガスカル産のチョコレートは数回やさしく混ぜるだけできちんと混ざります。エクアドル産の場合はチョコレートと卵白を合わせるのにより多く混ぜる必要があるため、生地はぺちゃんこになってしまいます。最終的には、2種類の生地は同じように焼き上がります。必ずしも100%とは限りませんが、私たちの経験上はそうなっています。同じレシピで作っても、異なるチョコレートからは異なる生地ができますが、生地の見た目の違いは焼き上がりにはあまり影響しません。

PB&J "SANDWICH"
PB&J サンドイッチ

できあがり：5cm × 5cmのブラウニー 24個
おすすめのチョコレート・プロファイル：フルーティー

初めてこのマダガスカル産チョコレートとピーナッツバター、ラズベリー・ガナッシュが層になったペストリーを作ったのは、私がダンデライオンのペストリー・シェフの面接を受けたときでした。そのとき私はトッドの好きな組み合わせがチョコレートとピーナッツバターであることを知りませんでした。試食テストの直前、中2階の階段を降りていくと、大きな笑い声が聞こえたのを鮮明に覚えています。私は赤面しましたが、実際は彼らが私を応援してくれていたのです！

私がおすすめするのは、マダガスカル産や"ココア・カミリ"、白ブドウに似た風味がある"プロ・ブランコ"などフルーティーなカカオ70％のチョコレートです。これらのオリジンは、ほかのファッジーで土っぽいチョコレートでは作り出せない複雑さをこのペストリーに加えています。フルーティーなマダガスカル産のチョコレートとラズベリーの相性は抜群です。

◆INGREDIENTS 材料

ブラウニー

無塩バター　68g
無塩バター（型用）　少々
テンパリング済みのカカオ70％チョコレートを
　　刻んだもの　90g
卵　3個（卵黄と卵白を分ける）
ライト・ブラウンシュガー　105g
グラニュー糖　90g
中力粉　45g
塩　1.5g

ピーナッツバター・ガナッシュ

ピーナッツバター・クリーム　330g
カカオ70％チョコレートを刻んだもの　60g
無塩バター　30g

ラズベリー・ガナッシュ

ラズベリー（生もしくは冷凍）　375g
グラニュー糖　30g
ライト・コーンシロップ　45g
無塩バター　75g
カカオ70％チョコレートを刻んだもの　390g

◆ DIRECTIONS 作り方

ブラウニーを作る

オーブンを180℃に予熱する。23cm × 33cmの型にバターを塗るか、クッキングスプレーを吹きかけておく。

バターとチョコレートを中くらいの耐熱ボウルに入れ、沸騰したお湯の入った湯せん鍋にかけ、ときどき混ぜながら十分に溶かす。

卵黄、ライト・ブラウンシュガー、グラニュー糖を大きめのボウルで濃厚なペースト状になるまで泡立てる。ここに溶かしたバターとチョコレートを合わせたものを加え、完全に混ぜ合わせる。中力粉と塩を入れ、粉のダマがなくなり、なめらかになるまでさっくりとヘラで混ぜる。

卵白を泡立て器を取り付けたスタンドミキサーで、中速で泡立てる。ミキサーのスピードを上げて、卵白を中くらいの硬さに泡立てる。泡立て器ですくうとツノが立ち、そのあとぽたりと落ちる程度がよい。泡立てた卵白をやさしくチョコレート生地に混ぜ、準備した型に入れる。パレットナイフを使って厚さが均一になるよう生地を広げる。

10～15分、もしくは生地の中心に刺したつまようじに生地がつかなくなるまで焼き上げ、型に入れたままブラウニーを冷ます。

ラズベリー・ガナッシュを作る

ラズベリー・ピューレを作る：ラズベリーとグラニュー糖を中くらいの片手鍋に入れ、ラズベリーの実がくずれ、グラニュー糖が溶けるまで中火で5〜7分加熱する。ラズベリーをブレンダーでピューレ状にし、目の細かいストレーナーを使って種を取り除く。漉すと、ラズベリーピューレは約250g残る。

ラズベリー・ピューレとコーンシロップ、バターを中くらいの片手鍋（ラズベリー・ピューレを作るときに使ったものでよい）に入れ、ときどき混ぜながら強めの中火で煮立てる。大きめのボウルにチョコレートを入れておく。熱いラズベリーソースをすぐにチョコレートのボウルへ注ぎ、約1分おく。泡立て器を使い、はじめはゆっくりと、徐々に力強く混ぜる。ガナッシュが混ざりツヤが出てとろみがつき十分乳化するまで約1分よく混ぜる。

バーを仕上げる

すぐに冷やしたピーナッツバター・ガナッシュの上にラズベリー・ガナッシュを注ぎ、パレットナイフで均等に広げる。ラップをして1時間以上冷やしてから、5cmの正方形に切り分ける。このサンドイッチは密閉容器に入れて冷蔵庫で4日間保存できる。

◆DIRECTIONS 作り方

ピーナッツバター・ガナッシュを作る

沸騰したお湯が入った鍋に大きめの耐熱ボウルをセットし、ピーナッツバター、チョコレート、バターを入れて湯せんで溶かす。完全になめらかになるまで混ざったら、湯せんから外す。

冷ましたブラウニーの上にピーナッツバター・ガナッシュを広げ、パレットナイフを使って均等な厚さにする。すぐに型にラップをかけ、ガナッシュが固まるまで約1時間、冷蔵庫または冷凍庫で冷やす。

TIRAMISU

ティラミス

できあがり：230gのティラミス5人分（一人用のビンやラムカンを使うとよい）

おすすめのチョコレート・プロファイル：チョコレートらしい、ナッティー、ファッジー、コーヒーの香り

コーヒーとチョコレートは私の好きな組み合わせのひとつです。このティラミスはチョコレートらしいナッティーなチョコレート、コーヒー、そしてマスカルポーネの酸味のバランスが絶妙です。温かいスパイスが特徴のチョコレートを合わせると、より複雑さが加わるでしょう。

このティラミスはコーヒーとチョコレートを合わせただけのものをはるかに超えています。私たちのレシピでは、チョコレート・カスタードに入れた軽くて酸味のあるクレーム・フレーシュが甘さのバランスを取っています。コーヒーのフレーバーや食感を出すため、エスプレッソに浸したスポンジケーキの上に重ねます。私たちはフォーバレル・コーヒーのすばらしいデカフェ・エチオピアン・エスプレッソを使いますが、あなたのお好みのもので構いません。

このレシピは多くの時間と根気がいるので、あらかじめ準備が必要です。チョコレート・クリームや丸い形のレディーサークルは数日前から作ることもできます。ただし、マスカルポーネ・クリームはサーブする当日に作ったほうがいいでしょう。

◆INGREDIENTS 材料

チョコレート・クリーム

粉末ゼラチン　4g

冷水　30ml

卵黄　5個

グラニュー糖　135g

生クリーム　255g

牛乳　250ml

カカオ70％チョコレートを刻んだもの　150g

クレーム・フレーシュ　160g

（牛乳200mlにレモン汁15gを入れ、
　　常温で15分置いたもので代用可）

レディーサークル
（ビスコッティ・サヴォイアルディ）

中力粉　38g

コーンスターチ　15g

卵　3個（卵黄と卵白を分ける）

グラニュー糖　68g

トッピング用粉砂糖　少々

マスカルポーネ・クリーム

マスカルポーネチーズ　240g
バニラ・エクストラ　2g
卵　2個（卵黄と卵白を分ける）
グラニュー糖　105g
塩　ひとつまみ
いれたてのエスプレッソ　240ml
トッピング用の粉末状のチョコレート　少々

◆**DIRECTIONS** 作り方

チョコレート・クリームを作る

ゼラチンを冷水で溶かし、ふやかす。固まるまで5分置いておく。

卵黄とグラニュー糖（70g）を大きめのボウルに入れ、白っぽくなるまで約1分力強く泡立てる。

生クリームと牛乳、残りのグラニュー糖（65g）を片手鍋に入れ、湯気が立つまで中火で加熱する（沸騰させない）。この温かいクリームの混合液の半量をゆっくり卵黄に加え、なじませるようにしっかりと混ぜ合わせる。それをもう半分のクリームが残っている鍋に戻す。弱火で加熱しながら、鍋の底にこびりつくのを防ぐため、耐熱性のゴムベラを使って絶えず混ぜる。4〜5分後、トロっとしてゴムベラにまとわりつくようになったら、鍋を火からおろす。

すぐに温かいカスタードにゼラチンとチョコレートを加え、完全に混ざり合うまでかき混ぜたら、小型ミキサーで十分に乳化させる。目の細かいストレーナーを使って漉し、表面に膜ができないようにしっかりとラップをしてから45分以上冷蔵庫で冷やす。

クレーム・フレーシュを泡立て器を取り付けたスタンドミキサーで、ピンとツノが立つまで高速で3〜4分泡立てる。それを冷えたカスタードに入れ、白い筋が残らないようしっかり混ぜる。ラップをして固まるまで冷やす。密閉容器に入れて冷蔵庫で1週間保存できる。

レディーサークルを作る

オーブンを180℃に予熱する。天板にクッキングシートもしくはシリコン製のベーキングマットを敷く。

中力粉とコーンスターチを小さめのボウルにふるい入れる。

卵白を泡立て器を取り付けたスタンドミキサーで、白っぽく硬さが出るまで中高速で泡立てる。ミキサーの速度を遅くして少しずつグラニュー糖を加え、十分に混ざったら速度を上げる。メレンゲのツノが立ち、ツヤが出るまでさらに約2分泡立てる。

別のボウルで卵黄を混ぜておく。ゴムベラでメレンゲの4分の1を卵黄に加え、混ぜ合わせる。残りのメレンゲを入れ、完全に混ざり合うまでやさしく混ぜ合わせ、中力粉とコーンスターチを加える。混ぜるうちに生地のボリュームが減っても問題ないが、中力粉のダマをなくすことが重要。

絞り袋に生地を入れ、袋の先端をカットする。サーブするビンやラムカンのサイズに直径を合わせ、天板の上に生地を丸く絞り出す。レディーサークルはサーブする容器の直径よりも少し小さくする。焼いているうちに生地が少し広がるため、3cm程度空けて天板に並べる。ふるいを使って生地に粉砂糖を軽くふりかけ、生地の表面が少し硬くなるまで常温で10分おく。オーブンで明るい黄金色になるまで8〜10分焼き、焼き色が均一につくよう、途中で天板の前後を入れ替える。オーブンから取り出したら完全に冷ます。密閉容器に入れて常温で1週間保存できる。

マスカルポーネ・クリームを作る

マスカルポーネとバニラ・エクストラを大きめのボウルに入れ、泡立て器で柔らかくなるまで混ぜる。卵黄とグラニュー糖（50g）を別の大きめのボウルに入れ白っぽくしっかりとしたクリーム状になるまで力強く泡立てる。

卵白と塩を泡立て器を取り付けたスタンドミキサーで、中高速で泡立てる。白っぽくなってきたら、少しずつ残りのグラニュー糖（55g）を加え、卵白にツヤが出てなめらかになりツノが立つまで中高速で攪拌する。

卵黄とグラニュー糖を合わせたものをマスカルポーネに混ぜ入れ、卵白のメレンゲを加える。メレンゲを潰さないように注意しながら、十分に混ざり合うまでやさしく混ぜる。

ティラミスを仕上げる

冷ましたレディーサークルを浅くて幅の広い容器に入れたエスプレッソにさっと浸す。しっかり染み込ませるほうがよいが、長い時間浸すとレディーサークルが崩れてしまうため、手早く浸す。ビンまたはラムカンの底に1枚レディーサークルを入れる。絞り袋を使って、はじめに浸したレディーサークルの上にチョコレート・クリームの層を作り、クリームの上にマスカルポーネ・クリームの層を作る。次にエスプレッソに浸したレディーサークルをその上に重ねる。ビンがいっぱいになるまで、この作業を数回繰り返す。ティラミスのいちばん上の層はレディーサークルになるようにする。

仕上げに粉末状のチョコレートをふりかけ、サーブする直前まで冷やしておく。

PASSION FRUIT TART

パッション・フルーツタルト

できあがりのサイズ：直径25cmのタルト1台
おすすめのチョコレート・プロファイル：ナッティー、チョコレートらしい、濃厚なファッジ・ブラウニー

　タルトは私たちの定番メニューです。私たちはタルトを作るのが大好きで、特にこのパッションフルーツを使ったものがお気に入りです。このレシピを完成させたときに流れていた曲にちなんで、"ドレイク・タルト"と呼んでいます。今考えると、なぜこのレシピだけドレイクの名をつけたのかちょっと不思議です。通常は8cmのタルトリングを使って作りますが、ここでは切り分けられるように25cmのタルトリングを使用します。

　パッションフルーツのフレーバーはアロマと花の香りがさわやかですが、酸味があります。ナッティーでファッジーなチョコレートはバランスがよく、パッションフルーツとよく合います。以前、間違えてタルトのガナッシュをもっともフルーティーな"アンバンジャ、マダガスカル"のチョコレートで作ったことがあるのですが、それはレモンをかじっているような味でした。

◆**SPECIAL TOOL** 必要な道具

調理用バーナー

◆**INGREDIENTS** 材料

チョコレート・サブレのタルト生地

中力粉　255g
中力粉（打ち粉用）　少々
砂糖　90g
塩　1.5g
無塩バター（冷やして2.5cm角に切ったもの）　180g
溶かしたカカオ70％チョコレート（室温）30g
卵　1個

ココナッツ・ラム・キャラメル

生クリーム　135g
ココナッツ・ロング（トーストしたもの）　30g
バニラ・ビーンズ　1/2本
砂糖　210g
ゴールド・ラム　45g
塩　1.5g

パッションフルーツ・ガナッシュ

カカオ70％チョコレートを刻んだもの　390g
パッションフルーツ・ピューレ　270g
ライト・コーンシロップ　45g
無塩バター（さいの目に切ったもの）　75g

メレンゲとココナッツ・ガーニッシュ

卵白　4個分
砂糖　210g
ココナッツ・ロング（トーストしたもの）　30g

◆ **DIRECTIONS** 作り方

チョコレート・サブレのタルト生地を作る

中力粉、砂糖、塩をパドルを取り付けたスタンドミキサーで、低速で攪拌する。さいの目に切った無塩バターを加えて、バターのかたまりがなくなり、全体がざらっとした質感になるまで低速で攪拌する。混ぜながら溶かしたチョコレートをミキサーに入れる。卵を加え、生地が混ざってチョコレートの筋がなくなるまで、低速でさらに攪拌する。生地を円盤型に成形したら、ラップで包んで冷蔵庫で2時間以上寝かせる。

表面に打ち粉をした台の上にタルト生地を置き、めん棒を使って6mmの厚さにのばす。タルト皿を使う場合は、生地を皿の直径より少し大きな円形に切り取る。めん棒を慎重に片側から反対側に動かしながら伸ばし、生地をタルトリングに広げる。生地が破れたら、手早く生地をまとめてもう一度最初からやり直す。必要なら、中力粉を振りかけ、生地を厚くしてか

らめん棒で伸ばす。生地をタルトリングにかぶせたら、型の底面と側面にそってやさしく押しつける。型からはみ出した部分を切り取って高さをそろえる。作業中に生地がやわらかくなってしまったら、冷蔵庫で数分冷やす。

オーブンを180℃に予熱しておく。生地の上にタルトストーンをのせて12分焼く。焼き上がったら、完全に冷ます。

ココナッツ・ラム・キャラメルを作る

バニラ・ビーンズを果物ナイフで縦半分に切り、ナイフの背を使ってさやの中から種をこそげ取る。

生クリームとバニラ・ビーンズを小さめの片手鍋に入れて中火で熱し、沸騰したら、トーストしたココナッツを加える。火を止めてそのまま30分クリームに浸す。30分経ったら、ココナッツが入ったクリームを目の細かいストレーナーで漉し、軽く押しすべてのクリームを絞り出す。

砂糖を水気のない厚手の片手鍋に入れて、弱めの中火にかける。目を離さないようにして、砂糖が溶け始め周囲があめ色に色づいたら、耐熱性ゴムベラを使って焦がさないように鍋の中央に寄せる。砂糖が完全に溶けてこんがりしたあめ色になるまでときどきかき混ぜながら約3分火にかける。砂糖がちょうどよいあめ色になったら、鍋を火からおろす。すぐに作っておいたココナッツ・クリームをゆっくりと一定のスピードで注ぎ入れ、絶えず混ぜる。クリームを加えると、キャラメルが勢いよく泡立ったり少し固まったりすることがあるが、そのまま強火でかき混ぜながら加熱する。キャラメルソースが煮立つと残っていた砂糖のかたまりは溶ける。キャラメルソースがなめらかになったら、ゴールド・ラムと塩を加える。

焼き上げたタルト生地にキャラメルソースを薄く塗って、そのままフタをせずに15分冷蔵庫で冷ます。

パッションフルーツ・ガナッシュを作る

刻んだチョコレートを大きめのボウルに入れる。パッションフルーツ・ピューレ、コーンシロップ、無塩バターを小さめの片手鍋に入れて、中火で沸騰させる。沸騰したら、それをチョコレートの入ったボウルに注ぎ入れて、そのまま30秒おく。そのあと、泡立て器でしっかり混ぜるか、フード・ブレンダーで攪拌する。

キャラメルソースを塗ったタルト型にガナッシュを入れる。ガナッシュが全体にゆきわたるように、台の上でタルト型を軽く落として表面をならす。ガナッシュが全体に広がったら、そのまま冷蔵庫で少し冷やす。

メレンゲを作り、ココナッツで仕上げる

小さめの鍋に底から5cmの水を入れて、中火で沸騰させる。卵白と砂糖をスタンドミキサーのステンレスボウルに入れて、沸騰した鍋の上に置く。このとき、ボウルの中にお湯が入らないように、小鍋の縁にボウルをしっかりと固定させる。泡立て器を使って卵白と砂糖を手で泡立てる。卵白が触れられるくらいの熱さ（約50℃）になったら、泡立て器を取り付けたスタンドミキサーに移し、卵白と砂糖を泡立てる。低速から徐々に高速に速度を上げ、しっかりとツノが立つ、つややかなメレンゲを作る。

パレットナイフを使って、メレンゲを手早くガナッシュの上に広げる。タルトの縁の部分は残しておく。パレットナイフの先端を使って、メレンゲにとがった渦巻模様をつける。メレンゲの表面を調理用バーナーで炙って、こんがりとした焼き色をつける。ローストしたココナッツをタルトの縁に散らすとできあがり。タルトは室温でサーブします。残ったタルトはフタをせずに冷蔵庫で3日間保存できる。

THE RECIPES 337

GINGERBREAD CAKE

ジンジャーブレッド・ケーキ

できあがり：1本

おすすめのチョコレート・プロファイル：チョコレートらしいスパイス・ノート

　プロダクト・マネジャーのノラからチョコレート・ジンジャーブレッド・ケーキの話を聞いてからというもの、それが頭から離れなくなりました。私たちはノラのレシピを少しアレンジして、ほのかにスパイシーで刻んだチョコレートをちりばめたレシピを完成させました。作ってから1日寝かせるとさらにおいしくなります。

　このケーキは糖蜜、シナモン、ジンジャーの持つ温かみのある香りに、同じような特徴を持つチョコレートが加わり、豊かなハーモニーを生み出しています。

　私たちのカフェでは、このケーキとチョコレート・クリーム（⇒331頁）、フレッシュなザクロの種を添えてお出ししています。スライスしたケーキをトーストし、クリームチーズやカカオニブ・クリーム（⇒262頁）を合わせてもいいでしょう。

◆INGREDIENTS 材料

クッキングスプレー（パウンド型用）

無塩バター　60g

ライト・ブラウンシュガー　105g

卵　1個

バターミルク　120g
　（牛乳200mlにレモン汁15gを入れ、
　常温で15分置いたもので代用可）

糖蜜　100g

中力粉　150g

ベーキングソーダ　3g

カカオ70％チョコレートを粉末状にしたもの
　（スパイス・グラインダーを使う）　30g

シナモンパウダー　2g

ジンジャーパウダー　2g

塩　3g

テンパリング済みのカカオ70％チョコレートを
　刻んだもの　150g

◆DIRECTIONS 作り方

オーブンを180℃に予熱する。22cm×11cm×7cmのパウンド型にクッキングスプレーを吹きかけておく。

無塩バターとライト・ブラウンシュガーをパドルを取り付けたスタンドミキサーでふわっとやわらかいクリーム状になるまで攪拌する。卵を加えて、低速で混ぜる。

バターミルクと糖蜜を小さめのボウルで合わせ、それをスタンドミキサーの中に一度に加える。生地にかたまりができてもかまわない。

中力粉、ベーキングソーダ、粉末状のチョコレート、シナモンパウダー、ジンジャーパウダー、塩を別のボウルで合わせ、ミキサーに加える。生地がなめらかになるまで低速で攪拌し、そこに刻んだチョコレートを加える。

生地をパウンド型に入れ、25〜30分オーブンで焼く。ケーキテスターを中央に刺して生地がつかなければ完成。フタ付き容器に入れて室温で1週間保存できる。

NIBBY PANNA COTTA

ニビー・パンナコッタ

―――

できあがり：ラムカン（容量115ml）9個

　このレシピはニブのオリジンやフレーバーのプロファイルを選びません。ベースとなるクリームとミルクに余分な香りがついていないため、どんなフレーバーともよく合います。私が好きな良質なミルクチョコレートのように、乳製品はクリーミーな濃厚さを与えます。私はクラシックなチョコレートで、ナッティーやキャラメルのようなニブを多く使います。このレシピでは試みとして、パプアニューギニア産のミルクチョコレートのようなテイストにするためにスモーキーなニブを浸したり、ラズベリー・アンド・クリームのような印象にするためフルーティーなものを試したりしました。不思議なことにニブをじっくり浸出させると、見た目はバニラなのにチョコレート味のパンナコッタになります。

◆**INGREDIENTS** 材料

粉末ゼラチン　7.5g

冷水　60ml

牛乳　480g

生クリーム　480g

砂糖　270g

カカオニブ　210g

カカオニブ（トッピング用）　少々

フレッシュベリー（飾りつけ用、お好みで）

◆**DIRECTIONS** 作り方

粉末ゼラチンを冷水に振り入れ、混ぜて溶かす。そのまま固まるまで5分おく。

牛乳、生クリーム、砂糖を小さめの片手鍋に入れて沸騰するまで強火にかける。火を止めてカカオニブを加える。ニブを鍋の中で30分浸し、目の細かいストレーナーで全体を漉す。そこにふやかしたゼラチンを加えて混ぜ、温かいうちに溶かす。ゼラチンが溶けたら、もう一度目の細かいストレーナーで全体を漉してゼラチンのかたまりが残らないようにする。

裏ごししたパンナコッタ液をラムカンに入れる。フタをせずに冷蔵庫で3時間冷やす。パンナコッタが固まったら、お好みでフレッシュベリーとカカオニブを飾りつける。

RED VELVET BEET CAKE

レッドベルベット・ビーツケーキ

―――――

できあがりサイズ：直径20cm（4層）
おすすめのチョコレート・プロファイル：土のような、ピリッとした、素朴な

　私たちはこのクラシックなレッドベルベット・ケーキを土のような、素朴で、ときに草のようなフ
レーバー・プロファイルを持つリベリア産のチョコレートに合わせて作りました。キャラメルやシナ
モンのような味わいだというスタッフもいれば、鉄くずや刈ったばかりの芝のようだと表現するス
タッフもいます。このチョコレートにはファンも多く、2014年のグッドフード・アワードを受賞しまし
た。私たちのチョコレートのなかでも、とりわけ個性の強いものが評価されたのです。いずれに
しても、私たちはチョコレートを引き立てるローストしたビーツの甘みと、鮮やかな赤と輝く漆黒
のコントラストが大好きです。

◆INGREDIENTS 材料

ケーキ

ビーツ（中サイズ）　675g
バター、またはクッキングスプレー（ケーキ型用）
卵　5個（室温）
砂糖　600g
塩　2g
薄力粉（ふるっておく）　240g
粉末状のカカオ70％チョコレート
　（スパイス・グラインダーで粉末にする）　38g

チョコレート・キャラメルガナッシュ

刻んだカカオ70％チョコレート　420g
砂糖　165g
生クリーム　480g

◆DIRECTIONS 作り方

ケーキを作る

ビーツの下ごしらえ：オーブンを180℃に予熱しておく。ビーツ
をひとつずつホイルで包み、ナイフが簡単に通るくらいになる
まで約1時間焼く。焼き上がったら、ホイルに包んだ状態で
冷まし、丁寧に皮をむく。皮を取り除いたビーツをブレンダー
に入れ、大さじ3杯の水を加えて、ビーツがなめらかになるま
で1〜2分高速ですりつぶす。ビーツのピューレを480g量っ
ておく（残りのピューレは保存する）。

直径20cmのケーキ型をふたつ用意して、内側にバターを塗
るか、クッキングスプレーを吹きつける。そこにクッキングシート
を敷き、もう一度バターかクッキングスプレーでコーティングす
る。卵、砂糖、塩を泡立て器を取り付けたスタンドミキサーで
全体が混ざって白っぽくなり、生地をすくい上げたときリボン
状になるくらいまで、高速で4〜6分泡立てる。ビーツのピュー
レを加えて、生地に赤い縞模様が残る程度に軽く混ぜる。こ
のとき、卵の泡が潰れないよう、混ぜすぎに気をつける。

薄力粉と粉末状のチョコレートを合わせてふるいにかけ、生地に入れて軽く混ぜる。この生地を2等分して用意したケーキ型に流し込む。オーブンに入れて、ケーキテスターを中央に刺したとき、生地がつかなくなるまで25〜30分焼く。焼き上がったら金網の上で冷まし、完全に冷めてから冷蔵庫に入れて2〜3時間冷やす。ケーキを冷蔵庫から取り出し、波刃ナイフでそれぞれ横半分にスライスし4枚のスポンジ台を作る。

チョコレート・キャラメルガナッシュを作る

刻んだチョコレートを大きめのボウルに入れておく。

砂糖を水気のない厚手の片手鍋に入れて、弱めの中火にかける。目を離さないようにして、砂糖が溶け始め周囲があめ色に色づいたら、耐熱性ゴムベラを使って焦がさないように鍋の中央に寄せる。砂糖が完全に溶けてこんがりしたあめ色になるまで、ときどきかき混ぜる。

鍋を火からおろし、すぐに生クリームを少しずつ一定のスピードでキャラメルに注ぎ入れ、混ぜ続ける。キャラメルが勢いよく泡立ったり少し固くなったりする場合もあるが問題ない。混ぜながら、鍋を火に戻して強火にする。キャラメル液が煮立つと、残っていた砂糖のかたまりは溶ける。液が沸騰したら、すぐに刻んだチョコレートにかけ30秒おく。泡立て器を使ってはじめはゆっくりと混ぜ、チョコレートと生クリームが混ざりとろみがつくにつれて力強く混ぜる。ガナッシュはツヤが出てとろみはあるが、まだゆるい状態なので、完全に冷めて少し固まってからケーキに塗って仕上げる。

大きなパレットナイフでスポンジ台の上にガナッシュクリームを薄く塗る。次に、ガナッシュを塗ったスポンジ台を重ねて、4層に仕上げる。ケーキをカットする前に約1時間、冷蔵庫でなじませる。密閉容器に入れて常温で数日間、冷蔵庫で最大1週間保存できる。

CELEBRATION CAKE
セレブレーションケーキ

できあがりのサイズ：直径20cm（4層）

おすすめのチョコレート・プロファイル：チョコレートらしい、ファッジー

　このケーキは、私たちのキッチンでは特別な出来事を記念するレシピです。何年も試行錯誤を繰り返し、とうとうオリジナルのクラシック・デビルズ・フード・ケーキをココアパウダーを使わずに完成させたのです。リッチで弾力性があり、ひとくちごとに深いチョコレートらしい味わいと、ふたつの原材料からできたチョコレートの強いバランスが口の中に広がります。このレシピの完成にちなんで"セレブレーション・ケーキ"と名付けました（このケーキを月曜の午後に食べることも、一種のお祝いだと思っています）。この本では基本的なレシピをアレンジして、美しくデコレーションしました。このケーキはすべてがチョコレートでできている完璧なレシピです。スポンジの間にファッジ・アイシングと軽くてクリーミーなスイス・メレンゲのバタークリーム（カカオ70％チョコレートとオリジナルのヌテラをブレンドしたもの）をサンドした4層の繊細でリッチなチョコレートケーキです。仕上げにツヤのあるキャラメル・チョコレートでコーティングし、チョコスプレーをちりばめます。このケーキには私たちの大好きなフレーバーがすべて凝縮されています。ヘーゼルナッツとコーヒーのかすかなトーンが、チョコレートに控えめなアクセントを与えます。チョコレートらしいチョコレートとファッジ・ブラウニーのフレーバーがヘーゼルナッツ・クリームと完璧に調和した、まさにケーキの最高傑作といえるでしょう。

THE RECIPES　345

◆INGREDIENTS 材料

チョコレートケーキ

無塩バター　120g
無塩バター（型用）　少々
クッキングスプレー（型用）
カカオ100%チョコレートを刻んだもの　120g
クレーム・フレーシュ　120g
　（牛乳200mlにレモン汁15gを入れ、
　常温で15分置いたもので代用可）
ベーキングソーダ　7g
砂糖　420g
バニラ・エクストラ　2g
塩　1g
卵　2個
中力粉　270g
熱いコーヒー　227ml

チョコレートアイシング

砂糖　420g
無糖練乳　429g
カカオ100%チョコレートを刻んだもの　150g
無塩バター　120g
バニラ・エクストラ　4g

ヌテラ・バタークリーム

卵白　4個分
砂糖　210g
無塩バター（室温、さいの目にカット）　360g
カカオ70%チョコレート（溶かして粗熱を取る）　210g
チョコレート・ヘーゼルナッツ・スプレッド（⇒280頁）　370g
チョコレート・キャラメル・ガナッシュ（⇒321頁、温かいもの）
マルチカラーのスプリンクル　400g

THE RECIPES　347

◆**DIRECTIONS** 作り方

チョコレートケーキを作る

オーブンを180℃に予熱する。直径20cmのケーキ型を4つ用意し、内側にバターを塗るか、クッキングスプレーを吹きつけ、底にクッキングシートを敷く。クッキングシートと型の側面にクッキングスプレーを吹き付けておく。型が4つない場合は、まず2台を焼いて完全に冷めたら型から出し、同じ型で残りのケーキを焼く（そのつど、型にクッキングシートを敷き、スプレーをする）。

チョコレートとバターを耐熱ボウルに入れ、湯せんにかけて混ぜながら溶かす。その間にクレーム・フレーシュとベーキングソーダを小さなボウルで合わせておく。

溶かしたチョコレートとバターをパドルを取り付けたスタンドミキサーのボウルに入れる。砂糖、バニラ、塩を加え、よく混ざるまで中速で撹拌する。卵をひとつずつ加えてよく混ぜ、ゴムベラでボウルの側面についた生地をこそげ落とす。クレーム・フレーシュとベーキングソーダを加え、よく混ざるまで中速で撹拌したら、次に中力粉を加え、低速で混ぜる。

低速のまま、熱いコーヒーをゆっくりと少しずつ加える。ボウルの側面についた生地をゴムベラでこそげ落とし、コーヒーが馴染むまでよく混ぜる。生地を4等分し、準備した型に流し込む。生地は常温で数時間持つ。

オーブンに入れて、ケーキテスターを中央に刺したとき、生地がつかなくなるか、焼いた表面を指で押したときに弾力が出るまで12 〜 15分焼く。型に入れたまま、ケーキを冷まし、完全に冷めたら型から取り出す。

チョコレート・アイシングを作る

砂糖、無糖練乳、チョコレート、バターを中くらいの片手鍋に入れ、中火にかける。砂糖とチョコレートが完全に溶け、ツヤが出て、とろみがつくまで泡立て器で10分混ぜ、バニラを混ぜ入れる。

ヌテラ・バタークリームを作る

卵白と砂糖をスタンドミキサーの耐熱ボウルに入れ、ボウルを沸騰した湯せんにかける。砂糖が溶けて、手で触ったときに卵白が熱く感じるまで泡立てる。（約70℃）

泡立て器をスタンドミキサーに取り付け、ボウルをセットする。卵白の入った液にツヤが出てフワフワになり、冷めるまで高速で約5分泡立てる。

スタンドミキサーのアタッチメントをパドルに付け替え、中速で少しずつバターを加え、そのつどよく混ぜる。バタークリームが分離したら、中高速で3 〜 4分撹拌する。なめらかになったら、溶かしておいたチョコレートとチョコレート・ヘーゼルナッツ・スプレッド（⇒280頁）に流し入れ、よく混ぜ合わせる。ミキサーからボウルを外し、なめらかになるまでゴムベラで混ぜる。

ケーキを仕上げる

ケーキスタンドにスポンジを1枚置き、表面に少し温かいチョコレート・アイシングを均等に塗る。サイドは塗らなくてよい。冷蔵庫で冷やすか、冷凍庫に短時間（約5分）入れ、アイシングをなじませる。

次に、バタークリームの4分の1を、均等に広げるためパレットナイフを使ってアイシングの表面に塗る。冷ましたスポンジをバタークリームの上に重ねる。同じ工程を2回繰り返し、スポンジを一番上にのせる。仕上げたケーキを冷蔵庫で30分から1日冷やす。

最後に温かいチョコレート・キャラメル・ガナッシュ（⇒321頁）をケーキの上から注ぐ。パレットナイフを使い側面についたガナッシュを均等に薄く塗る（上からチョコスプレーでデコレーションするので、ケーキの側面を完璧に仕上げなくてもよい）。ガナッシュが室温のうちにケーキの側面にチョコスプレーを均等に飾る。このケーキはフタ付き容器に入れて常温で3 〜 4日間保存できる。

GLOSSARY
用語集

ブルーム（Bloom）：テンパリングをしていないチョコレートを一定期間放置した際、表面が変質して白く固まる現象。ファット・ブルームとシュガー・ブルームの2種類ある。テンパリングしていないチョコレートの結晶構造は不安定で、砂糖と油脂の粒子がチョコレートの中で移動しやすく、白い染み、筋、砂糖の結晶の斑点として表面に出やすくなる。

カカオ（Cacao）：ほとんどの辞書で、カカオとココアはどちらを使っても変わりはない用語として扱われている。通常、ココアはココアパウダーやココア豆（発酵と焙煎が終わった状態）を、カカオは農産物を指す。私たちは、カカオは生きた植物、ココアは加工された製品として使い分けている。

カカオ農家／生産者（Cacao Farmer ／ Producer）：植樹、栽培、収穫を含めるカカオの農業生産に携わっている人たちをカカオ農家と呼ぶ。カカオ農家は自分たちの豆の発酵、乾燥もおこなう。豆をほかから買って、（発酵や乾燥を含めた）加工だけをおこなう人びとを私たちはカカオ農家とは呼ばず生産者と呼ぶ。すべてのカカオ農家は生産者ですが、すべての生産者がカカオ農家というわけではありません。

チョコレート・メーカー（Chocolate maker）：生の材料（カカオ豆やリカー、砂糖、カカオバター、そのほかの材料）からチョコレートを作る人。

ショコラティエ（Chocolatier）：すでに出来上がったチョコレートを使い、トリュフやボンボンなどのお菓子を作る人。

カカオ豆（Cocoa bean）：テオブロマ・カカオの木に実をつけるビターで紫がかった種子。収穫後、カカオポッドからこの種子を取り出し、発酵、乾燥を経てチョコレート作りが始まる。

カカオバター（Cocoa butter）：カカオ豆の内部に存在するクリーミーな白色や明るい黄色のマイルドなフレーバーの油脂。カカオ豆は通常50％以上が油脂だが、どこで成長するか（生

産地）によってその数値は異なる。一般に赤道から遠いほど油脂は高くなるといわれる。チョコレートに深みを出したり、粘度を下げて扱いやすくするためにカカオバターを加えるメーカーもある。

カカオリカー（Cocoa liquor）：濃くドロッとしたペーストで、ニブを細かく砕くと細胞内の油脂が放出される。

カカオポッド［またはココアポッド］（cacao pod [or cocoa pod]）：テオブロマ・カカオの木の幹に実をつける楕円形で表面に溝がある果実。ひとつのポッドの中には、約40個の種子（カカオ豆）があり、胎座と呼ばれる繊維でつながっている。周囲はババと呼ばれる甘くて白い果肉に囲まれている。

コロイド（Colloid）：物質の微細な粒子が液体中に分散している状態。通常、コロイド中の粒子は1マイクロメートルよりも小さいが（チョコレートの個体粒子より小さい）、チョコレートはコロイドに限りなく近いと私たちは考えている。流動性を持つ液体状のコロイドをゾルといい、チョコレートはこれに該当する。

コンチング［動詞］（Conch）：フレーバーや質感をコントロールするため、攪拌し、酸化させ、チョコレートの粒子を成形すること。通常は磨砕、攪拌、チョコレートを空気にさらすことができる機械でおこなう。

コンチェ［名詞］（Conche）：チョコレートを磨砕、攪拌、混ぜる機械のこと。

クラッキング（Cracking）：カカオ豆をハスクとニブに分けるために砕くこと。通常、ウィノウイングの下準備としておこなう。

乳化剤（Emulsifier）：本来は混ざり合わないふたつの液体を安定化させ、分離を防ぐ物質。

エマルジョン（Emulsion）：本来は混ざり合わないふたつの液体の片方が微粒子となり、もう一方の液体中に分散している状態。コロイドの一種。チョコレートは液状の液体ではなく、液体中に固体粒子が漂っている状態のため、（そのような動きをするとしても）技術的にはエマルジョンではない。

発酵所（Fermentary）：カカオ豆を発酵させる施設や場所のこと。

発酵（Fermentation）：種子内の化合物を変換させる工程。収穫されたばかりの新鮮な種子を1か所に集め、バナナの葉を敷くかバナナの葉で覆った木箱で通常3～7日程度発酵させる。この間、バクテリアや酵母がカカオ豆を包むパルプ中の糖を種子内の化合物に化学変化をもたらす酸に変え、私たちが知っているチョコレートのフレーバーの元になるものが形成される。発酵はカカオ豆の最終的なフレーバーに大きく影響する。

ハスク（Husk）：カカオ豆の繊維質の外殻で、中に入っているニブを守っている。チョコレートを作るには、ニブを粉砕するまえにニブからハスクを取り除く。

メランジャー（Melanger）：機械式粉砕機の一種。スチールドラムの内部に石製のふたつのローラーと円形の基盤が取り付けられている。本来、インドのパンケーキ生地に使うレンズ豆をすり潰すためにデザインされた。メランジャーは湿った素材でも乾燥した素材でも粉砕できる。チョコレート作りのプロセスでは、石製のローラーと基盤でニブやほかの材料を砕き、精錬するために使う。ミニメランジャーと呼ばれる小型のものけ家庭でも使用できる。

ニブ（Nib）：ハスクを除いたカカオ豆の中身。ニブをローストし、殻から外して粉砕する（砂糖などのほかの材料と一緒に）。ニブはカカオ固形物とカカオバターからできている。

リファイン（Refine）：カカオニブを砂糖（またはほかの材料）と粉砕し、チョコレートを作ること。様々な機械が使えるが、基本的なプロセスはニブと砂糖をより小さな粒子に砕くこと。チョコレート・メーカーが求めるなめらかさのレベルに応じて粒度を調整する。

ロースト・プロファイル（Roast profile）：カカオ豆を焙煎する際、求めるフレーバーを引き出すための時間と温度のこと。

ゾル（Sol）：均質な溶液中に固体微粒子が分散した状態。チョコレートはゾル。

テンパリング（Tempering）：チョコレートのツヤ、弾力、チョコレートの融点をコントロールするため、チョコレートを加熱、冷却して調整すること。

粘度（Viscosity）：液体の濃度や流動性の測定基準で、内部摩擦によって決まる。油脂がカカオ固形分を潤滑して摩擦を減らすため、固形物に対して油脂の比率が高いチョコレートは、油脂の少ないチョコレートより粘度が低くなる。粘度が高いチョコレートはテンパリングが難しく扱いにくくなる。

ウィノウイング（Winnow）：ニブからハスクを取り除くこと。通常、ヘアドライヤーや掃除機を使ったり、軽く息を吹きかけたりして風を送り、豆の皮を飛ばす。

GLOSSARY 353

RESOURCES
資料集

おすすめのチョコレート・ショップ

今はチョコレートにとってエキサイティングな時代です。いろいろなメーカーや違ったスタイルのチョコレートを試して自分の好みを見つけてください。チョコレートバーを見つけるのにインターネットは便利ですが、ぜひ地元のクラフトチョコレートを扱うショップに立ち寄ってください。私たちのお気に入りをいくつか紹介します。ここにリストアップされるショップは今後も増えていくでしょう。

ファームショップ
Farmshop, Los Angeles, CA
farmshopca.com

ザ・チョコレート・ガレージ
The Chocolate Garage, Palo Alto, CA
thechocolategarage.com

バイ-ライト・マーケット
Bi-Rite Market, San Francisco, CA
biritemarket.com

チョコレート・カヴァード
Chocolate Covered, San Francisco, CA
chocolatecoveredcalifornia.com

フォグ・シティ・ニュース
Fog City News, San Francisco, CA
fogcitynews.com

チョコレート・マヤ
Chocolate Maya, Santa Barbara, CA
chocolatemaya.com

ジンジャーマンズ
Zingerman's, Ann Arbor, MI
zingermansdeli.com

フレンチブロード・チョコレート・ラウンジ
French broad chocolate lounge, Asheville, NC
frenchbroadchocolates.com

ABC カーペット & ホーム
ABC Carpet & Home, New York City, NY
abchome.com

ザ・メドウ
The Meadow, New York City, NY, & Portland, OR
themeadow.com

2ビーンズ
2Beans, New York City, NY
2beans.com

カカオ
Cacao, Portland, OR
cacaodrinkchocolate.com

チョコロポリス
Chocolopolis, Seattle, WA
chocolopolis.com

おすすめのカカオ豆サプライヤー

このリストを掲載するにあたり、グレッグとダンデライオンのチームは先の読めない世の中、みなさんがこの本を読むころには情報が古くなってしまう可能性があることを懸念してい

ました。とはいえ、各社の好意でリストを掲載します。情報は
2017年春現在のものです。

アトランティック・カカオ（Atlantic Cocoa）：リッチ・ファロティ
コとダン・ドミンゴは世界規模のネットワークを持ち、必要なも
のは何でも見つけてくれる。ECOMトレーディングの一員であ
るアトランティック・カカオはワンストップで材料調達のあらゆる
ニーズに応えるパートナー。

チョコレート・アルケミー（Chocolate Alchemy）：クラフト
チョコレートのムーブメントを作り出したジョン・ナンシーは、
高品質の豆を少ロットで（機器も）提供し、現在もそのムーブ
メントを牽引している。

メリディアン・カカオ（Meridian Cacao）：ジーノ・ダラ・ガス
ペリーナはメリディアン・カカオを設立し、カカオ豆ブローカー
の仕事を変革した。単なる仲介業者ではなく業者間のファシ
リテーターとして成功を収めている。メリディアンは世界中の豆
を数キロからコンテナ単位まで取り寄せることができる。私た
ちの主要な取引先のひとつであるエクアドルのカミーノ・ベル
デを引き合わせたのも同社。

ティサーノ（Tisano）：パトリック・ピネーダはベネズエラのカカ
オ豆生産者を米国のチョコレート・メーカーをつなげるために
ティサーノ・カカオを創立した。彼はベネズエラの"仲人"で、
有名なチュアオの豆を扱う唯一の業者。母国で成功を収めた
あと、現在は規模を拡大し、ほかの中南米の生産地や生産
者のさまざまな豆や製品も取り扱っている。

アンコモン・カカオ（Uncommon Cacao）：エミリー・ストー
ンが創業したアンコモン・カカオは、最高にユニークでアンコ
モン（めずらしい）な豆をクラフトチョコレート・メーカーに届
けている。ベリーズでマヤ・マウンテン・カカオの社会事業を
始め、グアテマラではチョコレート・メーカーと小規模で定評
のある生産者とを結ぶカカオ・ベラパスという組織を立ち上
げ、ついにエミリーはそれらを集約してひとつの会社を設立し
た。アンコモン・カカオはチョコレートメーカーの大口、小口
の注文に柔軟に対応し、さまざまなオリジンの豆を提供して
いる。

おすすめの機械・設備

世界中の多くの人がチョコレート・メーカーにとって便利な
機械を作っています。ここではそのすべてをリストアップするの
ではなく、私たちが一緒に仕事に携わったり、機械を購入し
たことのあるメーカーや個人を紹介します。機材の購入を検
討するときの参考になれば幸いです。

AMVT：手作業での豆の選別はすばらしいとはいえ、量が増
えると効率的ではない。テキサス州ヒューストンにあるAMVT
はさまざまな農業用機械を扱うメーカーで、私たちは彼らに相
談してオプティカル・ソーター（光学選別機）を購入した。豆
の流れをカメラで撮影し、機械学習アルゴリズムと100本の
細いエア噴射を組み合わせて規格外の豆を取り除くことがで
きる。

ベース・コープ（Base Coop）：ベース・コープはメーカーで
はなく中古の機械を扱うサプライヤーで、イタリアのミラノまで足
を運ぶ価値はある。私たちは念入りに下調べをして、同社か
ら大型で素晴らしいファイブ・ロールミルを購入した。

ビーモア（Behmor）：ネバダのビーモアはコーヒー用が主力
商品だが、カカオ豆を小ロットで焙煎するのにちょうどいいの
で、私たちはビーモア1600ロースターを相当数購入した。こ
のロースターでこれまで推定15トンの豆（1度に1kgずつ）を
焙煎した。

ココアタウン（Cocoatown）：ジョージア州アトランタのココア
タウンは、私たちが大小のメランジャーを購入したメーカー。
ほかの機械に手を広げず、一般的なチョコレート作りのツール
としてメランジャーを普及させた。現在は世界中でココアタウ
ンのメランジャーが販売されている。

クランクアンドステイン（Crankandstein）：カカオ豆を粉砕す
るために、クランクハンドルを回したり、電気ドリルで取り付け
るD.I.Yをいとわない人におすすめ。カカオ豆用に改造され
た穀物ミルで、エントリーモデルとして最適。

CVC USA：ラベルをロールにセットしたら、あとは機械が自動

的にラベルをバーに貼りつける。カリフォルニア州フォンタナの CVC はさまざまなラベラーを揃えている。

ダイアモンド・カスタム・マシン（Diamond Custom Machines）：ニュージャージー州ヒルズボロにある DCM は、メランジャーのメーカー。小型のプレミア・ワンダー・トップ・ウェット・グラインダーは研究開発用のバッチに、DCM-100 はメインのチョコレート製造用として活躍している。

ディードリッヒ・ロースターズ（Diedrich Roasters）：ディードリッヒは何十年も最高品質のコーヒー・ロースターを作ってきた。最近カカオ豆の焙煎に乗り出し、すばらしいロースターを開発している。1kg 用から 280kg 用まで揃う。

FBM：イタリアのミラノにある FBM は、さまざまなチョコレート製造機器を作っている。この数年、FBM のテンパリング・マシンを何台も購入したが、おもにユニカを使用している。ユニカとの出会いは、ノースカロライナ州アッシュビルのフレンチブロード・チョコレート・ラウンジの好意でこの機械を試したときだった。

ガミ（GAMI）：イタリアのスキーオにあるガミは、テンパリング・マシンとメルティング・タンクに特化したメーカー。テンパリング・マシンはいろいろ試したが、ガミはふたつの原材料のカカオ 70% チョコレートをテンパリングしたいという私たちの要望を批判しないはじめてのメーカーだった。

ホバート・キッチン・エクイプメント（Hobart Kitchen Equipment）：ホバートは厨房機器のメーカーとして有名だが、私たちはこの数年、ホバート・カッター・ミキサーを豆のプレ・グラインディングに使っている。豆を素早く砕き油脂を液化させるので、チョコレートをメランジャーにかける時間が短縮できる。

ロジカル・マシンズ（Logical Machines）：一定量の製品の重さを何度も繰り返し量ったことはないだろうか？最終的に行き着くのは計量充填機と呼ばれる機械だ。一度使うと、なぜこれを最初から使わなかったのかと思うだろう。S-4 計量充填機はバーモント州シャーロットにあるロジカル・マシンズ製で、私たちが所有する機械のうちでもっとも信頼できる。

オリヴァー・マニュファクチャリング（Oliver Manufacturing）：石にはカカオ豆と似たものがあるが、その密度は違う。コロラド州ラフンタのオリヴァー・マニュファクチャリングは巨大で高性能の重力分離器や石抜機を作っている。研究開発用の小型の製品が私たちには適切なサイズ。

パキント S.R.L.（Packint S.R.L.）：パキントはさまざまな生産規模に応じたチョコレート用機器を製造している。私たちもボールミル、コンチェからウィノウワーに至るまでかなりの機械を購入した。同社はミラノ近郊で自らのブランドのチョコレートを自社製の機械で製造しているため、機械の機能を熟知している。

プレザント・ヒル・グレイン（Pleasant Hill Grain）：プレ・グラインディングにホバート製のカッター・ミキサーを使う以前はネブラスカ州ハンプトンにあるプレザント・ヒル・グレインのオールドタイム・ナッツ・グラインダー（バージョン 2）を使用していた。現在も研究開発用のバッチのプレ・グラインディングに使っている。

プリメーラ・テクノロジー（Primera Technology）：生産規模が大きくなると、細かいコストが嵩んでくる。ロールラベルを自分で印刷するとコストが節約できる。ミネソタ州プリマスのプリメーラにはそんなニーズに応える機器が揃っている。同社製の機械は 1 台でラベルの印刷から好きなサイズにカットすることもできる。この機械のおかげで片っ端からラベルを貼るようになっても、私たちのせいにしないでほしい。

サベージ・ブラザーズ（Savage Bros）：チョコレート業界でサベージの名前を知らない人はいない。イリノイ州エルク・グローブに拠点を置き、チョコレート作りのためのさまざまな機械を作っている。私たちは振動テーブルしか持っていないが、同社のラインナップは一見の価値がある。

セルミ（Selmi）：イタリア、トリノ近郊にあるセルミはもともとテンパリング・マシンの製造から始まり、現在はチョコレート作りに必要なさまざまな機械へとラインナップを拡充している。私たちの初代と 2 代目のテンパリング・マシンはセルミ社製だったが、同社製の機械はこの業界で広く使われている。

スウィーコ（SWECO）：ケンタッキー州フローレンスのスウィーコはふるいや選別機のメーカー。ウィノウイングを効率的におこなうため豆をクラッキングしたあと、振動ふるいで大きなかけらと小さなかけらを分類する。私たちが持っている機械は小型で高性能、静音で頼りになる。

タザ・チョコレート（Taza Chocolate）：マサチューセッツ州サマービルに本拠を置くタザは素朴な石臼を作るメーカーとして知られているが、チョコレート・メーカーにとっては、カカオ豆の仕入や中古機械（規模拡大や方針転換をするときなど）の購入先でもある。タザから豆や機械を買ったクラフトチョコレート・メーカーは数知れない。タザと創業者アレックス・ウィトモアの存在がなければ、この業界は違ったものになっていただろう。

テクノコック S.R.L.（Tecnochoc S.R.L）：テンパリングと成型は難しい作業のため、私たちは成型のプロセスのいくつかをオートメーション化することにした。イタリアのアスティにあるテクノコックは成形ラインのメーカーで、ふたつの原材料で作るチョコレート専用のラインを組んでくれた。

テレソニック・パッケージング（Telesonic Packaging Corp）：運搬作業の機械化を軽んじてはいけない。時間とお金の節約のほか、腰痛予防にもなる。デラウェア州ウィルミントンのテレソニックは性能がよく、信頼できるバケット・エレベーターを納得の価格で提供している。

テセルバ・スイス・メイド（Teserba Swiss Made）：カカオ豆の品質を見極めるときや、単に断面を確認するためにおこなうカットテストにはポケットナイフでもよいが、私たちが"豆ギロチン"と呼んでいる魔法のような機械で50個の豆を一度に真ん中からスパッと切ることができる。私たちが唯一使ったことのあるのは、スイス、リュッティにあるテセルバ製のマグラというモデル。

TQC：TQCは計測技術に特化した国際企業。粒度測定の制度を高めようと考えたとき、マイクロメーターからTQC製の粒度計に移行した。それ以来ずっと愛用しており、マイクロメーターに戻ることはない。

トゥエンティーフォー・ブラックバード・チョコレート（Twenty-Four Blackbirds Chocolate）：カリフォルニア州サンタバーバラでマイク・オーランドが主宰するチョコレート・メーカー。この本を執筆している時点で、マイクはビーン・ブレーカー（私たちがクラッキングと呼んでいるもの）とウィノウワーを販売している。彼がデザインした昔ながらのくるみ割り機を彷彿させる機械は、クラッキングに対する新しいアプローチを私たちに示した。

ユーライン（Uline）：ユーラインはビジネスシーンで必要になさまざまな種類の製品を大量に扱っている。私たちは容量6mlのポリ袋からバーを入れる小さな箱、豆の運搬用ワゴンまで、さまざまなものを同社から調達している。

ユニオン・コンフェクショナリー・マシーナリー（Union Confectionery Machinery）：私たちはニューヨーク州ブロンクスにあるユニオン・コンフェクショナリー・マシーナリーからオットー・ヘンゼル・ジュニアという素敵なラッピング・マシンを購入した。同社はあらゆる種類の機械を入手し、修理調整するサービスもおこなっている。ダンデライオンのスタッフの大半が生まれる前からある老舗。

US ロースター（US Roaster Corp）：多くのロースター・メーカーと同様にオクラホマ州オクラホマシティーにあるUSロースターもコーヒー豆用のロースターを専門としているが、コーヒーの焙煎で培った技術をカカオ豆のロースターに生かしている。私たちが最初に導入した大型のロースターは同社製で、2台目、3台目も同社のもの。

ACKNOWLEDGMENTS
謝辞

この本の出版を実現させたチームに感謝したいと思います。フランシス・ラム：編集のかなめとして、この本の種をまき、最後まで私たちを導いてくれました。ダニエル・スヴェトコヴ：どんなときも、忌憚のないアドバイスをしてくれました。ミア・ジョンソン：企画の段階から私たちのヴィジョンを直感的に理解し、絶妙なデザインに仕上げてくれました。エリック・ウォルフィンガー：ダンデライオンのチョコレートをまったく新しい視点から捉え、私たちのステッカーマシンを最高にハンサムに撮ってくれました。名前を挙げていないクラークソン・ポッター出版の担当のみなさん：私たちがこの本で実現したかったことをすべて叶えてくれました。ダン・オドハティとレオニト・バルボ：この本と業界への貢献に感謝を込めて。エレイン・ホェーリー：その美しいイラストと、いざというときにいつも快く対応してくれたことに感謝します。いつもご来店くださるお客様には、私たちの夢の糧である熱意をいただいていることにお礼を申し上げます。

私たちのアイデアをキッチンに持ち帰り、もっとよいものにして返してくれるレシピ・テスターのみなさん：モリー・ノートン、ミンダ・ニコラス、ベッカ・テイラーローズマン、ジョッシュ・レスカー、チアン・ツイ、アニーとデボラ・カミン、クリスティーン・キーティング、ダナ・クラリー、リジー・ゴア、ジェンセン・デ・ヴィト・ザック、ジョンとミーガン・ハース、ケイトリン・レイシー、アマンダ・ピーターソン・スミス、スチュワート・モーガン、アリザ・エデルシュタイン、シンシア・ジョナソン、アナ・ラルー、エリザベス・ジョーンズ、ジェイド・チュー、ポール・プリモジッチ、ノラ・ヘルナンデス、タミー・ジョーンズ、ミッシェル・ハンディマン、ニック・ヴィレガス、メイリーン・ジャクソン。ステフ・ブーヴェ、ルース・アダム、エリー・チャン、パブロ・アギラール。私たちのレシピでチョコレートを試作してくれるボランティアのみなさん：クリスチャン・サルバーグ、ヴァネッサ・ラモス、ミッシェル・スマー、アダム・ホフマン、コリー・ジョンソン、アナ・ラフー、スチュワート・モーガン、そしてデーブ・サーソン。ありがとうございます。私たちのプロダクション・チーム、特にアニー・カミン、エリック・チウィン、ムフ・カンプワラ、ライアン・オコネ

ル、ケイトリン・レイシー、カレン・ゴーガン、そしてこの本に自らの知識を分け与えてくださった方々。

私たちを受け入れてくれたみなさん、お礼を申し上げます。ジョン・シャーフェン・バーガーと故ロバート・スタインバーグ両氏は、私たちにファクトリーを始める勇気を与え、クラフトチョコレート業界の進むべき道を示してくれました。スティーヴ・デヴリエス：当初からの指導と貴重な見識に。クロエ・ドゥートレ・ルーセル：いつも率直で正直な意見を出してくれることに。ジョン・ナンシー：私たちや数えきれないほどの人びとが最初の一歩を踏み出すときに道具を提供し、理解を示してくれました。ジョン・ケホエ：ソーシング（魔法）の世界に導いてくれました。アラン・マクルアー、コリン・ガスコ、ショーン・アスキノジー、アート・ポラードそしてアレックス・ウィトモア：クラフトチョコレート・メーカーを導いてくれることに。FCIA：この業界を前進させるため、話し合いの場を提供してくれました。クレイ・ゴードン、スニータ・デ・トゥレイル、カーラ・マーティン博士そしてネイサン・パーマーロイストン：その洞察力で業界をサポートし、この本の草稿を見直してくれました。マイケル・ライスコニス：自らの研究を共有してくれました。そして、この道に入ったばかりの早い時期から私たちを支えてくださったエンジェル投資家のみなさんに心から深くお礼を申し上げます。

そして現在に至るまでダンデライオンに力を貸してくれたみなさんに感謝します。創業当初からずっとファクトリーを支えてくれているケイトリン、シンシア、メレディス、ノラ、ジェニファー、そして一緒にダンデライオンの礎を築いてくれたスタッフのみなさん。また、私たちのチョコレートを斬新でおいしいお菓子のレベルにまで引き上げてくれたパートナーや協力店のノッシュ・ディス、キカズトリーツ、フェーヴ、レ・ディックス・セプト、ヌービアのみなさん。ダンデライオン初のペストリーシェフ、フィル・オギエラ。私たちのチョコレートを美しい商品にしてくれたイヴォンヌ・モーセルとレミー・ラベスク。ファクトリーの設立から日々の運営までに力を貸してくれるスヌーキー。すべてのパー

トナーのみなさん、豆の栽培から発酵までを手がける生産者のみなさん。今のダンデライオンがあるのはみなさんのおかげです。

トッドより

まずは妻のエレインにお礼を言います。君の愛、協力、サポート、すべてのおかげで、ダンデライオンが本当に特別なものとなりました。そして、一緒にダンデライオンを作り上げ、ファクトリーのトラップの油汚れを掃除してくれたキャム。常にサポートし、導き、助言をくれるマイケル。私のデザート愛を支えてくれる両親、トレイシー、スコット。パリを案内し、ダンデライオンのコンセプトに影響を与えてくれたデヴィッド・レボヴィッツ、モート、そしてジャネット・ローゼンブラム。創業当時から私たちを信じ、ガレージを粘着テープやヘアドライヤーでカカオ豆が占拠するファクトリーにすることを許してくれたピート、ギャレット、クリス、ブレーク。そして、今日のファクトリーを一緒に作り上げてくれたスタッフ全員に、名前を挙げるときりがないたくさんの人々に心から感謝します。

グレッグより

学問と読書を楽しむことを教えてくれた思い出の中の父に感謝します。クレイジーな業界への興奮と熱意を共有し、チョコレート・ファクトリーとカカオ農園巡りという名の"バケーション"につき合ってくれたシンシア。私の価値観の形成に影響を与えた家族。本当にすばらしいものを作ってくれたトッド。いまだに試行錯誤が続く新しい会社のため、寛大な心で接してくれるチャック、ブライアン、シム、そして世界中のカカオ農家のみなさん。チョコレートと真剣に向き合いソーシングに熱心に取り組みつつ、いつも楽しく陽気につき合ってくれるバーク、マイク、ネイト、サム。私とダンデライオン、そしてこの業界の助けとなり、チョコレート・メーカー、ブローカー、カカオ豆の生産者が協力し合って働くモデル作りに協力してくれるエミリーとジーノ。そしてチョコレート・ファクトリー、チョコレート・ショップ、チョコレート売り場、チョコレート・イベントなど、チョコレートに関するあらゆる場所にふらっと立ち寄りたくなる私に我慢強くつき合ってくれたみなさん、私はあきれた目を向けられても当然ですが、みなさんのおかげで私はチョコレートへの熱意を日に日に膨らませています。

リサより

ダンデライオン・チョコレートのキッチン・チームであるメレディス、メアリー、エリー、ローマン、ザック、そしてルーシーにはいつも感謝しています。あなたたちの献身、長時間、細心の注意、気の利いた冗談（そして、90年代のヒップホップを我慢して聴きながら）が私にとってどれほど特別か言葉になりません。この本の第5章が完成したのもみなさんのおかげです。私の家族、母、マリオ、ポール、トミー、ラルフ、ナンシー、ディアナ、キャロライン、マディー、ディエゴ、変わらぬ愛と揺るぎないサポート、そして帰省を楽しみにしてくれてありがとう。

モリーより

ダンデライオン・チョコレートのプロダクション・チームのみなさん、私のとめどない質問に、チョコレート百科事典のように答えてくれてありがとう。全身全霊でこの業界に身を投じるグレッグ、トッド、リサ。好奇心と洞察力を持ち、どのアイデアにも「イエス」と言ってくれるエリック・ウォルフィンガー。私たちの考えをすばらしいものに昇華させてくれるミア・ジョンソン。父と母、愛と陽気さに満ちたリジー。私たちをチョコレートの原点へと導いてくれた、サプライチェーンの尊厳と透明性の向上のために闘うポール・カツェフ。あなたの言葉はいつも心のなかにあります。いつも私を愛し励まし、おいしいものを食べさせ太らせてくれるジミー。いつもおいしく食べてくれるファームハウスのみなさん。そして最後にフランシス・ラム、あなたの忍耐と励まし、サポートに感謝します。私たちはあなたと一緒に仕事ができてとても幸運でした。

INDEX
索引

チョコレートを使ったレシピ

DRINKS 253
ヨーロピアン・ドリンキング・チョコレート　253
ハウス・ホットチョコレート　254
ジンジャーブレッド・ホットチョコレート　256
ミッション・ホットチョコレート　258
フローズン・ホットチョコレート、カカオニブ・
　　クリームを添えて　261
カカオニブ・クリーム　262
ニビー・オルチャータ　263
カカオニブ・コールドブリュー・コーヒー　267
ニブ・サイダー　268
マシュマロ　270

COOKIES 275
ダンデライオン・チョコレートチップ・クッキー　275
ヌテラ入りチョコレートチップ・クッキー　277
チョコレート・ヘーゼルナッツ・スプレッド　280
ダブル・ショット・クッキー　283
ニビー・オートミール・クッキー　285
チョコレート・ショートブレッド　288
ニビー・スノーボール　290
モルト・サンドイッチクッキー　293
モルトガナッシュ　295

CHOCOLATE FOR BREAKFAST 299
チョコレート・カヌレ　299
チョコレートとベリーのコーヒーケーキ、ニブ・
　　シュトロイゼルを添えて　303
ニブバン　307
ニブ・スコーン　311

TREATS 317

スモア　317
ドゥルセ・デ・レチェ・バー　321
ダンデライオン・ブラウニー　324
PB&Jサンドイッチ　328
ティラミス　331
パッション・フルーツタルト　335
ジンジャーブレッド・ケーキ　338
ニビー・パンナコッタ　341
レッドベルベット・ビーツケーキ　342
セレブレーションケーキ　345

コラム

チョコレートのテイスティング　27
テイスティング・ノート　29
クイック・スタートガイド　38
ソーティング・トレイの作り方と使い方　50
クランクアンドステインをカスタマイズする方法　69
ウィノワーの作り方　72
カカオ豆と砂糖以外の材料　90
ちょっとしたトラブルシューティング　93
テンパリング、質感、フレーバー　97
ソルサル・カカオ　128
ココア・カミリ　146
クリオロ種とCCN-51にまるわる真実　167
ダン・オドハティに聞く発酵の基本　176
未発酵のカカオ豆を販売する　182
砂糖農園経営者、ネイティブ・グリーンケイン・プロジェクトの
　　レオニト・バルボ　188
ココアパウダーを手放し新しいチョコレートの世界を開く　240
キッチンのクイック・テンパリング・メソッド　242
生地のトラブルシューティング　327

あ

アグロアリバ（Agroarriba） 169

アスキノジー・チョコレート（Askinosie Chocolate） 16, 26

アトランティック・カカオ（Atlantic Cacao） 169, 355

アマノ・アルチザン・チョコレート
（Amano Artisan Chocolate） 16

アリス・メドリック 283

アレテ・フィン・チョコレート（Aret? Fine Chocolate） 135

アルセリア・ガヤルド 78

アンコモン・カカオ（Uncommon Cacao） 135, 355

アンバンジャ 243

アンバンジャ、マダガスカル 44, 267, 335

アンバンジャ、マダガスカル70％ 303

遺伝子 162

イーベイ（eBay） 84

ウィノウイング 37, 39, 63, 71, 76

ウィノワー 19, 40, 72, 76

ウジーナ・サント・アントニオ 188

エーテル（The Aether） 76

エクアドル 134, 167-169, 210, 239, 249, 254

エクアドル・ダークチョコレートバー90％ 25

エコシステム・リバイタライジング・アグリカルチャー 189

エコール・ショコラ（Ecole Chocolat） 17

エマルジョン 353

エルヴィ・ティス 211

オーガニック・シュガー 186, 187

オーガニック・シュガー・プランテーション 190

オーガニック認証 153, 154, 156

オカリベ 125

オットー・ヘンゼル・ジュニア（Otto H?nsel Jr.） 227,

オメロ・U・カストロ 167

オネイダ・エアシステムズ（Oneida Air Systems） 73

オプティカルソーター 203

オールドタイム・ナッツ・グラインダー 84

オリヴァー・マニュファクチャリング
（Oliver Manufacturing） 356

オリジン 17, 25

か

カカオ 44, 48, 352

カカオ・サービス（Cacao Services） 175

カカオニブ（ニブ） 19, 46, 47, 77, 245, 353

カカオ農園 123, 139

カカオ農家／生産者 44, 47, 139, 142, 170, 352

カカオバター 47, 90, 91, 95, 210, 238, 240, 352

カカオ・フィジー（Cacao Fiji） 135

カカオポッド 14, 44, 352

カカオ豆 14, 36, 44, 121, 135, 174, 176, 178, 352

カカオリカー 16, 186, 205, 210, 217, 352

カカオ70％のチョコレート 253, 254, 257, 261, 300, 307, 317, 336, 347

カカオ100％のチョコレート 261, 293, 347

ガミ（GAMI） 356

カミーノ・ベルデ 134, 169

カミーノ・ベルデ、エクアドル 237, 239, 263, 267, 268

カミーノ・ベルデ、エクアドル70％ 261, 277, 321

カミーノ・ベルデ・エクアドル100％ 211

カミーノ・ベルデ・クランチ75％ 88

乾燥 44, 161, 174, 175

共同発酵所 123, 146

ギラデリ（Ghirardelli） 222

グラインダー 217

グラインド・チョコレート 217

クラッキング 36, 37, 39, 64

クラフトチョコレート 16, 25

クランクアンドステイン（Crankandstein） 37, 39, 65, 68, 69

クリオロ 121, 132, 162, 166, 167

グリーンケイン・ハーベスター 189

クロエ・ドゥートレ・ルーセル 17, 27, 132

クレイ・ゴードン 17

グレインプロ（GrainPro） 154

グレンジャー（grainger.com） 72

ゲーリー・ダンコ 23

国際ココア機関（ICCO） 121

ココア・カミリ（Kokoa Kamili） 123, 139, 146, 328

ココア・カミリ、タンザニア70％ 283

INDEX　361

ココアタウン　355

コモディテイ・カカオ　122, 169, 178

コヨーテ　123

コレクション・カストロ・ナランジャル　167

コロイド　352

コロナ（Corona）　84

コンチェ　201, 220

コンチング　37, 78, 86, 201, 207, 220

さ

砂糖　41, 88, 89, 186-190

ザ・チョコレート・ライフ（The Chocolate Life）　17

サベージ・ブラザーズ（Savage Bros）　356

サン・ファン・エステート　321

シード・メソッド　103

質感　205, 245

シャーフェン・バーガー（Scharffen Berger）　16, 224

ショップ・ヴァック（shop-Vac）　73

ショコラティエ　25, 26, 103, 352

ジョン・ナンシー　16, 187

シルフ（The Sylph）　76

シングルオリジン　237, 238, 243, 327

スイート・マリアズ（Sweet Maria's）　16

水分　211

スウィーコ（SWECO）　51

スティーブ・デヴリエス　16, 187, 203

スティーヴン・ベケット　211

スペシャルティ・カカオ　122, 169

成型　37, 42, 106

セフラ・クラシック（The Sephra Classic）　73

選別　37, 71

ソーシング　118, 123-125, 136

ソーティング・トレイ　50, 51

ゾル　353

ソルサル・カカオ（Zorzal Cacao）　128, 166

ソルサル・コミュニタリオ　128

ソルサル、ドミニカ共和国　311

た

ダイアモンド・カスタム・マシン（DCM）　356

台木　170

ダイライン（thedieline.com）　107

ダイレクト・メソッド　103

タザ・チョコレート（Taza Chocolate）　16, 357

ダン・オドハティ　135, 175, 176

チェロ・チョコレート（Cello Chocolate）　222

チャームスクール・チョコレート
（Charm School Chocolate）　25

チャールズ・キルヒナー博士　125, 128

チャンピオン・ジューサー
（Champion Juicer）　19, 37, 39, 41, 65, 68, 83

チョコレート・メーカー　15, 19, 26, 352

チョコレート・アルケミー
（Chocolate Alchemy）　17, 38, 47, 187, 355

チョコレートの科学　211

チョコレート・バイブル〜人生を変える「一枚」を求めて〜
17

接ぎ木　139, 170

ディードリッヒ・ロースターズ（Diedrich Roasters）　356

ティサーノ（Tisano）　139, 175, 355

テイスティング　27, 28

ディックテイラー・クラフト・チョコレート
（Dick Taylor Craft Chocolate）　25

ディップテスト　102

デヴィッド・レボヴィッツ　19

デヴリエス・チョコレート（DeVries Chocolate）　16

テオブロマ・カカオ　162

テオ・チョコレート（Theo Chocolate）　16

テクノコック S.R.L（Tecnochoc S.R.L）　357

テセルバ・スイス・メイド（Teserba Swiss Made）　357

テーブリング・メソッド　101

テレソニック・パッケージング（Telesonic Packaging）　357

テロワール　161, 162, 166

テンパリング　16, 19, 37, 43, 95, 97, 100, 224, 241

トゥエンティーフォー・ブラックバード・チョコレート
（Twenty-Four Blackbirds Chocolate）　187, 357

ドミニカ　249
トラブルシューティング　41, 93, 327
トリニタリオ　162

な

ニブ　16, 40, 46, 77, 92, 212, 245
ニブ（レシピ）　262, 263, 267, 268, 285, 290, 303, 311
乳化剤　91, 238, 352
ネイティブ・グリーンケイン・プロジェクト　187-189
ネッド・ラッセル　222
粘度　207, 211, 238, 353

は

バー・グラインダー　19, 84
バイオダイバーシティ・アイランド　190
焙煎　19, 37, 55, 56, 204
バウエルマイスター（Bauermeister）　218
パキント（Packint）　203, 356
発酵　123, 135, 154, 174-178, 353
発酵所　123, 146, 353
ハスク　40, 46, 63, 71, 77, 353
パッケージング　227
バッチ・テンパリング・マシン　224
バーティル・アケッソン農園　161
パトリック・チョコレート（Patric Chocolate）　16
パトリック・ビネーダ　139, 175
パム・ウィリアムズ　17
ババ　44, 182
パプアニューギニア　118, 244, 249
パプアニューギニア70%　317
ピーナッツ・グラインダー　41, 84
ビーモア（Behmor）　355
ビーモア（Behmor）1600コーヒー・ロースター　37-39, 55, 61
ビーントゥバー　19, 23, 26
ビスー・チョコレート（Bisou Chocolate）　215

ビデリチョコレート・ファクトリー（Videri Chocolate Factory）　25
ファイブ・ロールミル　212
ファイン・フレーバー　121
フィル・オギエラ　253
フェアトレード　121, 153
フェスツール（Festool）　73
フォーバレル・コーヒー（Four Barrel Coffee）　267, 283, 331
フォラステロ　162
副材料　25, 91
プリメーラ・テクノロジー（Primera Technology）　356
フルイション・チョコレート（Fruition Chocolate）　25, 88, 215
ブルーム　95, 352
フレーバー　15, 25, 136, 205, 246
ブレード・グラインダー　19, 84
プレザント・ヒル・グレイン（Pleasant Hill Grain）　84, 356
プレミア・チョコレート・リファイナー　85
プレ・リファイニング　37, 83, 84
ブロークン・ガナッシュ　249
フレンチブロード・チョコレート（French Broad Chocolate）　25
フロー・ラッピング　227
粉砕　19, 64
米国食品医薬品局（FDA）　71, 73, 77
ベジョーホ農園　123
ベース・コープ（Base Coop）　355
ヘックス・チョコレート（Hexx Chocolate）187
ベルナシオン（Bernachon）　19
ホバート・キッチン・エクイプメント（Hobart Kitchen Equipment）　356
ホールビーン・チョコレート　77
ホールフーズ（Whole Foods）　84
ボールミル　202, 217

ま

マイク・オーランド　187

INDEX　363

マダガスカル　249, 328
マッキンタイア（MacIntyre）　214
マチェーテ　174
マノア・チョコレート・ハワイ
　（Manoa Chocolate Hawaii）　26
マリセル・プレシラ　17
マヤ・マウンテン・カカオ　123, 175, 182
マンチャーノ　321
マンチャーノ、ベネズエラ　268, 277
マンチャーノ、ベネズエラ70％　256
ミッション・チョコレート（Mission Chocolate）　78
ミンダ・ニコラス　166
メターテ　25, 41, 78
メランジャー　20, 37, 41, 84, 216, 220, 353
メリディアン・カカオ（Meridian Cacao）　135, 210, 355
モルテッド・ミルクチョコレート　25
モンサント（Monsanto）　156

や

ユニバーサル　215, 220
ユニオン・コンフェクショナリー・マシーナリー
　（Union Confectionery Machinery）　227, 357
ユーライン（Uline）　357
幼根　46, 77

ら，わ

ラエ　243
ラーカ・チョコレート（Raaka Chocolate）　25, 203
ラツラフ・ランチ（Ratzlaff Ranch）　268
ラッピング　107
リファイナー　201, 212
リファイニング　37, 40, 78, 201, 207, 207, 214
リファイン　353
リベリア　136, 342
粒子の大きさと分布　212
粒子の形　212, 223

粒度計　89, 212
レオニト・バルボ　188
レ・グランデ・エクスペリメント（LGE）　202, 203
レゼルバ・ソルサル　125, 128
連続テンパリング・マシン　224
ローグ・ショコラトリー（Rogue Chocolatier）　16
ロースター　55, 58, 61, 62, 204
ロースティング　37, 55, 56
ロータリー・コンチェ　202, 221
ロールミル　218
ロールリファイナー　202, 218
ロジカル・マシンズ（Logical Machines）　356
ロドルフ・リンツ　220
ロバート・スタインバーグ　16
ロンギチューディナル・コンチェ　202, 218, 222
割り接ぎ　170

欧文

ADIOSEMAC　123
Agroarriba　169
Amano Artisan Chocolate　16
AMVT　355
Areté Fine Chocolate　135
Askinosie Chocolate　16, 26
Atlantic Cacao　169, 355
Base Coop　355
Bauermeister　218
Behmor　355
Bernachon　19
Bisou Chocolate　215
Cacao Fiji　135
Cacao Services　175
Cocoatown　355
CCN-51　167-169
Cello Chocolate　222
Champion Juicer　19, 37, 39, 41 65, 68, 83
Charm School Chocolate　25
Chewy Gooey Crispy Crunchy Melt-in Your-Mouth

Cookies   283

Chocolate Alchemy   17, 38, 47, 187, 355

Corona   84

Crankandstein   37, 39, 65, 68, 69

Cup-4-Cup   285

CVC USA   355

DeVries Chocolate   16

Diamond Custom Machines   356

Dick Taylor Craft Chocolate   25

Diedrich Roasters   356

eBay   84

Ecole Chocolat   17

FBM   356

ERA   189

FDA   71, 73, 77

Festool   73

Four Barrel Coffee   267, 283, 331

French Broad Chocolate   25

Fruition Chocolate   25, 88, 215

GAMI 356

Ghirardelli   222

grainger.com   72

GrainPro 154

Hexx Chocolate   187

Hobart Kitchen Equipment   356

ICCO   121

Kokoa Kamili   123, 139, 146, 328

LGE   202, 203

Logical Machines   356

Manoa Chocolate Hawaii   26

Meridian Cacao   135, 210, 355

Mission Chocolate   78

Monsanto   156

Oliver Manufacturing   356

Oneida Air Systems   73

Otto H?nsel Jr.   227

Packint S.R.L   203, 356

Patric Chocolate   16

Pleasant Hill Grain   84, 356

Primera Technology   356

PSD   212

Raaka Chocolate   25, 203

Rogue chocolatier   16

Scharffen Berger   16, 224

shop-Vac   73

Savage Bros   356

SWECO   51

Sweet Maria's   16

Taza Chocolate   16, 357

Tecnochoc S.R.L   357

Telesonic Packaging   357

The Aether   76

Teserba Swiss Made 357

The Chocolate Life   17

thedieline.com   107

The New Taste of Chocolate   17

The Sephra Classic   73

The Sylph   76

Theo Chocolate   16

Tisano   139, 175, 355

TQC   357

Twenty-Four Blackbirds Chocolate   187, 357

Uline   357

Uncommon Cacao   135, 355

Union Confectionery Machinery   227, 357

US Roaster Corp   357

Videri Chocolate Factory   25

Whole Foods   84

Zorzal Cacao   128, 166

ダンデライオンのチョコレート
カカオ豆からレシピまで ビーントゥバーの本

2018年5月12日　第1版第1刷発行

著者　トッド・マソニス　Todd Masonis
　　　グレッグ・ダレサンドレ　Greg D'Alesandre
　　　リサ・ヴェガ　Lisa Vega
　　　モリー・ゴア　Molly Gore

発行所　株式会社新泉社
　　　〒113-0033　東京都文京区本郷2-5-12
　　　電話 03-3815-1662　ファックス 03-3815-1422
　　　http://www.shinsensha.com/

印刷　株式会社東京印書館

Copyright © 2018 by Dandelion Chocolate, Inc.
All rights reserved.
These translation published by arrangement with Clarkson
Potter/Publishers, an imprint of the Crown Publishing Group,
a division of Penguin Random House, LLC through
Japan UNI Agency, Inc., Tokyo.

ISBN 978-4-7877-1808-2 C2077
Printed in Japan

◎オリジナル版スタッフ
Book design by Mia Johnson
Cover design by Mia Johnson
Cover and interior photographs by Eric Wolfinger
(except photograph on page 189 by Greg D'Alesandre)
Illustrations by Elaine Wherry

◎日本語版スタッフ
翻訳／日本映像翻訳アカデミー（JVTA）
編集／中村奈津子、小川宏美
編集協力／ダンデライオン・チョコレート・ジャパン株式会社
　　　　　　danderionchocolate.jp
アートディレクション／堀渕伸治©tee graphics

翻訳にあたって、メーカー、製品などの固有名詞はカタカナ表記に
加え原書の英語表記を補うよう努めました。また、日本では一般に
馴染みがなく読者がわかりにくいと思われる事柄について、適宜
補足、修正しました。単位表記は、温度については摂氏（記号：℃）
に統一し、長さや距離、重さや液量については原則、メートル法による
表記を優先させ、原書にあるヤード・ポンド法の表記は限られたごく
一部の箇所のみに補足的に併記しました。